C. Meyer de Stadelhofen

Anwendung geophysikalischer Methoden in der Hydrogeologie

Übersetzung durch:
Dr. Christian Bücker · Stefan Wendt

Mit 213 Abbildungen

Springer-Verlag

Berlin Heidelberg New York
London Paris Tokyo
Hong Kong Barcelona
Budapest

Prof. Camille Meyer de Stadelhofen
Institut de Géophysique
Université de Lausanne
BFSH2
1015 Lausanne
Schweiz

Titel der französischen Ausgabe: C. Meyer de Stadelhofen,
Applications de la géophysique aux recherches d'eau,
© Technique et Documentation – Lavoisier, 1991

ISBN-13: 978-3-642-77866-7   e-ISBN-13: 978-3-642-77865-0
DOI: 10.1007/ 978-3-642-77865-0

Herstellung: Renate Münzenmayer
30/3130-5 4 3 2 1 0 – Gedruckt auf säurefreiem Papier

Vorwort

Zur Aufgabe des Hydrogeologen gehört es, unterirdische Wasserreservoire und deren Charakteristika zu erforschen, um sie wirtschaftlich nutzen zu können und um sie gegen eventuelle Verschmutzungen zu schützen. Insbesondere muß er sowohl Porosität, Permeabilität, Sättigungsgrad als auch die räumliche Ausdehnung des Aquifers bestimmen.

Um sein Ziel zu erreichen, greift der Hydrogeologe heutzutage systematisch auf verschiedene geologische Methoden zurück. Dies ist nicht erstaunlich, da die Ergebnisse dieser verschiedenen Methoden direkt durch die hydrologischen Eigenschaften der unterirdischen Aquifere bestimmt werden. Zum Beispiel:

Die Methode der *elektrischen Widerstandsmessung* und die *elektromagnetischen Methoden* können angewendet werden, um von der Oberfläche aus die elektrische Leitfähigkeit des Untergrundes zu messen. Die Leitfähigkeit variiert nämlich mit der Porosität des Gesteins, seinem Wassersättigungsgrad und der Salinität des Wassers.

Die *Gravimetrie* ermöglicht es, die laterale Dichteverteilung von tiefgelegenen Gesteinen abzuschätzen: diese verschiedenen Dichten hängen zu einem bedeutenden Teil von der Porosität des Gesteins ab.

Die *Refraktionsseismik* liefert ein Bild über die Verteilung der unterschiedlichen Geschwindigkeiten der elastischen Wellen im Untergrund. Diese Geschwindigkeiten hängen insbesondere ab von der Porosität, der Zerklüftung und dem Sättigungsgrad des Gesteins.

Die *Geomagnetik* ist nicht direkt mit den hydrogeologischen Eigenschaften des Gesteins gekoppelt; sie spielt eine zweitrangige Rolle bei der Suche nach Wasser und hilft manchmal, günstige Strukturen zu lokalisieren.

Die *Bohrlochmessungen* werden in der Endphase der Untersuchungen eingesetzt. Die durch Bohrungen ermittelten Meßwerte ermöglichen eine detaillierte Untersuchung der Verteilung von porösen und undurchlässigen Schichten im Untergrund und bestimmter chemischer Eigenschaften des in der Tiefe gefundenen Wassers.

Inhaltsverzeichnis

VIII

1 Geoelektrik

1.1 Einführung

Im ersten Kapitel werden wir uns mit den elektrischen Methoden im engeren Sinne befassen. Diese arbeiten mit Gleichstrom oder mit Wechselstrom von so niedriger Frequenz, daß Induktionsphänomene vernachlässigbar sind. Dank der Untersuchung des spezifischen elektrischen Widerstandes der Schichten des Erdbodens ist ein besseres Verständnis des Untergrundes möglich. Dies kann man allerdings nur erreichen, wenn die folgenden drei Bedingungen erfüllt werden:

1. Die verschiedenen lithologischen Formationen müssen durch sehr unterschiedliche spezifische elektrische Widerstände charakterisierbar sein.
2. Der elektrische Strom, der von der Erdoberfläche aus eingeleitet wird, muß mindestens bis in die Tiefe der zu untersuchenden Objekte eindringen.
3. Die Deformation des elektrischen Feldes bzw. die Störungen, die von dem Verlauf des Stromes durch Heterogenitäten im Untergrund hervorgerufen werden, müssen auf der Erdoberfläche meßbar sein.

1.2 Charakteristische elektrische Leitfähigkeiten einiger geologischer Formationen

Erinnern wir uns zunächst, daß die Leitfähigkeit σ gleich dem Kehrwert des spezifischen Widerstandes ρ ist. Im Untergrund bewirkt Wasser fast immer eine elektrische Leitfähigkeit. Manchmal wird sie durch eine Ansammlung von elektrisch leitenden Mineralen, wie z. B. Sulfate, Magnetit, Graphit oder auch Anthrazit, begünstigt. In den meisten Fällen handelt es sich aber um eine elektrolytische Leitfähigkeit. Somit hängt die Leitfähigkeit des Erdbodens im wesentlichen von der Menge und der Zusammensetzung des im Gestein enthaltenen Wassers ab. Diesen beiden Hauptfaktoren kann man die Tortuosität hinzufügen, die die Art der Kommunikation zwischen den Poren beschreibt.

Die Formel von *Archie* stellt diese Relation dar und ermöglicht es in günstigen Fällen, die Porosität und den Sättigungsgrad einer Formation abzuschätzen.

$$\rho_r = a \cdot \frac{\rho_w \cdot \Phi^{-m}}{\text{Sättigung}^2} \qquad (1.1)$$

$$F = \frac{a}{\Phi^m} = \frac{\rho_r}{\rho_w} \qquad (1.2)$$

Für gesättigte Gesteine kann man anhand dieser Formel den Formationsfaktor F definieren, wobei

- F der Formationsfaktor
- ρ_r der spezifische elektrische Widerstand der 100 % gesättigten Formation
- ρ_w der spezifische elektrische Widerstand des Porenwassers sowie
- Φ die Porosität ist;
- a ist ein Faktor, der ungefähr gleich 1 ist, und
- m ein Faktor, der ungefähr gleich 2 ist (Zementationsexponent).

Die Sättigung wird in Prozent ausgedrückt.

Bei vollständiger Abwesenheit des Porenwassers ergibt sich allerdings ein unendlicher spezifischer Widerstand; auch zeigt die Erfahrung, daß bei Vorhandensein von Ton die Formel von *Archie* nicht gut zutrifft.

Tabelle 1.1. Beispiele für Werte der spezifischen elektrischen Widerstände (in Ωm)

	Werte für gesättigte Formationen	Tatsächlich liegen die Werte meist bei
Ton	5–10	10
Sand	50–400	60
Kies	150–500	200
Kristalliner Schiefer	100–10 000	3000
Basalt	10–50 000	3000
Granit	100–50 000	5000
Kalk und Dolomit	100–10 000	2000
Meerwasser	> 0,2	–
Süßwasser (Oberfläche und im Untergrund)	10–300	–
Tiefenwässer	0,05–10	–
Grenzwert für Trinkwasser	2–6	–

Diese Beispiele erfordern einige Anmerkungen:

- Große Unterschiede zwischen den beobachteten spezifischen Widerständen für Gesteine derselben Art erklären sich teilweise duch eine unvollständige Sättigung (z. B. für Sand und Kies), teilweise durch eine mehr oder weniger große Zahl von Klüften, teilweise durch unterschiedlichen Salzgehalt der Tiefenwässer (für Sedimente), teilweise durch das Vorhandensein von Ton (im Sandstein und in Karbonatgesteinen) und teilweise durch verschieden stark fortgeschrittene Alterationen (von plutonischen und hauptsächlich metamorphen Gesteinen).
- Die Variationsbreiten der Werte lassen Mehrdeutigkeiten zu; dies gilt für Sand, Moränen und für Sandstein, mit häufig ähnlichen spezifischen Widerständen.
- Trotz der Variationsbreiten sowie auch möglicher Überlappungen der elektrischen Widerstände können mit Hilfe elektrischer Verfahren im Sinne der Geologie in den meisten Fällen eindeutige Informationen erbracht werden.

1.3 Eindringen des Stromes in den Untergrund

Die Stromlinien, die die zwei Emissionselektroden verbinden, wobei die Elektrode A positiv und die Elektrode B negativ ist, werden auf der Oberfläche eines homogenen Halbraumes (z. B. auf der Erdoberfläche) angeordnet, der in Abb. 1.1 veranschaulicht ist.

Man kann leicht zeigen, daß die Stromdichte am Punkt O auf halbem Abstand zwischen den Elektroden A und B folgenden Wert hat:

$$i_{xo} = \frac{4I}{\pi L^2} \tag{1.3}$$

wobei i_{xo} die Stromdichte ist, d. h. der Strom pro Flächeneinheit senkrecht zur Achse $\overline{AB}$, I ist der Strom, der zwischen A und B fließt (L = Abstand AB).

Unterhalb von Punkt O hat die Stromdichte in einem homogenen Untergrund in der Tiefe h folgenden Wert:

$$i_{xoh} = \frac{I}{2\pi} \cdot \frac{L}{\left(h^2 + \frac{L^2}{4}\right)^{\frac{3}{2}}} \tag{1.4}$$

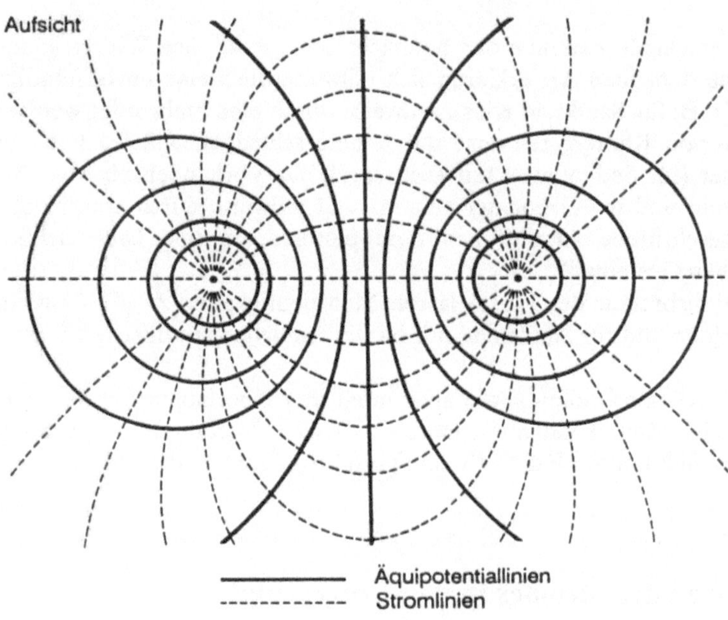

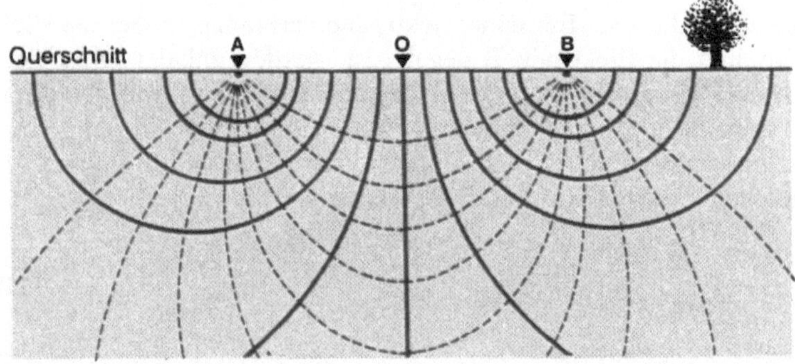

Abb. 1.1. Darstellung der Stromlinien und der Äquipotentiallinien auf der Erdoberfläche und im Untergrund.

Die Abnahme der Stromdichte mit der Tiefe unterhalb des Punkes O ist in Abbildung 1.2 dargestellt.

Die Abbildung zeigt, daß in einer Tiefe $h = 1/2\ AB$ die Stromdichte noch 38 % der Stromdichte an der Oberfläche beträgt; für $h = AB$ sinkt sie auf ungefähr 9 % der Stromdichte an der Oberfläche. Diese Angaben ermöglichen eine Abschätzung, in welcher Größenordnung der an der Oberfläche von zwei punktförmigen Elektroden emittierte Strom in das Erdreich eindringt und von den Gesteinen in der Tiefe beeinflußt werden kann. Andererseits kann aufgrund der Symmetrie der Kurve in Abbildung 1.1 h durch y in der Gleichung ersetzt werden, die zur Abschätzung der lateralen Ausdehnung des Untersuchungsgebietes mit der Meßanordnung AB dient.

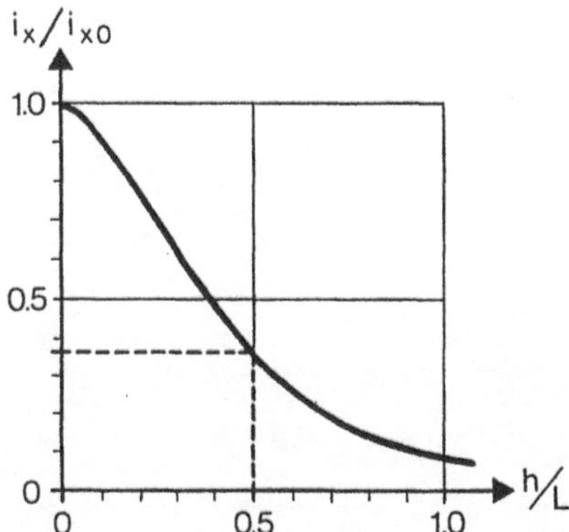

Abb. 1.2. Abnahme der Stromdichte unterhalb von Punkt O (im Mittelpunkt von AB = L. O, A und B sind in Abb. 1.1 definiert.)

1.4 Messung der von Heterogenitäten im Untergrund erzeugten Störungen an der Oberfläche

Eine Elektrode, die einen Strom I im Mittelpunkt eines homogenen und unendlichen Raumes emittiert, erzeugt im Punkt M ein Potential V. Der Faktor ρ wird als *spezifischer elektrischer Widerstand* eines Materials definiert, in dem sich die Punkte A und M befinden. Wird nun eine Messung auf dem Gelände vorgenommen, breitet sich der Strom in einem Halbraum aus, 4π wird zu 2π.

In der Praxis verwendet man auf dem Gelände zwei Emissionselektroden A und B für den Strom, genauso wie zwei Meßelektroden M und N für das Potential, so daß man zwischen den letzten beiden eine Potentialdifferenz (ΔV) messen kann. Abbildung 1.4 veranschaulicht die Vierpol-Anordnung für den allgemeinen Fall mit beliebiger Lage der Elektroden.

In diesem Fall gilt:

$$\Delta V_{MN} = \rho \frac{I_{AB}}{2\pi} \left(\frac{1}{AM} - \frac{1}{BM} - \frac{1}{AN} + \frac{1}{BN} \right) \tag{1.5}$$

und

$$\rho = \Delta V_{MN} \frac{1}{\dfrac{I_{AB}}{2\pi}\left(\dfrac{1}{AM} - \dfrac{1}{BM} - \dfrac{1}{AN} + \dfrac{1}{BN}\right)} = K \cdot \frac{\Delta V}{I} \qquad (1.6)$$

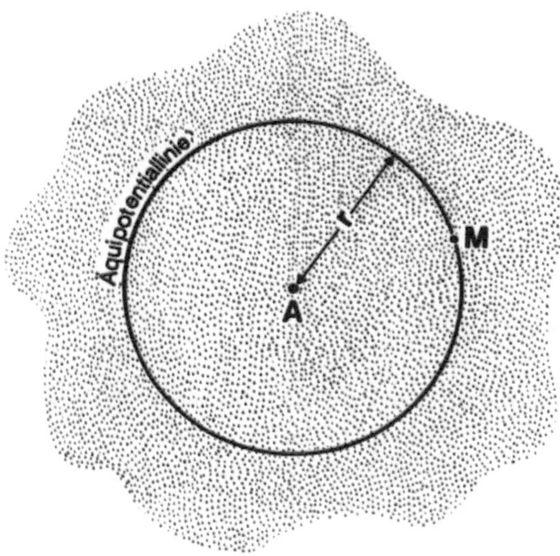

Abb. 1.3. Potential an einem Punkt M in der Mitte eines homogenen und unendlichen Vollraumes

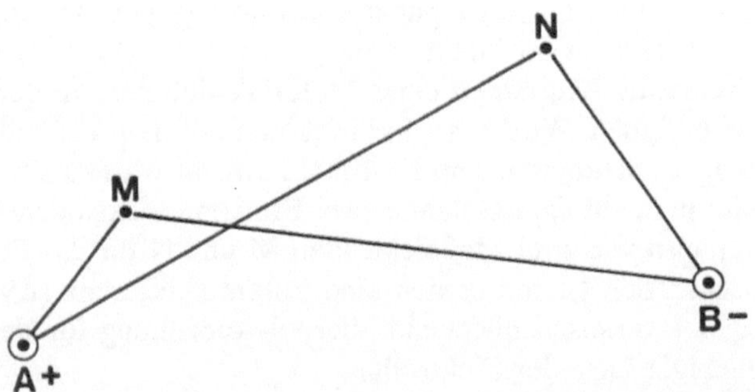

Abb. 1.4. Potentialdifferenz ΔV zwischen MN für eine beliebige Vierpol-Anordnung

Mit dieser Vierpol-Anordnung auf der Erdoberfläche kann man sehr leicht den Strom von A^+ nach B^- (I_{AB}) sowie die Potentialdifferenz zwischen M und N (V_{MN}) messen. Folglich kann man den spezifischen elektrischen Widerstand ρ eines homogenen Untergrundes bestimmen.

Da der Untergrund nie elektrisch homogen ist, sind die Äquipotentiallinien und die Stromlinien verformt. Das heißt, daß ihre "normale" Darstellung, wie in Abbildung 1.1 veranschaulicht, verändert werden muß. V_{MN} und I_{AB} sind immer meßbar. Der somit erhaltene Faktor ist nicht mehr der wahre spezifische Widerstand ρ, der für die von dem Strom durchflossenen Formationen charakteristisch ist, sondern ein *scheinbarer spezifischer Widerstand* ρ_a, dessen Bedeutung der Geophysiker im Einzelfall genauer untersuchen muß.

Zu dieser Einführung gibt es drei wesentliche Bemerkungen:

- Die verschiedenen Formationen, die den Untergrund aufbauen, unterscheiden sich oft durch ihre spezifischen elektrischen Widerstände.
- Ein beachtlicher Anteil des Stromes, der von zwei Elektroden an der Oberfläche emittiert wird, dringt tief in den Erdboden ein.
- Der spezifische Widerstand ρ eines homogenen Halbraumes läßt sich leicht von der Erdoberfläche aus messen. Die auf heterogenen Formationen gemessenen Werte werden als scheinbare spezifische Widerstände bezeichnet; wir werden sehen, daß man daraus in sehr vielen Fällen qualitative und quantitative Informationen herleiten kann.

1.5 Prinzipielle Meßanordnungen

Vierpol-Anordnungen (s. Abb. 1.4) können in zahlreichen Varianten aufgestellt werden, deren Vor- und Nachteile wir noch untersuchen werden. Man teilt diese Varianten in zwei Gruppen ein: die *Kartierungen* und die *elektrischen Sondierungen*.

1.6 Die Kartierung

Bei der Kartierung wird die Meßanordnung an der Oberfläche einer Schicht mit mehr oder weniger konstanter Mächtigkeit aufgebaut. Auf einem homogenen Gelände entspricht AMNB mit einer klassischen Anordnung dem Abstand AB, der die Mächtigkeit der Schicht bestimmt. Wird auf dem Gelände die Meßanordnung mit festen Dimensionen versetzt, so erhält man sehr leicht ein Profil der scheinbaren spezifischen Widerstände und mit Hilfe zahlreicher Profile eine Karte der scheinbaren spezifischen Widerstände in einer bestimmten Tiefe. Abbildung 1.5 veranschaulicht die Anordnung der Meßvorrichtung zur Kartierung.

Abb. 1.5. Aufbau einer Meßvorrichtung zur Kartierung

Abbildung 1.6 zeigt eine erste Veranschaulichung dessen, was der Kartierung scheinbarer spezifischer Widerstände entnommen werden kann.

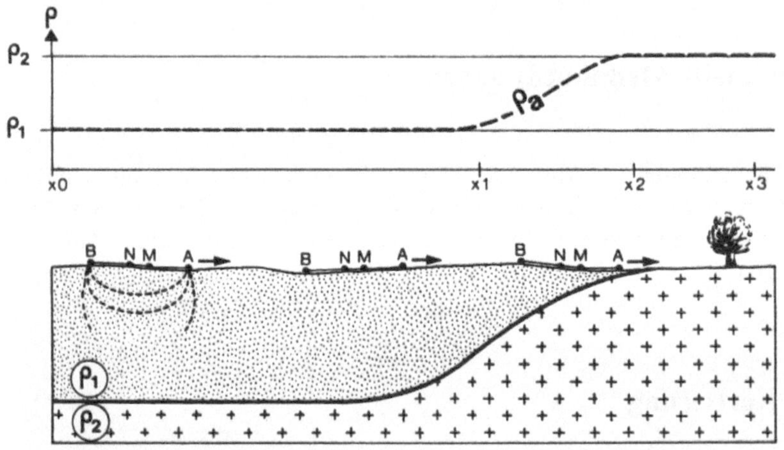

Abb. 1.6. Scheinbarer spezifischer Widerstand und tatsächlicher spezifischer Widerstand

Mit Hilfe der Anordnung AMNB mit festen Abmessungen (s. Abb. 1.5) läßt sich sehr leicht zwischen den Punkten x_0 und x_3 eine Meßreihe erstellten. Zwischen x_0 und x_1 verläuft der Großteil des Stromes in der Schicht mit dem Widerstand ρ_1, deren Mächtigkeit im Verhältnis zu AB groß ist; die gemessenen spezifischen Widerstände entsprechen ungefähr den tatsächlichen spezifischen Widerständen ρ_1. Zwischen x_2 und x_3 fließt der gesamte Strom durch die Schicht mit dem Widerstand ρ_2. Da die Mächtigkeit der Schicht mit dem Widerstand ρ_1 verschwindet, sind die gemessenden spezifischen Widerstände ungefähr gleich ρ_2. Zwischen x_1 und x_2 verringert sich die Mächtigkeit der Schicht mit dem Widerstand ρ_1, und ein immer größer werdender Anteil des Stromes fließt durch die Schicht mit ρ_2. Die gemessenen Werte liegen zwischen ρ_1 und ρ_2, es handelt sich um scheinbare spezifische Widerstände (s. Abb. 1.6).

Es ist einleuchtend, daß sich die Profile der scheinbaren spezifischen Widerstände mit dem Abstand zwischen A und B ändern. Abbildung 1.7 veranschaulicht diesen Effekt; darüber hinaus liefert die Abbildung ein Beispiel für Profile, in denen keine tatsächlichen spezifischen Widerstände auftreten.

In Abbildung 1.7 zeigt der geologische Schnitt ein Substrat von mergelhaltigem Sandstein, der von einem mit Kies aufgefüllten Kanal durchzogen wird, wobei alles von einer tonhaltigen Moräne überlagert wird.

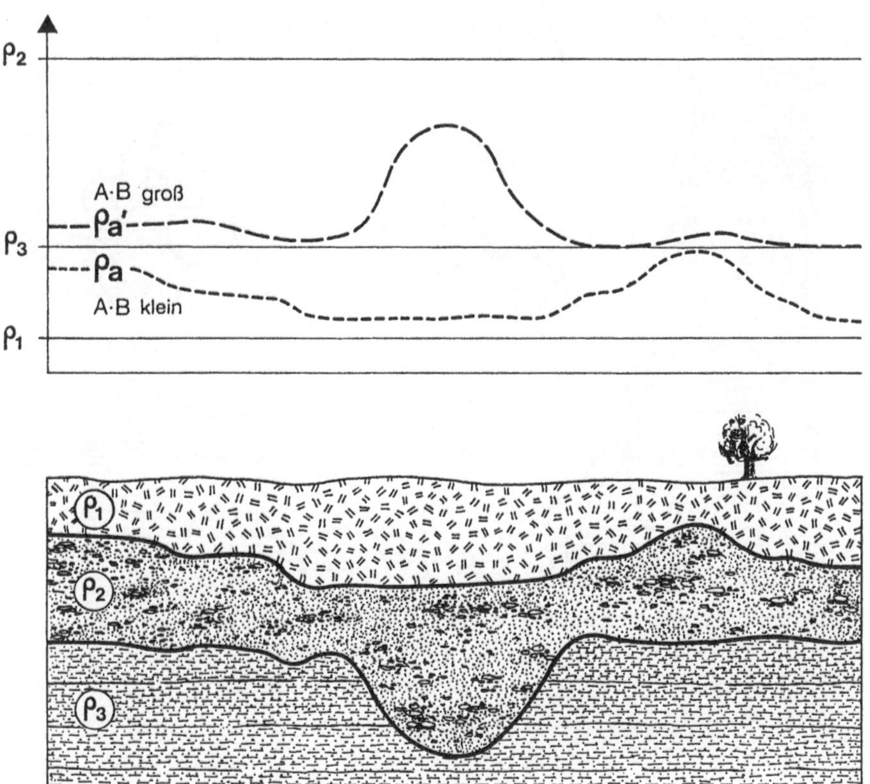

Abb. 1.7. Veränderung der scheinbaren spezifischen Widerstände mit dem Abstand zwischen den Elektroden bei der Kartierung ($\rho_2 > \rho_1 < \rho_3$)

Hierbei ist interessant, daß das mit großem AB erstellte Profil der spezifischen Widerstände gut die Mächtigkeit der sandsteinhaltigen Schicht zeigt, wogegen

das mit kleinem AB erstellte Profil sehr empfindlich gegenüber Mächtigkeits-
schwankungen der an der Oberfläche anstehenden Moräne ist.

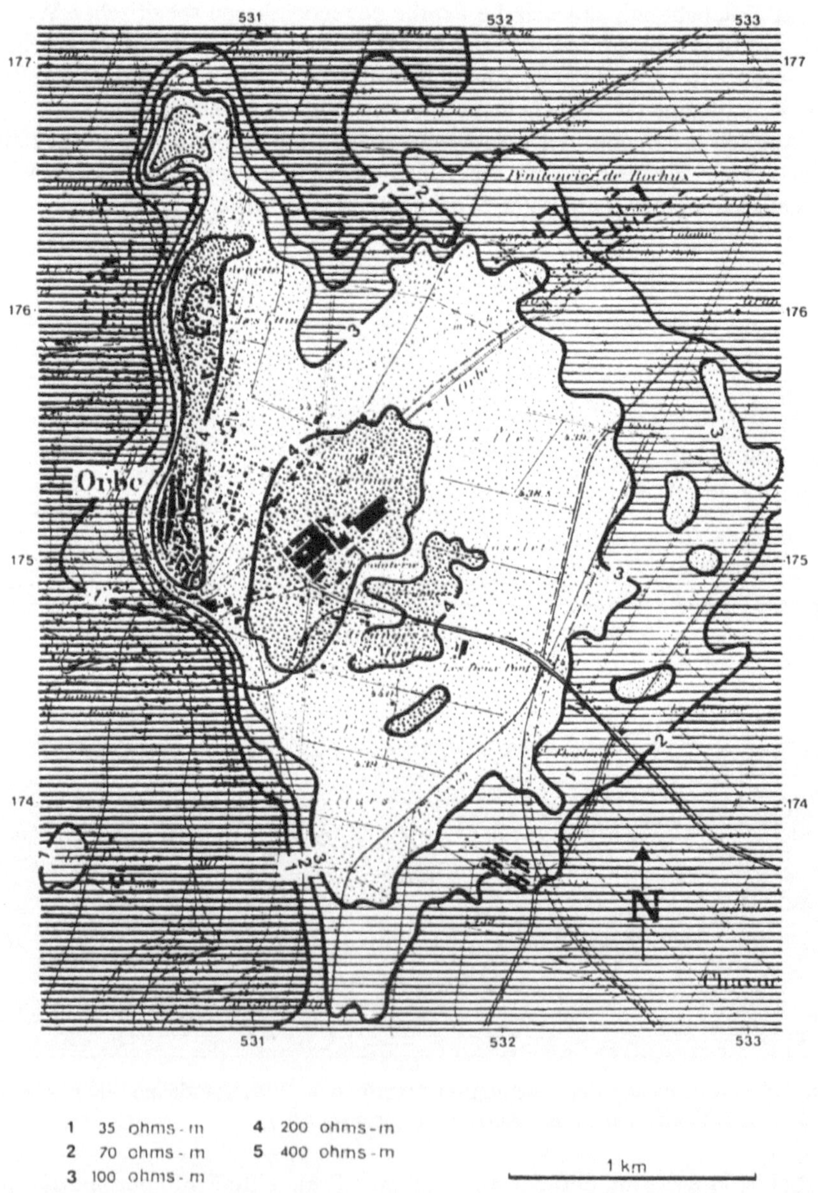

Abb. 1.8. Geologische Bedeutung der Isolinien scheinbarer spezifischer Widerstände:
Fossiles Delta der Orbe (Schweiz)

Man kann an diesem Beispiel zeigen, welche Bedeutung die Wahl der Länge der Anordnung haben kann (wir werden in Abschnitt 1.10 sehen, wie diese Wahl getroffen wird). Darüber hinaus zeigt dieses Beispiel, daß für das Verständnis der Ergebnisse der Kartierungen unbedingt eine Vielzahl von Messungen nötig ist sowie auch eine gute Kenntnis der geologischen Zusammenhänge. Jeder einzelne Wert des scheinbaren spezifischen Widerstandes hat keine besondere Bedeutung, sofern die scheinbaren spezifischen Widerstände nicht irgendeinem tatsächlichen spezifischen Widerstand einer Formation zugeordnet werden können. Dagegen sind die Messungen in ihrer Gesamtheit qualitativ interpretierbar.

Abbildung 1.8 zeigt das Ergebnis einer ausgedehnten Wassersuche in der Schweiz mittels geoelektrischer Kartierungen.

Die geoelektrische Kartierung wurde in einer Schwemmlandebene, einem ehemaligen Sumpfgebiet, vorgenommen. Die Kurven gleichen spezifischen Widerstandes (Kurven 1-5 in Abb. 1.8) beruhen auf zahlreichen Messungen. Die Abb. 1.8 zeigt deutlich, daß es sich um einen alten Schuttkegel handelt. Das Bild wird vervollständigt, wenn man die wahren Widerstandswerte den Isolinien zuordnet und die Abnahme der spezifischen Widerstände sowie die Grauschattierung des Zentrums in Richtung des Schuttkegelrandes hervorhebt.

Der Geophysiker kann mit Hilfe einer großen Anzahl von Kartierungsmessungen, die einen ausreichend großen Bereich der spezifischen Widerstände abbilden, häufig einen großen Teil der lokalen Geologie darstellen. Er hat somit ein echtes "geologisches Modell".

1.7 Die elektrische Sondierung

Die Kartierungs-Meßvorrichtung, die vor allem gegenüber lateralen Variationen der elektrischen Eigenschaften des Untergrundes empfindlich ist, liefert auf großen Flächen des Geländes qualitative Informationen. Die elektrische Sondierung liefert dagegen quantitative Informationen über den Untergrund des Meßpunktes. In bestimmten Fällen kann man durch die Interpretation von elektrischen Sondierungen die Mächtigkeit und den tatsächlichen spezifischen Widerstand aller Schichten erhalten, die unterhalb des Meßzentrums liegen.

Man erhält eine elektrische Sondierung nach Schlumberger durch eine Reihe von Messungen, die mit Hilfe einer Elektrodenanordnung AB mit zunehmender Auslage aufgenommen werden. A und B sind in großen Abständen auf beiden Seiten der Sonden M und N und des Mittelpunktes O angebracht (s. Abb. 1.9). Um die Auswertung der Meßergebnisse zu erleichtern, verwendet man doppeltlogarithmisches Papier, wobei der scheinbare Widerstand ρ_a auf der Ordinate und die halbe Länge der Auslage AB auf der Abszisse aufgetragen wird. Das Diagramm wird als Sondierungskurve bezeichnet. Bei dieser Meßmethode fließt der Strom mit zunehmender Auslage AB der Elektroden in immer größere Tiefen des Untergrundes.

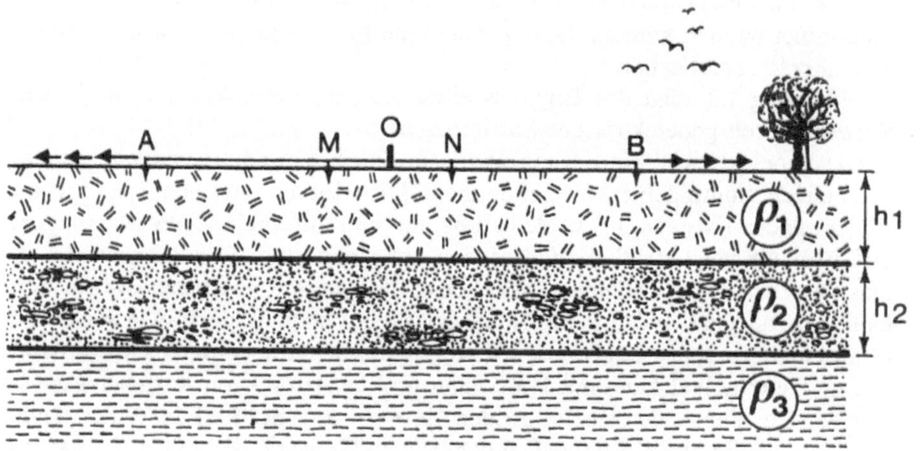

Abb. 1.9. Aufbau der Meßvorrichtung zur elektrischen Sondierung

1.8 Interpretation der elektrischen Sondierungen

1.8.1 Sondierungen beim Zweischichtfall

Wird die elektrische Sondierung auf einem homogenen Gelände vorgenommen, so erfolgt dies entlang eines Profils. Die Interpretation der Sondierungen im Zweischichtfall ist ausgesprochen einfach, man benötigt für die Berechnung ein einfaches Diagramm. Löst man die allgemeine Potentialgleichung für den Fall von zwei parallelen, homogenen und isotropen Schichten, so beträgt der scheinbare spezifische Widerstand (Bhattacharya u. Patra 1968, S. 28):

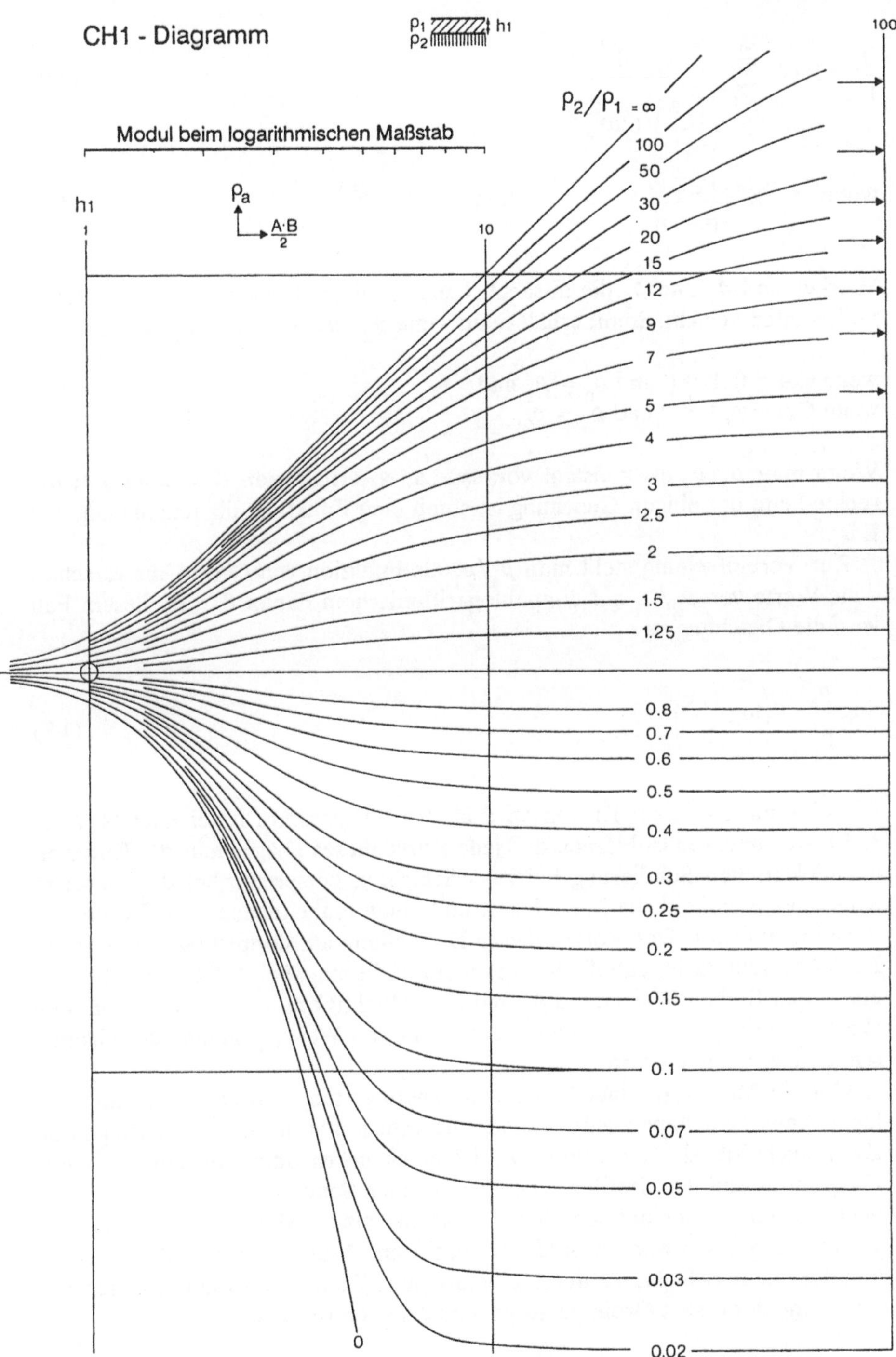

Abb. 1.10. Diagramm für die Interpretation von Sondierungen im Zweischichtfall

$$\frac{\rho_a}{\rho_1} = 1 + 2 \sum_{n=1}^{\infty} \cdot \frac{K^n \cdot L^3}{\left[L^2 + (2n)^2 \right]^{\frac{3}{2}}} \tag{1.7}$$

$$\text{wobei} \qquad K = \frac{\rho_2 - \rho_1}{\rho_2 + \rho_1} \qquad \text{und} \qquad L = \frac{OA}{h_1} \tag{1.8}$$

Hierbei sind ρ_1 und ρ_2 die tatsächlichen spezifischen Widerstände der ersten und zweiten Schicht. Somit erhält man: wenn $\rho_2 = \rho_1$, $K = 0$ und $\rho_a = \rho_1 = \rho_2$;

wenn $OA \to 0$, $L \to 0$ und $\rho_a = \rho_1$ und
wenn $OA \to \infty$, $L \to 0$ und $\rho_a = \rho_2$.

Wenn man ρ_1/ρ_2 als konstant voraussetzt, so erhält man K = konstant; die rechte Seite der obigen Gleichung ist somit eine Funktion, die unabhängig von L ist.

Zur Vereinfachung stellt man ρ_a/ρ_1 als Funktion von OA/h_1 für verschiedene Werte von ρ_2/ρ_1 auf doppeltlogarithmischem Papier dar; in diesem Fall wird die Gleichung zu

$$\log \frac{\rho_a}{\rho_1} = F\left(\log \frac{OA}{h_1} \right) \tag{1.9}$$

Die Gesamtheit dieser Kurven wird als CH1-Diagramm bezeichnet (s. Abb. 1.10). Anzumerken ist hierbei, daß jede Kurve dieses Diagramms der Kurve einer elektrischen Sondierung bei zwei Schichten entspricht, bei der die erste Schicht eine einheitliche Mächtigkeit und einen einheitlichen spezifischen Widerstand aufweist. Der Vorteil dieser Darstellung auf doppeltlogarithmischem Papier besteht darin, daß die Kurve einer Sondierung, bei der die erste Schicht einen spezifischen Widerstand ρ_1 und eine Mächtigkeit h_1 hat, einfach um den Wert h_1 entlang der Abszissenachse und um den Wert ρ_1 entlang der Ordinatenachse verschoben wird.

Um die Meßwerte einer Sondierung auszuwerten, werden sie auf doppeltlogarithmischem Papier aufgetragen. Die Interpretation der Sondierungen im Zweischichtfall (sie sind selten) wird einfach durch Superposition des CH1-Diagramms und der Grafik aus der elektrischen Sondierung durchgeführt. Die Werte ρ_1 und h_1, die auf dem linken Achsenkreuz (s. Abb. 1.11) des CH1-Diagramms abgelesen werden, sind der spezifische Widerstand und die Mächtigkeit der ersten Schicht, die durch eine doppelte Translation von der ersten Abszisse und der ersten Ordinate ausgehend erhalten werden.

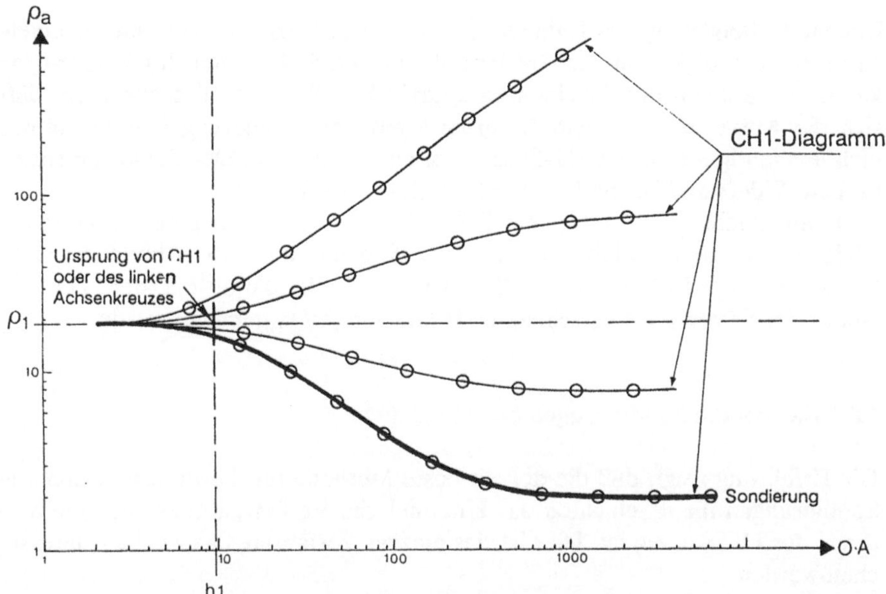

Abb. 1.11. Anwendung des CH1-Diagramms im Zweischichtfall

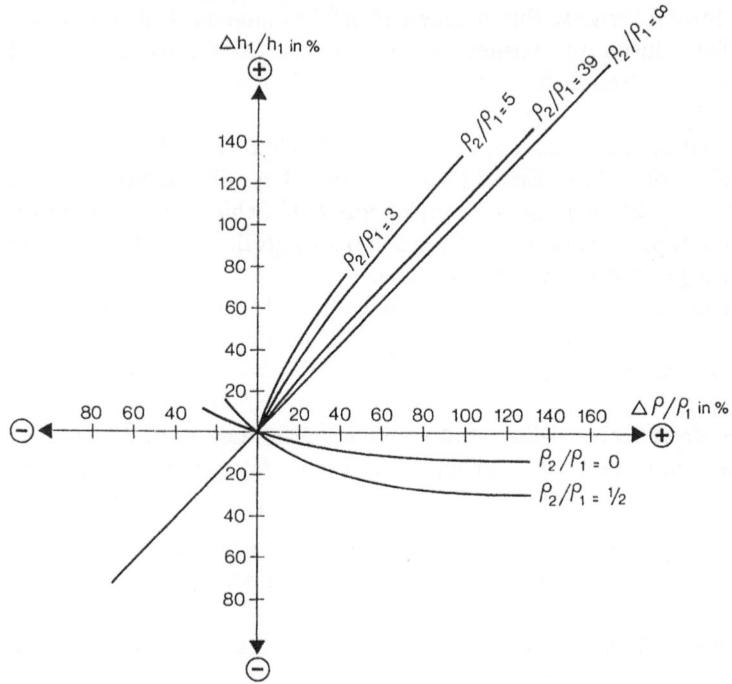

Abb. 1.12. Bewertung des Fehlers bei der Interpretation der Sondierungen beim Zweischichtfall

Interpretationsfehler. Im Rahmen der Messungen erreicht man im allgemeinen eine Genauigkeit in der Größenordnung von 5 %. Dennoch können sogar kleine Variationen des scheinbaren spezifischen Widerstandes bewirken, daß sich die Kurve, die mit dem Diagramm aus der Sondierung übereinstimmt, nicht eindeutig aus dem CH1-Diagramm auswählen läßt. Der Fehler im spezifischen Widerstand ist somit viel größer als die Meßfehler.

Im allgemeinen tritt mit einem Fehler bei der Bestimmung des spezifischen Widerstandes ein Fehler in der Mächtigkeit auf. In Abbildung 1.12 (Frischknecht u. Keller, 1982, S. 126) wird ein Fehler dargestellt, der über h in Abhängigkeit von ρ für verschiedene Werte von ρ_2/ρ_1 gemacht wurde.

1.8.2 Elektrische Sondierungen bei n Schichten

Die Erfahrung zeigt, daß die derzeit beste Methode für die Interpretation von Sondierungen für n Schichten das Hummelsche Verfahren oder auch die Methode der Hilfskurven ist. Dies ist das einzige Verfahren, das wir hier untersuchen werden.

Beim *Hummelschen Verfahren* wird jede beliebige Sondierung für drei oder mehr Schichten auf eine Folge von Sondierungen zweier Schichten reduziert.

Jede Sondierung beginnt mit einer sehr kleinen Auslage AB, so daß der Großteil des Stromes zuerst durch einen oberflächennahen Teil der Schicht und anschließend durch die darunterliegende Schicht fließt. Somit wird jede Sondierung wie eine Sondierung im Zweischichtfall, die sehr leicht interpretierbar ist, begonnen.

Hummel (1929a) hatte die Idee, die ersten beiden Schichten durch eine elektrisch äquivalente fiktive Schicht zu ersetzen. Diese fiktive Schicht bildet mit der unter ihr liegenden einen Komplex aus zwei Schichten. Diese Vorgehensweise kann iterativ weitergeführt werden bis zu größeren Tiefen, die nicht durch Sondierungen erreicht werden können.

Um zwei Schichten durch eine einzige fiktive Schicht zu ersetzen, muß man die transversalen spezifischen Widerstände und die longitudinalen Leitfähigkeiten dieser Schichten kennen.

Transversaler spezifischer Widerstand und longitudinale Leitfähigkeit. Für den Fall einer homogenen und isotropen Schicht im Untergrund definiert man (s. Abb. 1.13)

— den *transversalen spezifischen Widerstand*: $T = h\rho$, wobei h = Mächtigkeit und ρ = spezifischer Widerstand, d. h. der Widerstand eines Teiles des Untergrundes mit einheitlicher Größe;
— die *longitudinale Leitfähigkeit*: $S = H/\rho$ mit $h = \sqrt{TS}$ und $\rho = \sqrt{T/S}$ (1.10)

In Analogie zu den elektrischen Stromkreisen definiert man die Addition von m Schichten wie die Summe von m Widerständen, die in Reihe oder parallel geschaltet sind.

Für m Schichten erhält man

$$T = T_1 + T_2 + \dots + T_m = \sum_{i=1}^{m} h_i \rho_i \tag{1.11}$$

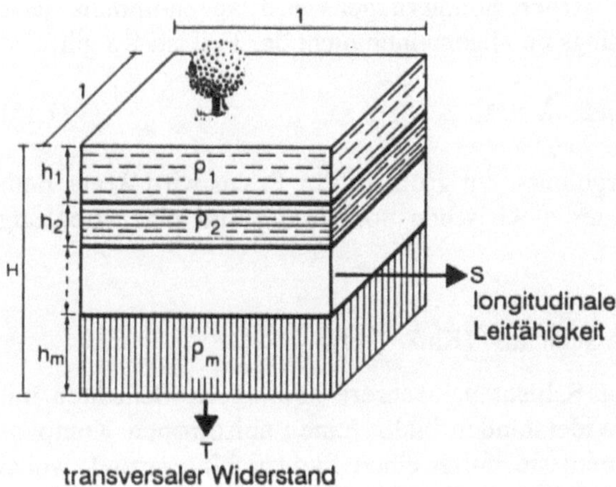

Abb. 1.13. Longitudinale Leitfähigkeit und transversaler spezifischer Widerstand

$$S = S_1 + S_2 + \dots + S_m = \sum_{i=1}^{m} \frac{h_i}{\rho_i} \tag{1.12}$$

Als letztes werden wir sehen, daß der Stromfluß im Erdboden unter einem starken Einfluß von S und T steht, entsprechend der Verhältnisse zwischen den spezifischen Widerständen der aufeinanderfolgenden Schichten.

Fall einer homogenen und anisotropen Schicht im Untergrund. In der Natur kommen im Untergrund häufig vertikale Anisotropien vor, die an die Entstehungsgeschichte ihrer Formation gebunden sind (z.B. Sedimentation). In der Praxis drückt sich diese Anisotropie durch einen transversalen spezifischen Widerstand aus, der größer ist als der longitudinale spezifische Widerstand.

Man definiert   - ρ_t: transversaler spezifischer Widerstand
                     - ρ_s: longitudinaler spezifischer Widerstand

$$\lambda = \sqrt{\frac{\rho_t}{\rho_s}} \qquad\qquad : \text{Anisotropiekoeffizient} \qquad\qquad (1.13)$$

und

$$\rho_m = \sqrt{\rho_t \cdot \rho_s} \qquad\qquad : \text{mittlerer spezifischer Widerstand} \qquad\qquad (1.14)$$

Bei der Interpretation elektrischer Sondierungen wird angenommen, jede Schicht sei isotrop, was allerdings im allgemeinen nicht der Fall ist. Da gilt

$$h_{\text{elektrisch}} = \lambda\, h_{\text{tatsächlich}} \quad \text{und} \quad \lambda > 1, \qquad\qquad (1.15)$$

sind die für h ermittelten Ergebnisse zu groß. In der Praxis wird λ aus dem Vergleich der Ergebnisse einer elektrischen Sondierung und einer Bohrung hergeleitet. Es gilt für

− Sand und Kiesschichten: $\lambda = 1{,}3$
− dünne aufeinanderfolgende Schichten (Kalk, Ton): $\lambda < 2$

Zwei homogene und isotrope Schichten. Mehrere überlagerte Schichten mit verschiedenen spezifischen Widerständen bilden einen anisotropen Komplex. Aus diesem Grund ersetzt man sie durch einen fiktiven Untergrund, wobei man die Anisotropie berücksichtigen muß. Man sucht den resultierenden Anisotropiekoeffizienten, der sich aus der Überlagerung zweier homogener und anisotroper Schichten mit den spezifischen Widerständen ρ_1, ρ_2 und den Mächtigkeiten h_1 und h_2 ergibt. Es gilt:

$$T = T_1 + T_2 = h_1\rho_1 + h_2\rho_2 = (h_1 + h_2)\rho_t \qquad\qquad (1.16)$$

$$S = S_1 + S_2 = \frac{h_1}{\rho_1} + \frac{h_2}{\rho_2} = \frac{h_1 + h_2}{\rho_s} \qquad\qquad (1.17)$$

Wobei ρ_t der transversale spezifische Widerstand und ρ_s der longitudinale spezifische Widerstand der zwei Schichten ist. Aus den beiden vorhergehenden Gleichungen und aus $\lambda = \sqrt{\rho_t/\rho_s}$ erhält man

$$\lambda^2 = \frac{1}{\left(h_1 + h_2\right)^2} \cdot \left(\rho_1 h_1 + \rho_2 h_2\right) \cdot \left(\frac{h_1}{\rho_1} + \frac{h_2}{\rho_2}\right) = \frac{1}{\left(1 + P_1\right)^2} \cdot \left(1 + P_1 P_2\right) \cdot \left(1 + \frac{P_1}{P_2}\right) \quad (1.18)$$

wobei

$$P_1 = \frac{h_2}{h_1} \qquad \text{und} \qquad P_2 = \frac{\rho_2}{\rho_1} \qquad\qquad (1.19)$$

In Abb. 1.14a ist λ^2 in Abhängigkeit von ρ_2/ρ_1 für verschiedene Werte von h_2/h_1 dargestellt und in Abb. 1.14b Werte des Anisotropiekoeffizienten als Funktion von h_2/h_1 für verschiedene Werte von ρ_2/ρ_1.

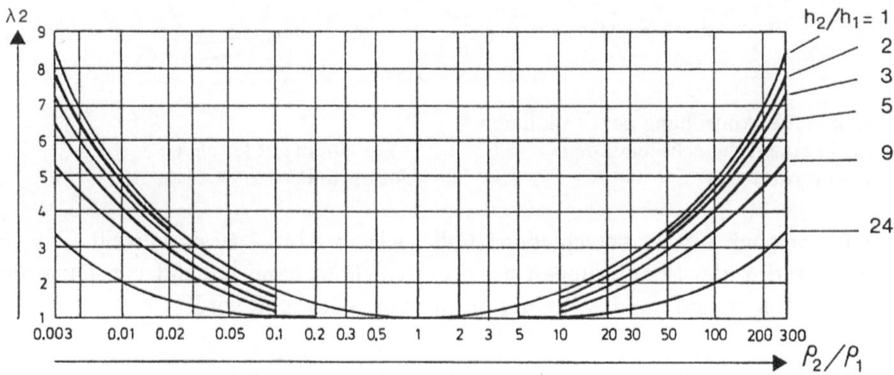

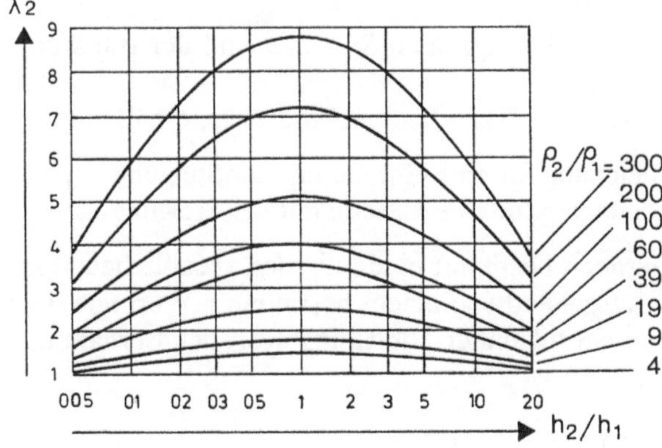

Abb. 14 a, b. (a) λ^2 in Abhängigkeit von ρ_2/ρ_1 für verschiedene Werte von h_2/h_1; (b) Werte für λ^2 als Funktion von h_2/h_1 für verschiedene Werte von ρ_2/ρ_1

Sondierungen bei drei Schichten. Es gibt zwei Möglichkeiten (s. Abb. 1.15):

1. Der Untergund ist ein guter Leiter, ρ_3 ist groß. In diesem Fall ist die longitudinale Leitfähigkeit von ρ_2 vorherrschend.

2. Der Untergrund ist ein schlechter Leiter, ρ_3 ist klein. In diesem Fall ist der transversale spezifische Widerstand von ρ_2 vorherrschend.

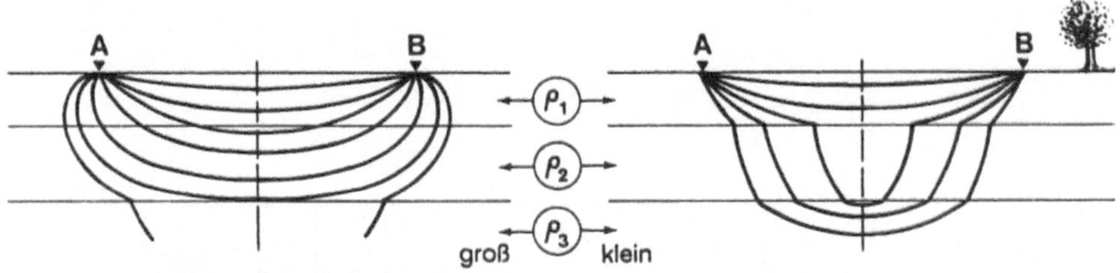

Abb. 1.15. Anordnung der Stromlinien (a) in einem schlecht leitenden Untergrund   (b) in einem gut leitenden Untergrund

Dies ermöglicht vier verschiedene Fälle, wie in Abb. 1.16 dargestellt. Die Interpretation der Sondierungen bei drei Schichten kann anhand von Diagrammen erfolgen, auf die das Reduktionsprinzip angewandt wird.

Das Reduktionsprinzip. Die Idee für das Reduktionsprinzip besteht darin, zwei homogene, isotrope Schichten durch eine einzige elektrisch äquivalente Schicht zu ersetzten (s. Abb 1.17).

Die longitudinale Leitfähigkeit beträgt dann $S = h/\rho$ und der transversale spezifische Widerstand $T = h \cdot \rho$.

Verwendet man den Logarithmus dieser beiden Ausdrücke, erhält man

$\log \rho = -\log h + \log T$: Gleichung für eine Gerade mit der Steigung -1,
$\log \rho = \log h - \log S$: Gleichung für eine Gerade mit der Steigung $+1$.

Der Schnittpunkt dieser Geraden bestimmt eindeutig den spezifischen Widerstand und die Mächtigkeit, ausgehend von einem bestimmten Wert von T und S. Somit kann man h und ρ von folgender Gleichung ausgehend erhalten, sofern man zwei Schichten hat:

$$T = T_1 + T_2 \qquad \text{und} \quad S = S_1 + S_2 \tag{1.20}$$

Der Schnittpunkt der beiden Geraden bestimmt die Mächtigkeit h_f und den spezifischen Widerstand ρ_f einer fiktiven elektrisch äquivalenten Schicht.

Dieses Prinzip ermöglicht die Konstruktion der LCD-Kurven, die weiterverwendet werden. Sowohl T_1, T_2 als auch S_1, S_2 können nur durch die Interpretation der Sondierung bestimmt werden.

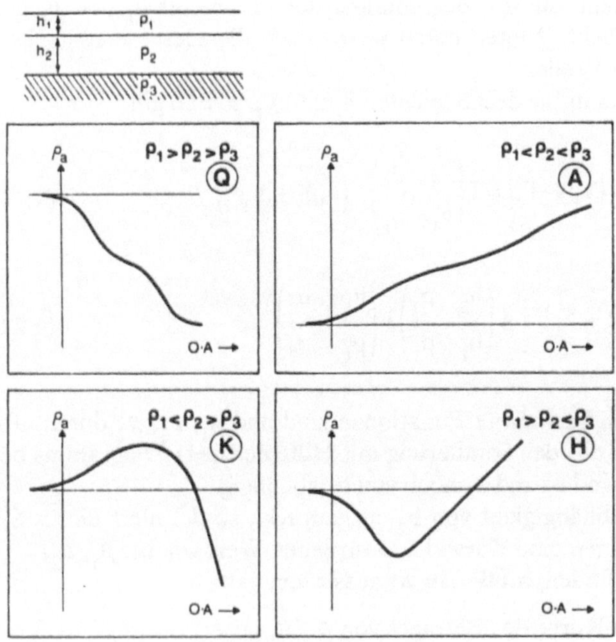

Abb. 1.16. Die vier möglichen Fälle für Sondierungen im Dreischichtfall

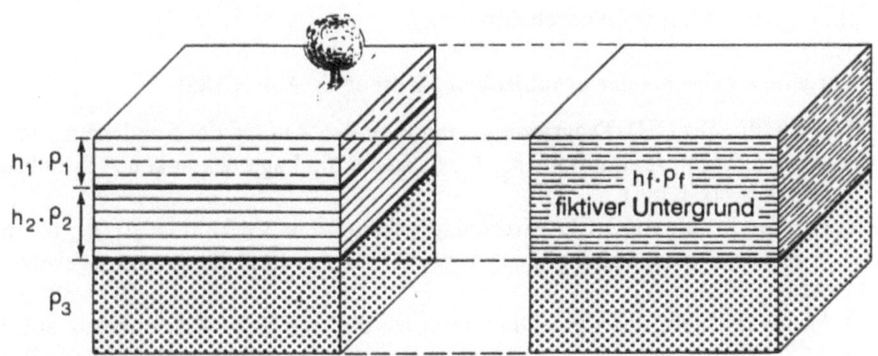

Abb. 1.17. Darstellung des Reduktionsprinzips

Im Falle eines aus drei Schichten aufgebauten Untergrundes hängt die Bestimmung der Parameter h_f und ρ_f der fiktiven Schicht von der Art des Geländes ab, auf dem die Sondierung durchgeführt wird (Typ H, K, A oder Q). In der Tat verändern sich der transversale spezifische Widerstand und die longitudinale Leitfähigkeit der beiden ersten Schichten je nachdem, ob die dritte Schicht gut oder schlecht leitend ist. Mit der Untersuchung der theoretischen und experimentellen Kurven war es möglich, empirische Gesetze für jede Art von Sondierung zu finden, die die Bestimmung der Parameter h_f und ρ_f der fiktiven Schicht ermöglicht. Weiter unten werden wir die Gesetzmäßigkeiten für jeden dieser Fälle vorstellen.

Allgemein ermittelt man für drei Schichten h_f und ρ_f, so daß gilt

$$h_f \cdot \rho_f = T = f\left(\frac{h_2}{h_1},\frac{\rho_2}{\rho_1}\right) \cdot \left(T_1 + T_2\right) = f\left(\frac{h_2}{h_1},\frac{\rho_2}{\rho_1}\right) \cdot \left(h_1\rho_1 + h_2\rho_2\right) \tag{1.21}$$

$$\frac{h_f}{\rho_f} = S = g\left(\frac{h_2}{h_1},\frac{\rho_2}{\rho_1}\right) \cdot \left(S_1 + S_2\right) = g\left(\frac{h_2}{h_1},\frac{\rho_2}{\rho_1}\right) \cdot \left(\frac{h_1}{\rho_1} + \frac{h_2}{\rho_2}\right) \tag{1.22}$$

wobei f und g empirisch bestimmte Funktionen sind und h_1, ρ_1, ρ_2 durch Untersuchung des ersten Teils der Sondierung mit Hilfe des CH1-Diagramms bestimmt wurden. Somit sind h_f und ρ_f noch von h_2 abhängig.

Wird h_f und ρ_f in Abhängigkeit von h_2 ausgedrückt, so definiert dieses System aus zwei Gleichungen eine Kurve LCD für jeden Wert von h_1, ρ_1, ρ_2.

Um eine Lösung zu finden, muß man voraussetzen, daß

- (ρ_f, h_f) auf der LCD-Kurve des Betrages von ρ_2/ρ_1 liegt,
- (ρ_f, h_f) der Ursprung einer Kurve von CH1 ist, die mit der weiteren Sondierung übereinstimmt.

Durch die Sondierung also wird h_2 bestimmt, und es ist sehr wichtig, ausreichend viele Messungen durchzuführen.

Vorgehensweise bei der graphischen Methode (s. Abb. 1.18a).

1. Mit Hilfe des CH1-Diagramms kann man den Anfang der Sondierung untersuchen. Man erhält daraus h_1, ρ_1, ρ_2 sowie die Lage des linken Achsenkreuzes (s. Abb. 1.18a).
2. Der Ursprung von LCD wird entsprechend dem Verhältnis ρ_2/ρ_1, das aus 1. erhalten wird, auf das linke Achsenkreuz des CH1-Diagramms gesetzt (s. Abb. 1.18b).
3. Man verschiebt das CH1-Diagramm so, daß das linke Achsenkreuz auf der LCD-Kurve liegt, bis eine Kurve ρ_3/ρ_f mit der weiteren Sondierung übereinstimmt.
4. Die neue Lage des linken Achsenkreuzes des CH1-Diagramms bestimmt h_2/h_1 auf der LCD-Kurve, man erhält h_2.
5. Zudem erhält man aus dem Betrag von ρ_3/ρ_f und von ρ_f ausgehend ρ_3.

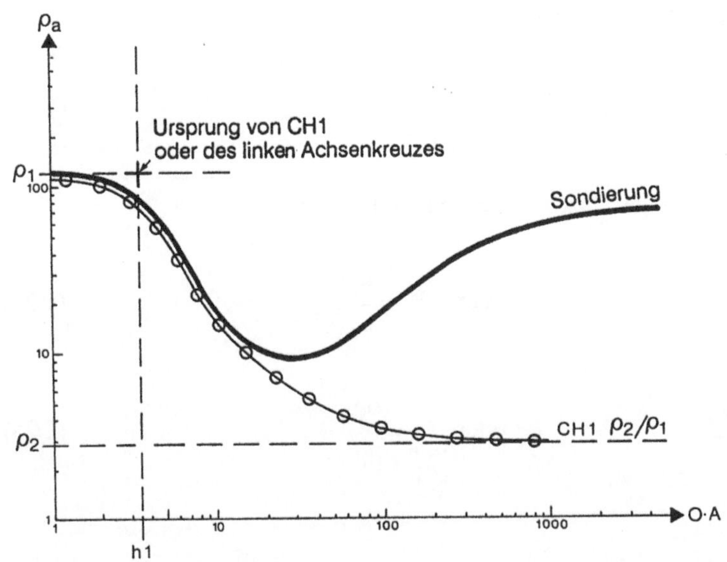

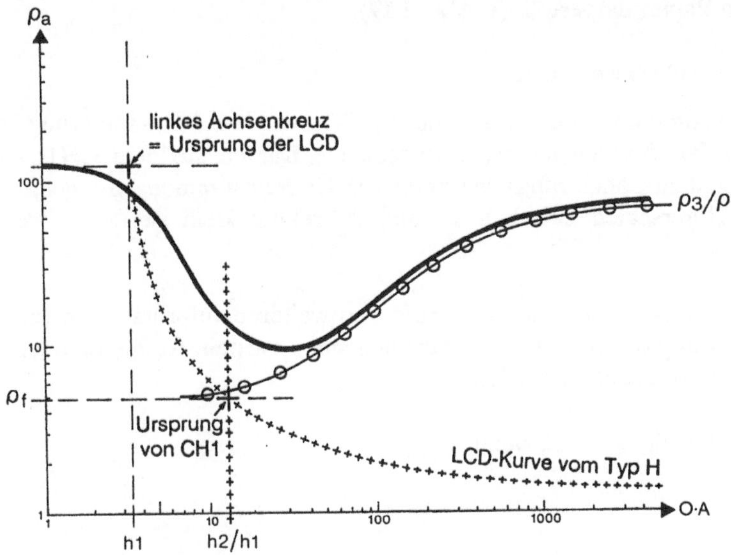

Abb. 1.18 a, b. Interpretation durch Reduktion einer Sondierung vom Typ H

LCD-Hilfskurven - 1. Typ H: $\rho_1 > \rho_2 < \rho_3$. Nimmt man an, daß ρ_3 und OA groß sind, folgt daraus, daß die Stromlinien an der Oberfläche parallel sind, die longitudinale Leitfähigkeit vorherrscht und der transversale spezifische Widerstand vernachlässigbar ist.

Es gilt somit $h_f = h_1 + h_2$ sowie

$$\frac{h_f}{\rho_f} = \frac{h_1}{\rho_1} + \frac{h_2}{\rho_2} \tag{1.23}$$

was folgendermaßen geschrieben werden kann:

$$x = \frac{h_f}{\rho_1} = \left(1 + P_1\right) \qquad\qquad \text{oder} \quad P_1 = \frac{h_2}{h_1} \tag{1.24}$$

$$y = \frac{\rho_f}{\rho_1} = \frac{1 + P_1}{1 + \dfrac{P_1}{P_2}} \qquad\qquad \text{oder} \quad P_2 = \frac{\rho_2}{\rho_1} \tag{1.25}$$

Die LCD-Kurve (Hummelsches Diagramm genannt) wird auf doppeltlogarithmischem Papier dargestellt (s. Abb. 1.19).

Interpretationsschwierigkeiten.

1. Bei der Bestimmung von h_1, ρ_1 und ρ_2: Wie wir bei der Sondierung im Zweischichtfall gesehen haben, kann man die Kurven aus dem CH1-Diagramm mit dem Sondierungsdiagramm zur Übereinstimmung bringen, sofern der Unterschied zwischen ρ_1 und ρ_2 relativ klein ist (z. B. wenn $\rho_2 \geq 0{,}1 \cdot \rho_1$).

Diese Mehrdeutigkeit kann nur mit Hilfe von weiteren Informationen (z. B. durch die Messung von ρ_2 in einer zutage liegenden Gesteinsformation oder in einer Bohrung) aufgehoben werden.

2. Äquivalenzprinzip: Im Fall, wenn

$$h_1 \geq h_2$$
$$\rho_1 \geq \rho_2$$
$$\rho_3 \geq \rho_1$$

d. h., wenn man eine schwach leitende Schicht zwischen zwei schlecht leitenden Schichten hat, ist der scheinbare spezifische Widerstand nicht mehr von den absoluten Werten von h_2 und ρ_2 abhängig, sondern nur noch von $S_2 = h_2/\rho_2$. Mit der elektrischen Sondierung werden somit nicht mehr einheitliche Werte für h_2 und ρ_2 bestimmt (s. Bhattacharya u. Patra 1968, S. 32).

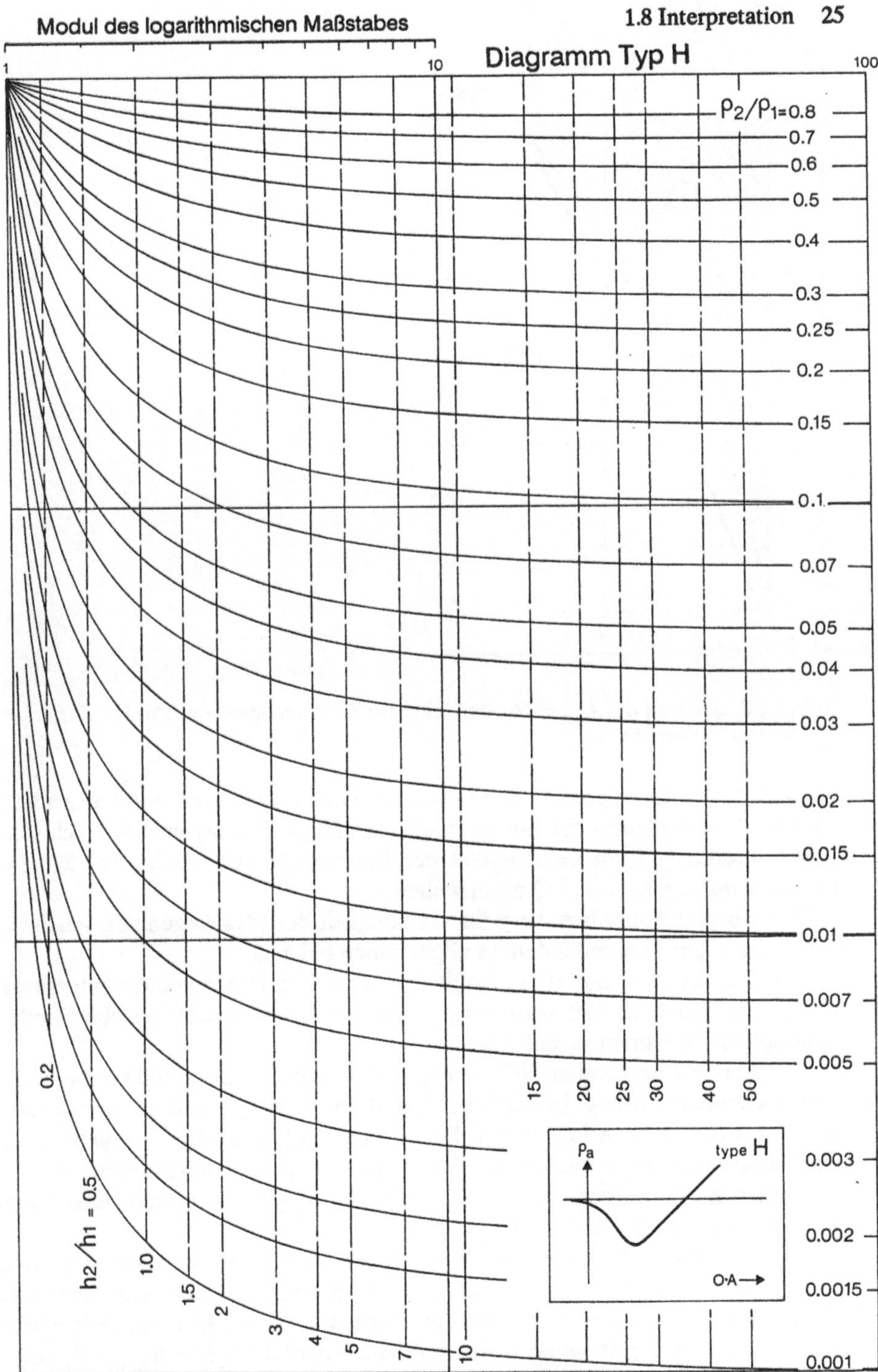

Abb. 1.19. Hilfsdiagramm zur Interpretation durch Reduktion einer Sondierung vom Typ H

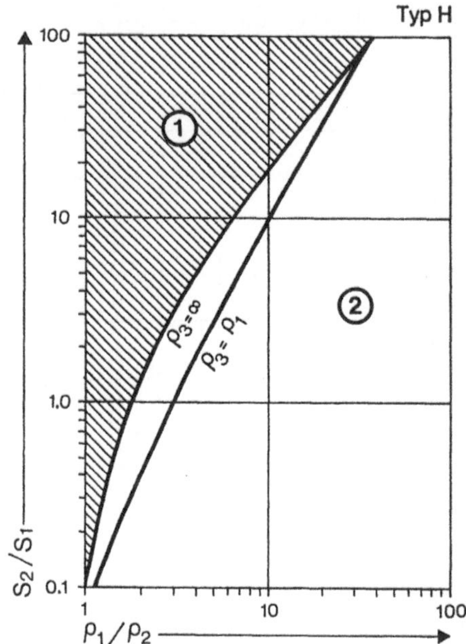

Abb. 1.20. Grenzen des Äquivalenzbereiches für Sondierungen vom Typ H,
② Äquivalenzbereich

Die auf den vorhergehenden Seiten beschriebenen Verfahren und Diagramme sind zur Interpretation der Sondierungen vom Typ H ausreichend. Nach einigen Anmerkungen zur Genauigkeit der Interpretationen werden wir Sondierungen vom Typ A, K und Q untersuchen.

Wie wir gesehen haben, liegt die Genauigkeit der Messungen von scheinbaren spezifischen Widerständen im allgemeinen bei 5 %.

Folglich definiert man diese Äquivalenz zwischen verschiedenen Interpretationen für den Fall, daß verschiedene Untergrundstrukturen gleiche Sondierungskurven hervorrufen, mit 5 %.

Frischknecht und Keller (1982) zeigen, daß in bestimmten Fällen die geringen Variationen von ρ beachtliche Variationen von ρ_2 und h_2 hervorrufen können, wobei S_2 konstant bleibt. Diese Autoren haben für ein gegebenes S_2 die Variationen von ρ_2 und h_2 berechnet, die Variationen von ρ kleiner als 5 % entsprechen. Sie zeigen, daß es ein minimales S_2 gibt, unterhalb dessen eine einheitliche Lösung für ρ_2 und h_2 nicht mehr möglich ist.

Im Verlauf der Interpretation einer Sondierung kann man aus dem Diagramm in Abb. 1.20 den minimalen Wert von S_2 erhalten, unterhalb dessen die Äquivalenz gilt. Man muß hierfür das Verhältnis ρ_1/ρ_2 kennen. Indem man die Gerade mit der Steigung 1 und dem Achsenabschnitt $S = S_{2min} + S_1$ zeichnet, erhält man graphisch die Grenze des Äquivalenzbereiches. Wenn h_f/ρ_f kleiner ist als S, d. h. wenn das Hilfskreuz der CH1-Kurve, das zur Interpretation der Fortsetzung der Sondierung dient, sich im Inneren des Äquivalenzbereiches befindet, muß man weitere Informationen hinzuziehen, um diese Unsicherheit aufzuheben (Kenntnis der Geologie, Bohrungen, Gefühl, etc.).

LCD-Hilfskurven - 2. Typ A: $\rho_1 < \rho_2 < \rho_3$. In diesem Fall ist die mittlere Schicht schlechter leitend als die erste. Man kann den transversalen Widerstand nicht mehr vernachlässigen. Es gilt

$$T = T_1 + T_2 = h_1\rho_1 + h_2\rho_2 = h_f\rho_f \tag{1.26}$$

$$S = S_1 + S_2 = \frac{h_1}{\rho_1} + \frac{h_2}{\rho_2} = \frac{h_f}{\rho_f} \tag{1.27}$$

$$x = \frac{h_f}{\rho_1} = \left[\left(1 + P_1P_2\right)\cdot\left(1 + \frac{P_1}{P_2}\right)\right]^{\frac{1}{2}} \tag{1.28}$$

$$y = \frac{\rho_f}{\rho_1} = \left[\frac{1 + P_1P_2}{1 + \frac{P_1}{P_2}}\right]^{\frac{1}{2}} \text{wobei} \quad P_1 = \frac{h_2}{h_1} \quad \text{und} \quad P_2 = \frac{\rho_2}{\rho_1} \tag{1.29}$$

Die LCD-Kurve (oder Anisotropiediagramm) wird für verschiedene Werte von P_1 und P_2 auf doppeltlogarithmischem Papier dargestellt (s. Abb. 1.22).

Interpretationsschwierigkeiten.

1. Bei der Bestimmung von ρ_2 mit Hilfe des Diagramms für zwei Schichten (s. Typ H);
2. Äquivalenzprinzip: das Äquivalenzprinzip, das für den Typ H erklärt wurde, ist noch gültig. Man findet hierbei ein Maximum, unterhalb dessen es keine einheitliche Lösung mehr für h_2 und ρ_2 gibt. Abbildung 1.21 veranschaulicht S_{2min}/S_1 in Abhängigkeit von ρ_2/ρ_1.

Wiederum benötigt man zur Beseitigung von Mehrdeutigkeiten anderweitige Informationen.

LCD-Hilfskurven - 3. Typ K: $d_1 < d_2 > d_3$

$$x = \frac{h_f}{h_1} = \varepsilon\,(\lambda)\left[\left(1 + P_1 P_2\right) \cdot \left(1 + \frac{P_1}{P_2}\right)\right]^{\frac{1}{2}} \tag{1.30}$$

Typ K ist mit Typ A identisch, wobei allerdings die zweite Schicht einen höheren Widerstand hat als die dritte und somit die transversale Komponente erhöht ist. Vergleicht man die theoretischen Kurven von Typ A mit denen von Typ K, so kann man feststellen, daß der spezifische Widerstand der fiktiven Schicht derselbe ist, während für Typ K die Mächtigkeit um einen Faktor e größer ist, der von k abhängt.

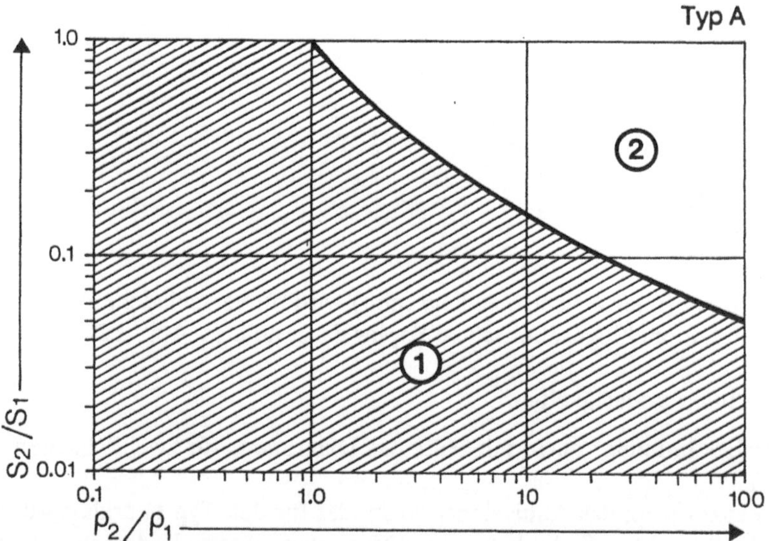

Abb. 1.21. Grenzen des Äquipotentialbereichs für Sondierungen vom Typ A, ② Äquivalenzbereich

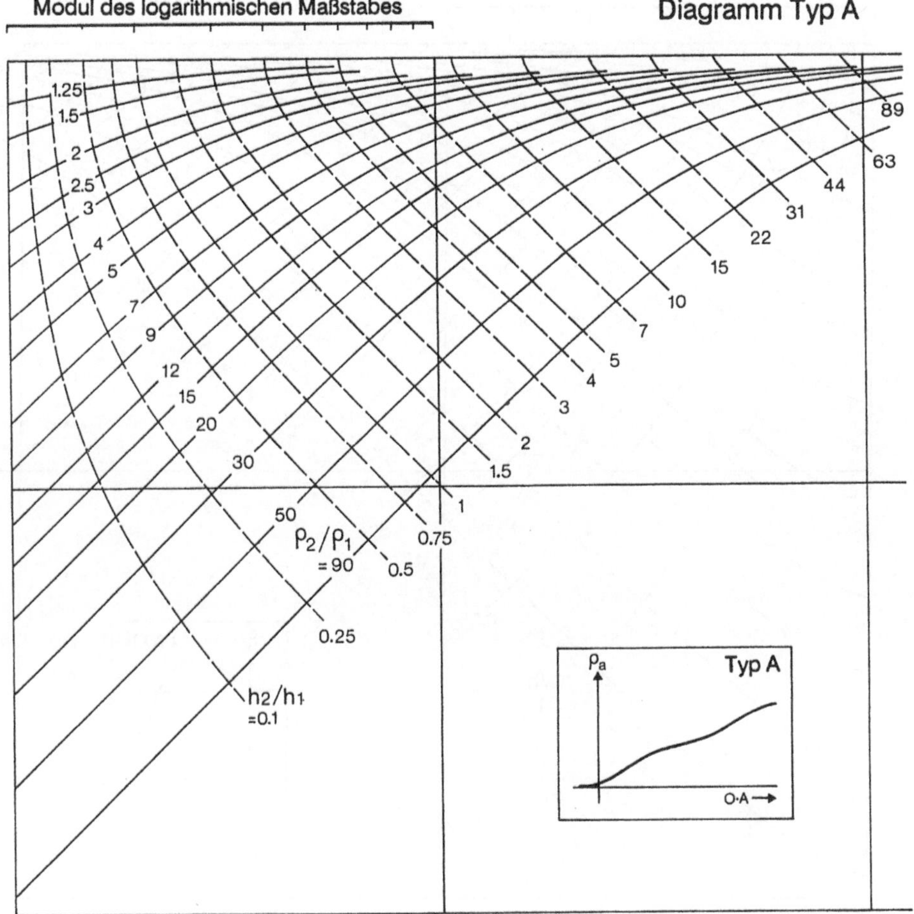

Abb. 1.22. Hilfsdiagramm für die Interpretation der Sondierungen vom Typ A

In Abbildung 1.24 ist e in Abhängigkeit von k dargestellt (s. Bhattacharya u. Patra 1968, S. 57).

$$y = \frac{\rho_f}{\rho_1} = \left[\frac{1 + P_1 P_2}{1 + \dfrac{P_1}{P_2}} \right]^{\frac{1}{2}}, \qquad \text{wobei} \quad P_1 = \frac{h_2}{h_1} \quad \text{und} \quad P_2 = \frac{\rho_2}{\rho_1} \qquad (1.31)$$

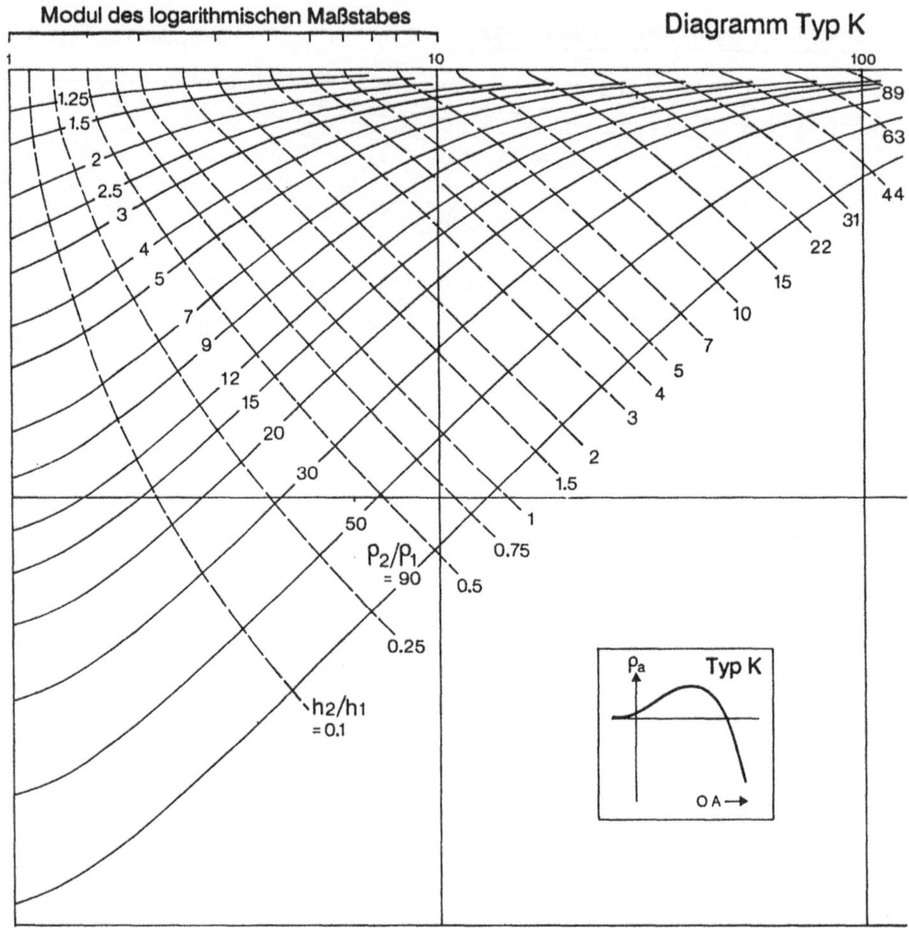

Abb. 1.23. Hilfsdiagramm zur Interpretation der Sondierungen von Typ K

Abbildung 1.23 zeigt das verschobene Anisotropiediagramm, d.h. die LCD-Kurve für Typ K.

Interpretationsschwierigkeiten.

1. Bei der Bestimmung von ρ_2 mit dem Diagramm für zwei Schichten (s. Typ H);

2. Äquivalenzprinzip: Man kann zeigen (s. Bhattacharya u. Patra 1968), daß, wenn $h_2 \leq h_1$, $\rho_2 \geq \rho_3$, $\rho_2 \geq \rho_3$ gilt, der scheinbare spezifische Widerstand nicht mehr von ρ_2 und h_2, sondern noch vom Produkt $T_2 = h_2 \cdot \rho_2$ abhängig ist.

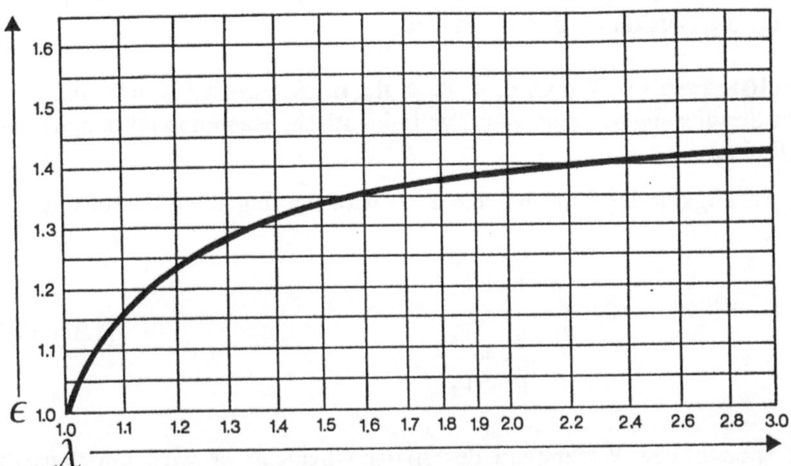

Abb. 1.24. Reduktionsfaktor für Sondierungen vom Typ K

Frischknecht und Keller (1982) haben für ein konstantes T_2 die Variationen von h_2 und ρ_2 berechnet, die einer Variation von 5% des scheinbaren spezifischen Widerstandes entsprechen. Sie zeigen, daß es ein Minimum gibt, unterhalb dessen man keinen einheitlichen Wert für h_2 und ρ_2 finden kann. Abbildung 1.25 zeigt T_{2min}/T_1 für verschiedene Werte von ρ_2/ρ_1.

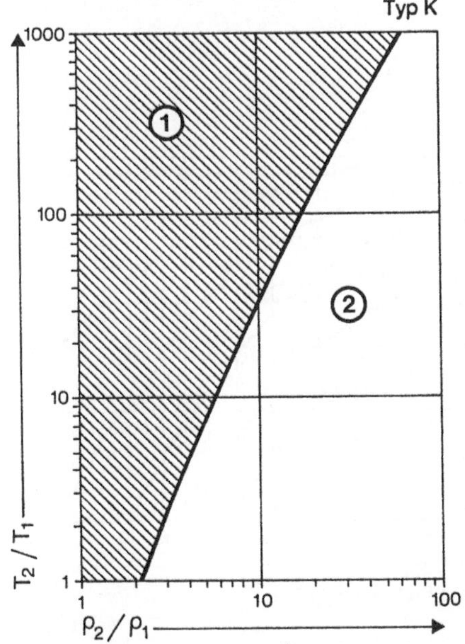

Abb. 1.25. Grenzen des Äquivalenzbereiches für Sondierungen des Typs K ② Äquivalenzbereich

Wenn man sich im Äquivalenzbereich befindet, benötigt man weitere Informationen für die Bestimmung von h_2 und d_2.

LCD-Hilfskurven - 4. Typ Q: $d_1 > d_2 > d_3$. In diesem Fall ist der anfängliche Teil der Sondierung mit dem vom Typ H identisch. Man kann auf empirischem Wege finden:

– die Mächtigkeit der fiktiven Schicht; sie wird um folgenden Faktor reduziert:

$$h_f = \frac{1}{\eta}\left(h_1 + h_2\right) \qquad \rho_f = \frac{1}{\eta} \cdot \frac{h_1 + h_2}{\dfrac{h_1}{\rho_1} + \dfrac{h_2}{\rho_2}} \qquad\qquad (1.32),\ (1.33)$$

– den spezifischen Widerstand der fiktiven Schicht; er wird um denselben Faktor reduziert. Man erhält somit:

$$x = \frac{h_f}{h_1} = \frac{1}{\eta}\left(1 + P_1\right) \quad \text{wobei} \quad P_1 = \frac{h_2}{h_1} \qquad\qquad (1.34)$$

$$y = \frac{\rho_f}{\rho_1} = \frac{1}{\eta} \cdot \frac{\left(1 + P_1\right)}{\left(1 + \dfrac{P_1}{P_2}\right)} \ \text{wobei} \quad P_2 = \frac{\rho_2}{\rho_1} \qquad\qquad (1.35)$$

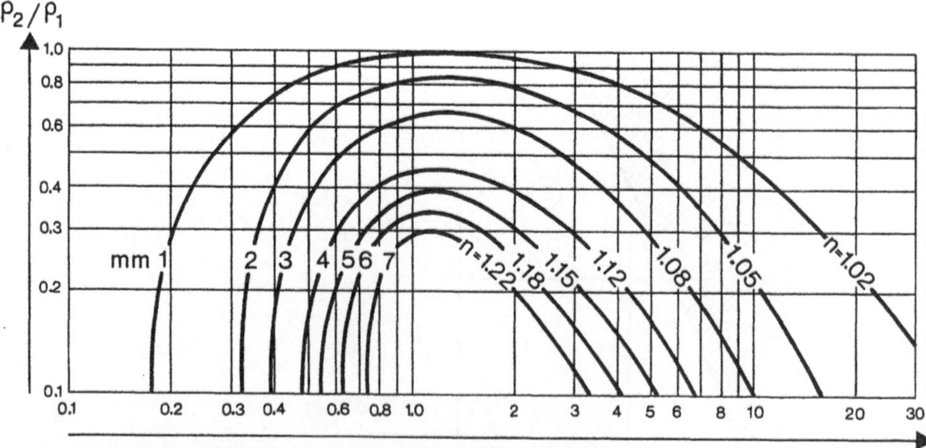

Abb. 1.26. Reduktionsfaktor für Sondierungen vom Typ Q

Der Faktor h ist abhängig von ρ_1 und ρ_2 (s. Abb. 1.26).

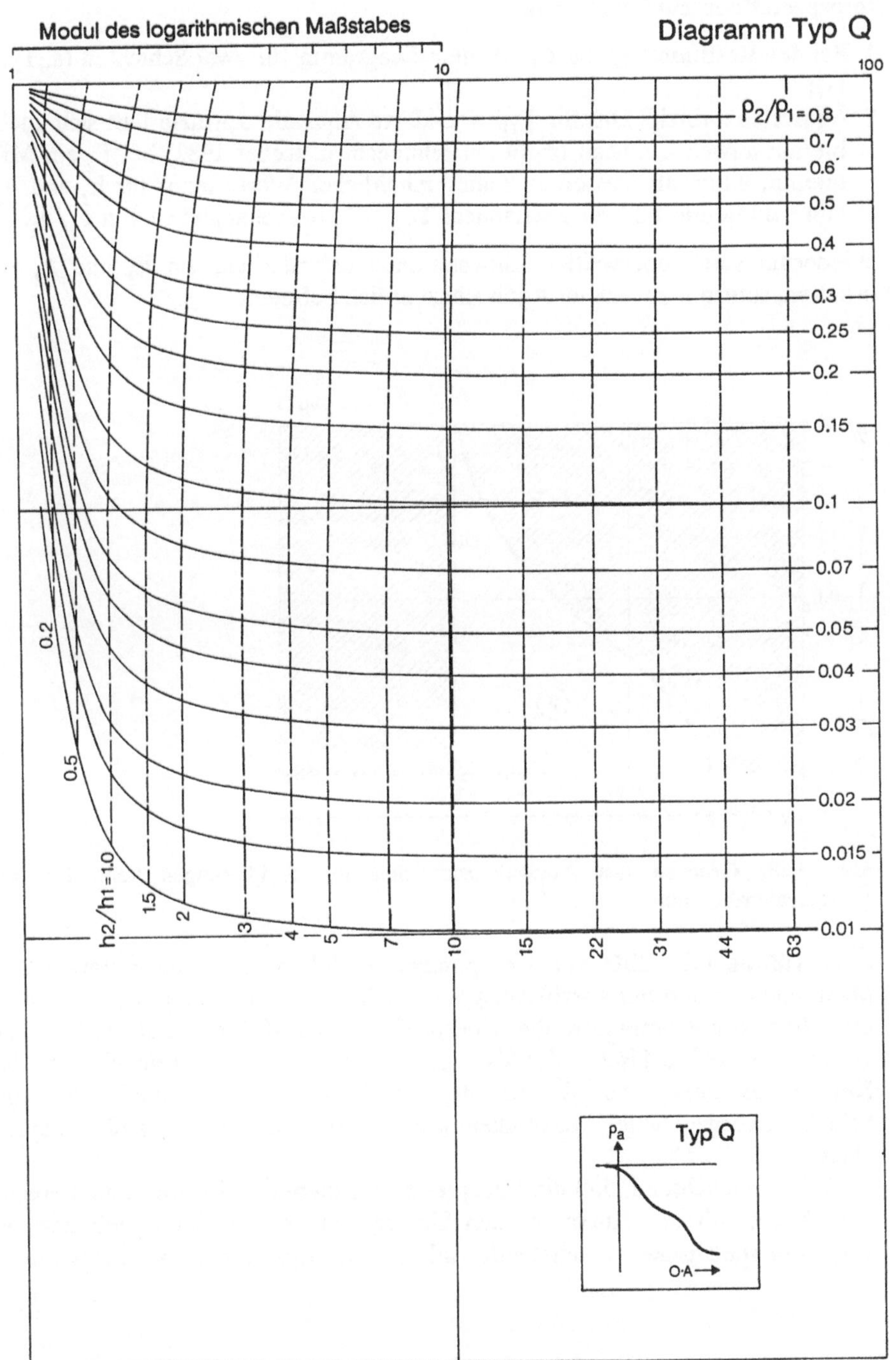

Abb. 1.27. Hilfsdiagramm für die Interpretation der Sondierungen vom Typ Q

Interpretationsschwierigkeiten.

1. Bei der Bestimmung von ρ_2 mit dem Diagramm für zwei Schichten (s. Typ H);
2. Äquivalenzprinzip: Das für Typ K erklärte Äquivalenzprinzip läßt sich auch hierauf anwenden. Man findet (Frischknecht u. Keller 1982) bei T_2 ein Minimum, unterhalb dessen es keine einheitlichen Werte mehr für h_2 und ρ_2 gibt. Abbildung 1.28 veranschaulicht T_{2min}/T_1 in Abhängigkeit von ρ_2/ρ_1.

Wiederum sind anderweitige Informationen erforderlich, um h_2 und ρ_2 zu erhalten, sofern man sich im Äquivalenzbereich befindet.

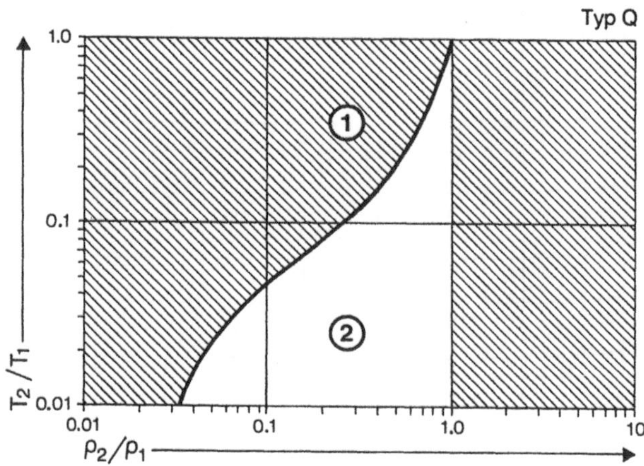

Abb. 1.28. Grenzen des Äquivalenzbereiches für Sondierungen vom Typ Q. ② Äquivalenzbereich

Überprüfung mit Hilfe von Computern. Nachdem eine Interpretation der Mächtigkeiten und der spezifischen Widerstände vorliegt, kann man vorsichtig mit Hilfe von Computern die Überprüfung weiterführen. Zahlreiche Programme für kleine Tisch- oder Taschencomputer machen es sehr einfach, die Kurven aus elektrischen Sondierungen zu berechnen, die einer Folge von Schichten vorgegebener Mächtigkeiten und spezifischer Widerstände entsprechen.

Es ist einleuchtend, daß die Interpretation annehmbar ist, wenn die berechnete Kurve mit der Kurve für den Untergrund übereinstimmt, mit der die Folge der spezifischen Widerstände und der Mächtigkeiten hergeleitet wurde.

1.9 Prinzipielle Fehlerquellen bei der Interpretation elektrischer Sondierungen

Wir haben gesehen, daß unter bestimmten Umständen die aus Sondierungen erstellte Kurve nicht von h_n und ρ_n abhängig ist, jedoch von deren Produkt T und ihrem Quotienten S (s. Abb. 1.29).

Studie	Äquivalenz		Sondierung Nr.1
spezifischer Widerstand (Ωm)	Mächtigkeit (m)	Tiefe	
600	50.0	0.0	Interpretation A
20	10.0	50.0	
1000		60.0	
600	50.0	0.0	Interpretation B
60	30.0	50.0	
1000		80.0	

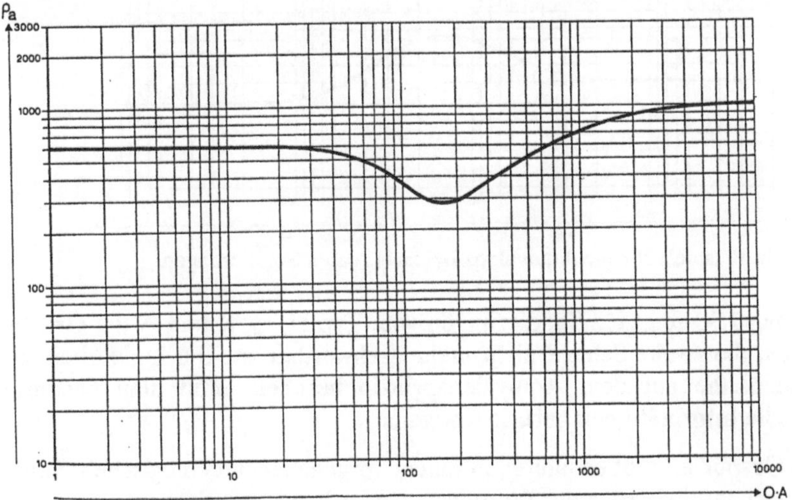

Abb. 1.29a. Beispiele für die Äquivalenz bei zwei realen Sondierungen

Eine andere Art von Schwierigkeiten beruht auf dem *Suppressionsprinzip*. Bestimmte tiefe Schichten bestimmen nur sehr schwach oder überhaupt nicht die aus Sondierungen erstellten Kurven des Untergrundes. Diese Art von Unterdrückung ist im allgemeinen bei geringmächtigen Schichten vorzufinden, deren spezifische Widerstände sich kaum von denen der benachbarten Schichten unterscheiden.

Studie	Äquivalenz		Sondierung Nr.2
spezifischer Widerstand (Ωm)	Mächtigkeit (m)	Tiefe	
40	36.0	0.0	Interpretation A
800	10.0	36.0	
30		46.0	
40	36.0	0.0	Interpretation B
400	20.0	36.0	
30		56.0	

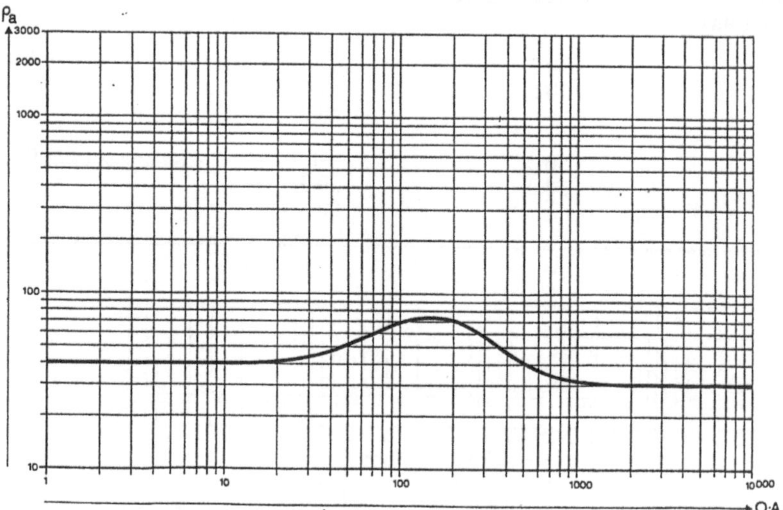

Abb. 1.29b. Beispiele für die Äquivalenz bei zwei realen Sondierungen

Abbildung 1.30 zeigt für Sondierungen vom Typ H, Q, K und A die Grenzen, bei denen die zweite Schicht nicht mehr nachweisbar ist. Um Unklarheiten zu vermeiden, die auf dem Äquivalenzprinzip beruhen, muß man bestimmte zusätzliche Informationen berücksichtigen:

- Das Gespür erlaubt es häufig, in einem vorgegebenen geologischen Kontext von vornherein bestimmte Werte von ρ oder h auszusortieren.
- Mit der Durchführung einer elektrischen Sondierung in unmittelbarer Nähe einer Bohrung kann man den Wert ρ_n herleiten, wobei h_n bekannt sein muß. Wenn man über die Ergebnisse eines seismischen Profils verfügt, kann man die Interpretation einer elektrischen Sondierung absichern.
- Der Wert von ρ_n kann manchmal durch eine zusätzliche elektrische Sondierung bestimmt werden, die in einer zutage liegenden Gesteinsformation oder einer anderen ähnlichen Situation ermittelt wird, bei der eine Mehrdeutigkeit von vornherein auszuschließen ist.

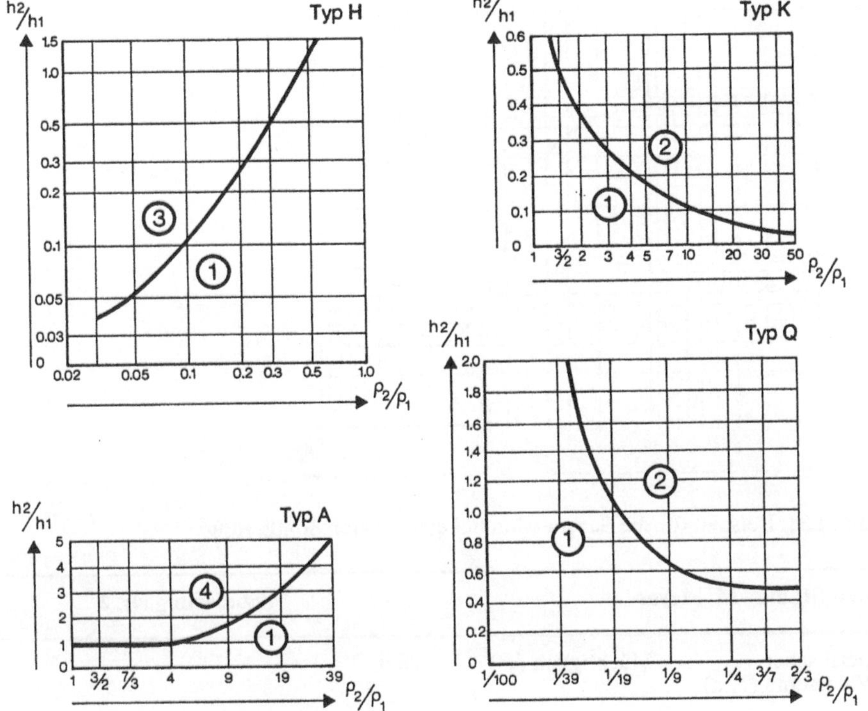

Abb. 1.30. Grenzen zwischen erkennbaren und unterdrückten Schichten für die Sondierung vom Typ A, H, K und Q

1. zwei scheinbare Schichten
2. zwei typische Schichten, sofern $\rho_3 = 0$
3. drei typische Schichten
4. drei typische Schichten, sofern $\rho_3 = \infty$

Abbildung 1.31 zeigt einen häufigen Fall von Suppression oder Quasi-Suppression. Die elektrische Sondierung, die oben abgebildet wurde, wurde über permeablem mergelhaltigem Sandstein erstellt, der sich oberhalb von Tonschichten befindet. Die experimentelle Kurve kann auf mindestens zwei Arten interpretiert werden. Nur mit zusätzlichen Informationen läßt sich diese Mehrdeutigkeit überwinden; z. B. muß das Vorhandensein einer wasserführenden Schicht unterhalb von Sandsteinbänken zu der Wahl der Interpretation B führen.

Abbildung 1.32 stellt eine Sondierung in einem vollständig anderen Kontext, einem suptropischen Milieu, dar; sie wurde über Schichten aufgenommen, die einen kristallinen Sockel überlagern. Hierbei kann die Sondierung auf mindestens zwei verschiedene Arten interpretiert werden.

Zahlreiche Sondierungen führen zu fehlerhaften Interpretationen, weil sie auf nichtparallelen Schichten durchgeführt wurden, oder auf Formationen, die starken lateralen Variationen unterliegen. Die Sondierungen erfüllen nicht die

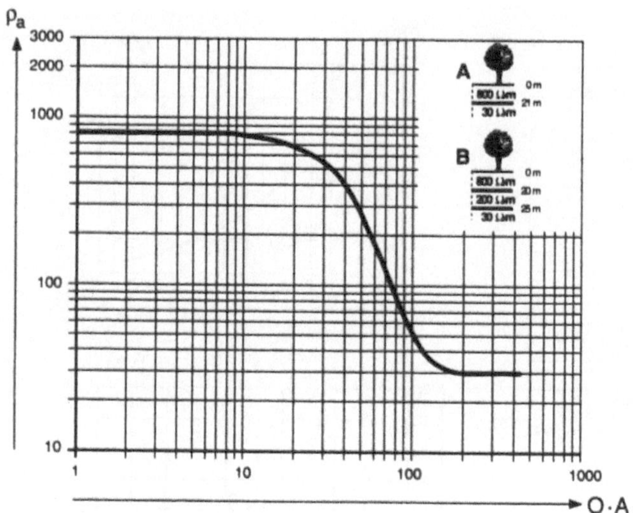

Abb. 1.31. Beispiel für die Suppression bei einer realen Sondierung

Mali-Studie - M. Meyer			Sondierung Nr. 2
spezifischer Widerstand (Xm)	Mächtigkeit (m)	Tiefe	
600	6.0	0.0	Sandige Alterite
20	30.0	6.0	Tonige Alterite
1000		36.0	Kristallin
600	6.0	0.0	Verwitterte Schichten
20	26.0	6.0	Kristallin, alteriert
200	3.0	32.0	Kristallin
400	5.0	35.0	

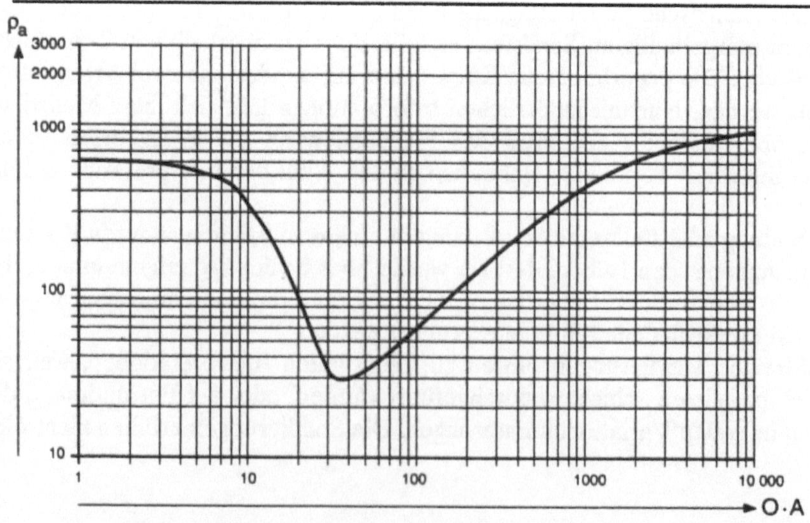

notwendigen Bedingungen für einfache Interpretationen. Sie zeichnen sich durch folgende Einzelheiten aus:

- Die Steigung der aufsteigenden Kurven ist größer als 45°.
- In der Nähe des Maximums ist der Radius der Krümmung etwas kleiner als die Länge, die dem Verhältnis dieser beiden auf doppeltlogarithmischem Papier entspricht.
- Der fallende Ast der Kurve entspricht dem Verhältnis ρ_n/ρ_{n+1} (CH1-Diagramm), das zu klein ist, um den scheinbaren spezifischen Widerstand mitzuberücksichtigen, der auf der rechten Seite der Grafik der Sondierung abgelesen wurde.

1.10 Zusätzliche elektrische Sondierungen und parametrische Sondierungen

Im allgemeinen wird auf einem Gelände eine T-förmige elektrische Sondierung durchgeführt, wenn man starke laterale Variationen vermutet (s. Abb. 1.33). Mit dieser Anordnung kann man ΔV und I messen, wenn C und A miteinander verbunden sind (B nicht) und wenn C und B ebenfalls verbunden sind (A nicht). Ansonsten schreitet die Sondierung wie gewöhnlich voran.

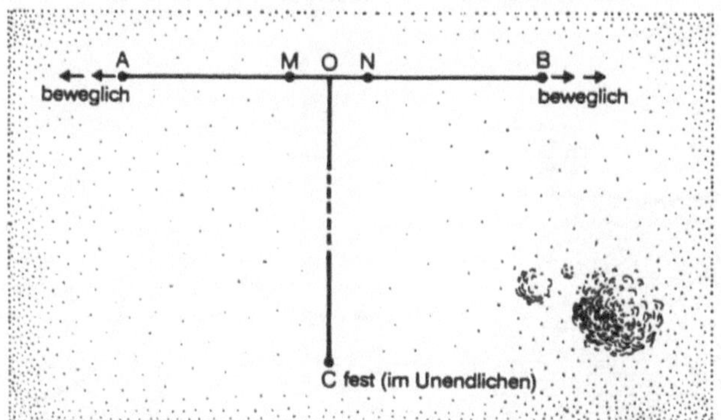

Abb. 1.33. Anordnung bei einer T-förmigen Sondierung

Mit dieser Anordnung erhält man zwei Sondierungen. Diese sind identisch, sofern die Schichten horizontal und homogen sind. Wenn die Sondierungen CA und CB sich leicht voneinander unterscheiden, zeigen sie das Vorhandensein bedeutender lateraler Heterogenitäten an. Die quantitative Interpretation ist dann schwierig.

Mit dieser Art von Sondierungen, bei der M und N auf einer der Äquipotentiallinien, ausgehend von C, angebracht sind, liegt die Elektrode im Unendlichen und trägt nicht zur gemessenen Potentialdifferenz bei. Man muß deshalb ΔV verdoppeln, um sukzessive die scheinbaren Widerstände zu erhalten, da das gemessene ΔV nicht auf A und auf B und auch nicht auf den gemessenen Beiträgen von A und B beruht.

In diesem Fall gilt

$$\rho_a = K \cdot \frac{2\Delta V_{CA \text{ oder } CB}}{I} \qquad (1.36)$$

Die T-förmige Sondierung (oder doppelte Halb-Schlumberger-Sondierung) ist ein Sonderfall asymmetrischer Sondierungen, die weiter unten wieder aufgegriffen werden.

Sehr häufig beginnt eine Untersuchungsreihe mit der Durchführung zusätzlicher elektrischer Sondierungen, die als *parametrische Sondierungen* bezeichnet werden. Diese dienen dazu, die abschließende Interpretation oder die Wahl der Auslage der erforderlichen Meßvorrichtung zu erleichtern.

Bei parametrischen Sondierungen, die auf einer zutage liegenden Gesteinsformation oder in unmittelbarer Nähe zu einer Bohrung erfolgen, können die tatsächlichen spezifischen Widerstände bestimmt und − wie wir gesehen haben − die auf der Äquivalenz und der Suppression beruhenden Unklarheiten beseitigt werden. Auf der anderen Seite erleichtern parametrische Sondierungen die Wahl der Auslagen für die Kartierungen. Das Beispiel in Abb. 1.34 veranschaulicht die Vorgehensweise.

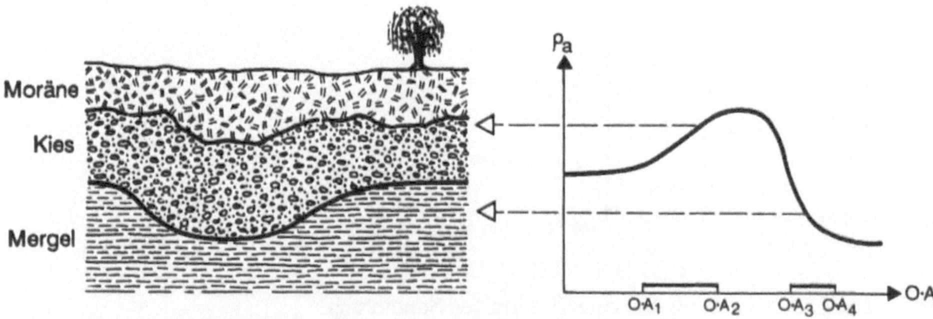

Abb. 1.34. Wahl der Auslage (AB = 2 · OA) für die Kartierung

Die elektrische Sondierung in Abb. 1.34 zeigt, daß die Überdeckung des Kieses besonders stark die scheinbaren spezifischen Widerstände für die Auslagen innerhalb von $2\,OA_1$ und $2\,OA_2$ beeinflußt. Dieser Zwischenraum bestimmt die halbe Auslage bei der Kartierung, die man bevorzugt zur Messung von Undulationen der Grenzschicht Moräne-Kies verwenden sollte. Dies läßt sich auch an der Grenzschicht Kies-Mergel in dem Fall anwenden, wenn die Auslage innerhalb von 2 OA_3 und 2 OA_4 liegt.

1.11 Die Durchführung der Messungen

Es gibt eine große Vielfalt von Abwandlungsmöglichkeiten für die Kartierungen und die elektrischen Sondierungen. Manche von ihnen haben allerdings nur rein theoretischen Wert, z.B. wenn die vorgeschlagenen Anordnungen nicht mindestens Informationen in der Qualität der klassischen Anordnungen liefern. Dies ist auch der Fall, wenn die neuen Anordnungen Informationen liefern können, die zwar interessant, aber für eine Verwendung auf dem Gelände zu umfamgreich sind. Wir beschränken uns hier nur auf solche, die bei der Suche nach Wasser am geeignetsten sind.

1.11.1 Die Verwendung des Kartierungsverfahrens

Das *Kartierungsverfahren nach Schlumberger* besteht aus einem Vierpol AMNB in einer Linie (s. Abb. 1.35), bei dem MN gleich oder kleiner 1/5 AB ist.

Um eine maximale Effektivität zu erlangen, ist ein leichtes Widerstandsmeßgerät erforderlich, mit dem man sehr schnell messen kann und das verschiedene Meßbereiche für Spannung und Strom aufweist. Darüber hinaus muß das Gerät eine manuelle oder automatische Korrektur besitzen, mit der das Potential abgeglichen werden kann, das auf der Polarisation der Elektroden M und N beruht.

Die Stromquelle muß sehr leicht zu tragen sein und über verschiedene Spannungsbereiche verfügen, die ungefähr zwischen 10 und 200 V liegen. Man kann hierbei z.B. in Reihe geschaltete Trockenbatterien verwenden. Die Emissionselektroden A und B bestehen im allgemeinen aus Stahl, die Elektroden M und N bevorzugt aus Kupfer.

Auf einfachem Gelände, das nicht zu steil und nicht zu trocken ist, können z.B. in der Regel jeden Tag 100 Messungen mit einer 100 m langen Meßvorrichtung und einer Entfernung von 100 m erfolgen. Mit einer 50 m langen Meßvorrichtung und einer Entfernung von 50 m werden 140 Messungen durchgeführt.

Das *Wennersche Meßverfahren* weist dieselben Schwierigkeiten auf und liefert ungefähr dieselben Ergebnisse wie die Anordnung von Schlumberger. Dieses Verfahren zeichnet sich durch eine linienförmige Anordnung aus mit jeweils gleichen Abständen: AM = MN = NB.

Das Dipol-Dipol-Meßverfahren, das ebenfalls in Linienform angebracht wird, ist in Abb. 1.35 dargestellt.

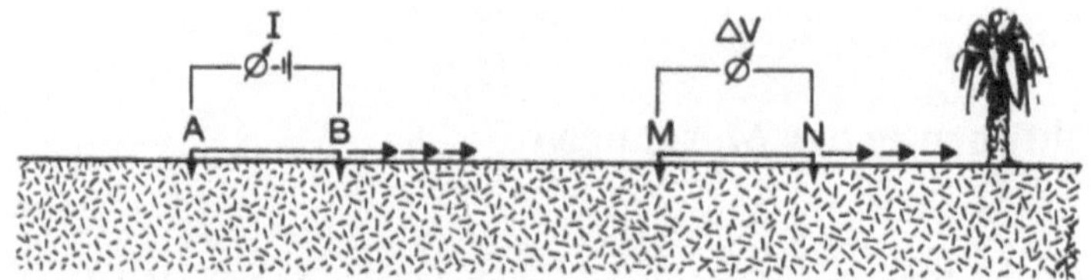

Abb. 1.35. Aufbau des Dipol-Dipol-Meßverfahrens

Die beiden Teile dieser Anordnung werden gleichzeitig verschoben. Dies scheint besonders wirksam, um Adern und subvertikale Klüfte zu registrieren. Leider ist die Verwendung dieser Anordnung bei ansteigendem Gelände oder bei starker Vegetation nicht einfach.

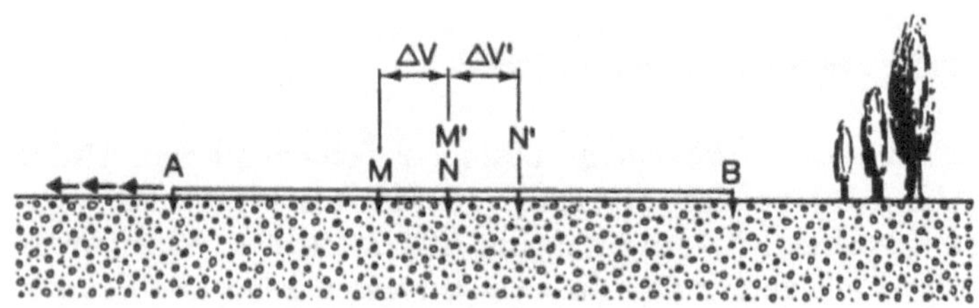

Abb. 1.36. Aufbau der Wiederholungs-Meßvorrichtung

Die Wiederholungs-Meßvorrichtung oder das *Leesche Meßverfahren* ist in Abb. 1.36 dargestellt. Es erlaubt den Vergleich zweier benachbarter ΔV, wobei A und B nicht bewegt werden, oder auch zweier überlagerter ΔV, wobei A und B entsprechend MN verschoben werden.

Diese Anordnung dient insbesondere zur genauen Untersuchung von nicht sehr ausgedehnten Strukturen.

Der am häufigsten verwendete Tripol besteht aus einer beweglichen Anordnung AMN, bei der die Elektrode B im Unendlichen fest liegt, d.h. in einer Entfernung, in der ihr Beitrag zu ΔV vernachlässigbar ist. Diese Methode ist für die Lokalisierung subvertikaler Strukturen brauchbar. Da sie unhandlich sind, werden Tripole nur für Detailuntersuchungen verwendet.

Die *asymmetrischen Vierpol-Meßverfahren* werden ebenfalls zur Untersuchung subvertikaler Strukturen verwendet, gegenüber denen sie empfindlicher als die Schlumberger Vierpol-Anordnungen sind. Für diese Meßverfahren hat die linienförmige Anordnung AMNB folgende charakteristische Dimensionen: AM = 5 MN, MN = MB.

Mit den gebündelten Anordnungen des Typs A^+MNA^+ mit B^- im Unendlichen lassen sich geringe Heterogenitäten in unmittelbarer Nähe zur Erdoberfläche lokalisieren. Der von den Elektroden A emittierte Strom wird leider mit zunehmender Tiefe sehr schnell gestreut.

Die *Feldprofile* und *rechtwinkligen Messungen* sind zur Untersuchung kleiner Gebiete sowie zur Erkennung geringer Heterogenitäten, wie z.B. wasserleitende Klüfte, besonders gut geeignet (s. Abb. 1.37 und 1.38).

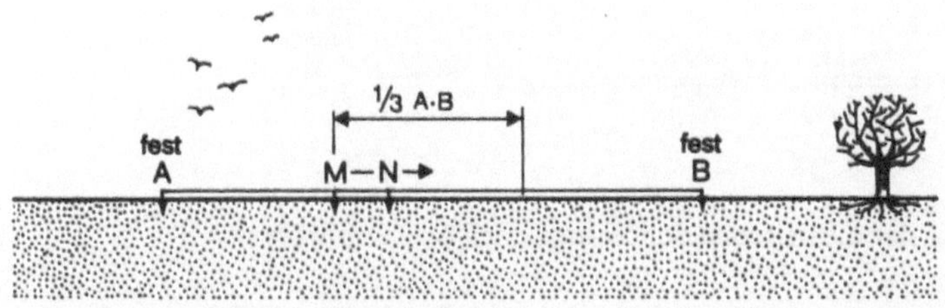

Abb. 1.37. Erstellung eines Feldprofils

Verschiebt man M und N innerhalb des letzten Drittels der Linie AB, so verändert man die Erkundungstiefe des zu untersuchenden Gebietes kaum. Will man diese verändern, muß man vor jeder Meßreihe AB verlängern bzw. verkürzen. Der Wert des Geometrie-Faktors K ist für jede dieser Messungen verschieden, er muß vorher berechnet werden (s. Gleichung 1.6). Verschiebt man MN parallel zu AB, so erhält man ein rechtwinkliges Meßgebiet (s. Abb. 1.38).

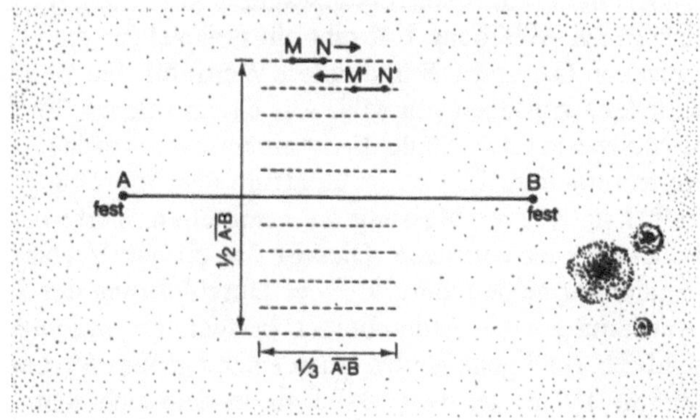

Abb. 1.38. Rechtwinklige Anordnung von Feldprofilen

1.11.2 Die Verwendung der elektrischen Sondierung

Die *Sondierung nach Schlumberger* besteht aus einem linienförmigen Vierpol AMNB, wobei A und B in symmetrischem Abstand auf beiden Seiten vom Mittelpunkt O angebracht sind, MN bleibt so gut wie möglich fest.

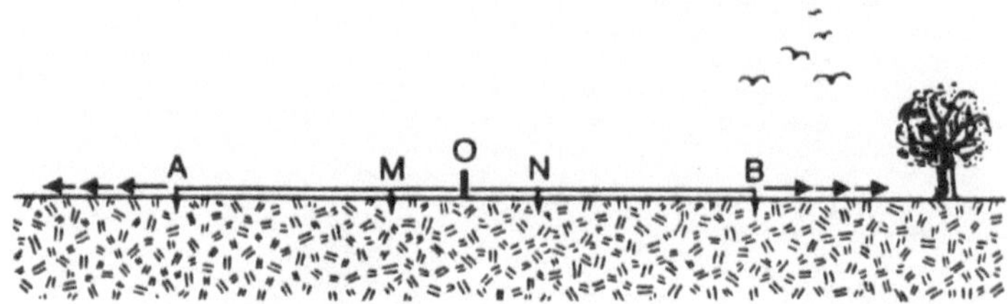

Abb. 1.39. Aufbau der elektrischen Sondierung nach Schlumberger

Wie für das Kartierungsverfahren braucht man für die Durchführung der Sondierungen unter den besten Bedingungen ein Widerstandsmeßgerät, das ΔV und I in verschiedenen Meßbereichen anzeigt. Man benötigt zudem verschiedene Stromstärken bis 0,5 oder 1 A. Darüber hinaus muß das Gerät mit einer Korrektureinrichtung ausgestattet sein, mit der das Eigenpotential zwischen M und N abgeglichen werden kann. Zusätzlich muß man eine Gleichstromquelle haben, bei der sich die Hauptspannung stufenweise zwischen 1,5 und 450 V einstellen läßt.

Sobald OA und OB den Abstand von 100 m überschreiten, muß man über Funkgeräte verfügen, die die Kommunikation zwischen dem Leiter und seinen Mitarbeitern erleichtern. Bei A und B haben die Mitarbeiter Spulen mit einem gut isolierten einadrigen Kabel, das in besonders gewählten Abständen für OA und OB sukzessive markiert ist. Abbildung 1.41 gibt ein Beispiel für die allgemein verwendeten Längen von OA und OB und liefert Werte für den Geometrie-Faktor K für verschiedene Auslagen von MN. Auf einem solchen Sondierungsbogen können die Meßwerte im Gelände direkt eingetragen werden.

Der Leiter und seine Mitarbeiter, die sich im Zentrum der Anordnung befinden, müssen unmittelbar nach jeder Messung die ermittelten Werte für ρ_a auf doppeltlogarithmischem Papier eintragen. Dies ist das einzige Verfahren, durch das man grobe Fehler vermeiden kann. Bei der Durchführung der Sondierungen mit einer Anordnung nach Schlumberger besteht das wesentliche Problem darin, ein der Meßbarkeit genügendes, ausreichend großes ΔV beizubehalten. In der Tat nimmt ΔV in gleichem Maße ab, in dem sich A und B voneinander entfernen. Man kann dieses Problem auf verschiedene Art und Weise lösen:

– Durch Vergrößern der Spannung der Stromquelle, so daß I und ΔV zunehmen;

– durch eine höhere Anzahl von Elektroden A und B; der Strom I und ΔV werden unter der Bedingung verstärkt, daß die zusätzlichen Elektroden mindestens 1,5 m voneinander entfernt sind;
– durch Vergrößerung von MN, so daß das gemessene ΔV zunimmt.

In sehr trockenen Gebieten ist es unabdingbar, die Emissionselektroden zu befeuchten. Um eine zu häufige Wartung und einen zu hohen Wasserverbrauch zu vermeiden, kann man eine inverse *elektrische Sondierung* durchführen. Hierfür genügt es, N und M durch zwei Emissionselektroden A und B zu ersetzen, die fixiert bleiben und die folglich ein für alle Mal begossen werden können. Im Gegensatz zur klassischen Sondierung sind es hier die Elektroden M und N, die in weitem Abstand auf beiden Seiten von O verschoben werden (s. Abb. 1.40).

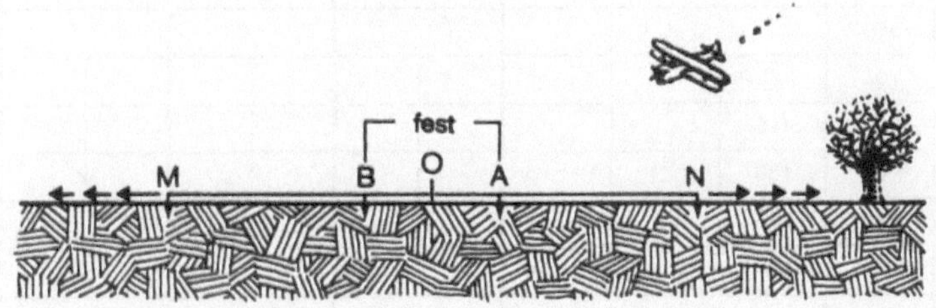

Abb. 1.40. Veranschaulichung einer inversen elektrischen Sondierung

Die Theorie und die Erfahrung zeigen, daß die Werte für den Faktor K, die Berechnungen und die Resultate aus direkten und inversen Sondierungen absolut identisch sind.

Dieser Vorgang ist bei der Wassersuche, z.B. im Sahel, in Arabien oder in den Vereinigten Arabischen Emiraten, eine große Hilfe. In hochindustrialisierten Gegenden dagegen kann er nicht angewendet werden, da in diesen Gegenden die Elektroden M und N, die sehr weit auseinanderliegen, zu stark durch Kriechströme im Boden beeinflußt werden.

Die *Halb-Schlumberger-Messungen* und die *doppelten Halb-Schlumberger-Messungen* sind sehr leicht durchzuführen: hierfür genügt eine fixierte Emissionselektrode C, die senkrecht zum Mittelpunkt von MN angebracht wird. OC muß im Verhältnis zu OA und OB groß sein. Die gemessenen ΔV müssen mit 2 multipliziert werden, damit man Werte für den scheinbaren spezifischen Widerstand erhält (s. Abb. 1.42).

Die *Dipol-Dipol-Sondierungen* erfordern ein großes festes AB und ein kleines bewegliches MN. Die Anordnung der Elektroden kann linienförmig oder beliebig sein (s. Abb. 1.43).

Studie: Sondierung Nr.:
Datum: Koordinaten:
Bearbeiter: Seite:

$$k = \frac{AM \cdot AN}{MN} \cdot 3{,}14 \qquad\qquad \rho_a = k\,\frac{\Delta V}{I}$$

k pour

MARQUES	O·A en m	$\frac{M \quad N}{1\,m}$	$\frac{M \quad N}{10\,m}$	$\frac{M \quad N}{60\,m}$	$\frac{M \quad N}{200\,m}$	ΔV en millivolts	I en milliampères	ρ_a en ohm·m
1	1 m	2.35						
2	2	11.8						
3	3	27.5						
1	4	49.5						
2	5	77.7						
3	6	112						
1	8	200						
2	10	313						
3	15	705	62.8					
1	20	1250	118					
2	25	1960	188					
3	30	2820	275					
1	35	3850	377					
2	40	5020	495					
3	50	7850	780					
1	60	11300	1120					
2	70	15400	1530					
3	80	20100	2000	288				
1	100	31400	3130	475				
2	125		4900	770				
3	150		7050	1130				
1	175		9600	1560				
2	200		12500	2040				
3	250		19600	3230				
1	300		28200	4660				
2	350			6360	1766			
3	400			8300	2360			
1	450			10500	3000			
2	500 m			13000	3760			

Geophysikalisches Institut, Universität Lausanne (Schweiz)

Abb. 1.41. Beispiel für einen Sondierungsbogen mit berechneten K-Werten

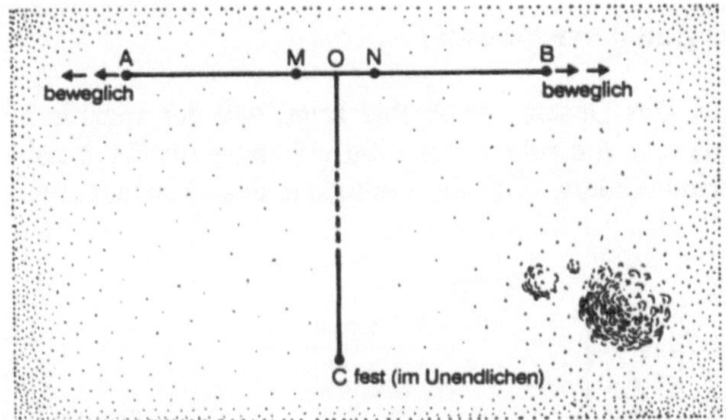

Abb. 1.42. Aufbau einer elektrischen Sondierung mit C im Unendlichen (L- oder T-förmige Anordnung)

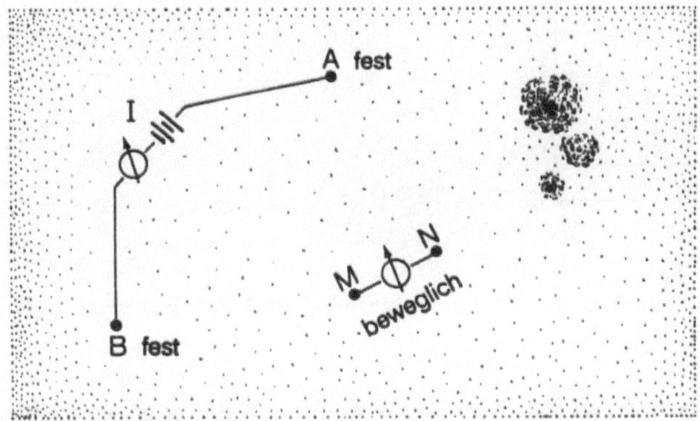

Abb. 1.43. Aufbau einer Dipol-Dipol-Sondierung

Diese Art von Vierpol-Sondierung ist schwer aufzustellen und wird nur bei besonders komplexer Topographie und Geologie eingesetzt. Meist ist sie nur für eine qualitative Interpretation geeignet.

1.12 Anwendungsbeispiele

Für die Untersuchung wasserleitender Gesteine mit intergranularer Porosität sind die Messungen der spezifischen Widerstände besonders effektiv, insbesondere bei mehr oder weniger festen Trümmerformationen. Dagegen werden wir sehen, daß es schwieriger ist, Reservoire in Kluftbereichen zu untersuchen – oder auch die karstischen Reservoire –, da sie mehr Probleme aufwerfen und eine intensive Untersuchung der Umgebung erfordern.

1.12.1 Reservoire mit intergranularer Porosität

Lockere Trümmergesteine. Das Gesetz von Archie zeigt, daß der spezifische Widerstand eines Gesteins u.a. von seiner Porosität abhängig ist. Zahlreiche Autoren haben auf experimentellem Weg die Gültigkeit des Gesetzes überprüft.

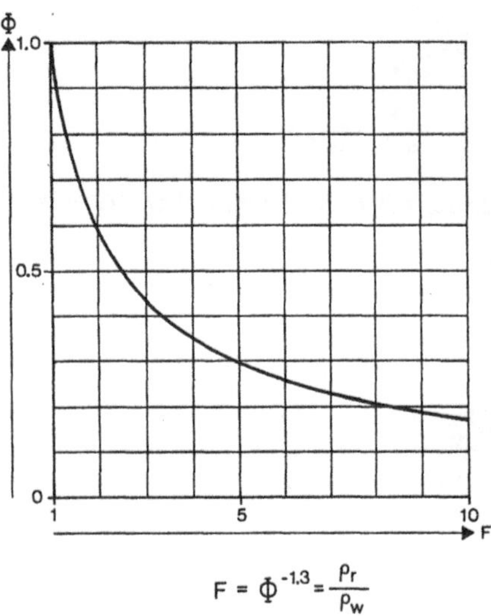

$$F = \Phi^{-1.3} = \frac{\rho_r}{\rho_w}$$

Abb. 1.44. Verknüpfung zwischen dem Formationsfaktor F und der Porosität   (aus Accerboni 1970)

Wenn der Formationsfaktor F (gleich ρ_r/ρ_w) unterhalb von 2,5 liegt, so ist fast sicher, daß Ton vorhanden ist. Mit Messungen des spezifischen Widerstandes findet man somit leicht noch stärker poröse Formationen auf: um verwendbare Reservoire zu bilden, müssen sie darüber hinaus eine gute Permeabilität besitzen.

Tabelle 1.2. Empirische Werte für den spezifischen Widerstand, die Porosität und die Permeabilität verschiedener Lockergesteine

Lockere Gesteine	Gesamte Porosität (%)	Effektive Porosität (%)	Permeabilität (cm/s)	Gemessener spezifischer Widerstand (Ωm)
Kies	45	35	$3 \cdot 10^{-1}$	200
Kies u. Sand	35	20	$1 \cdot 10^{-5}$	160
Sand	40	30	$6 \cdot 10^{-4}$	125
Silthalt. Sand	32	32	$1 \cdot 10^{-9}$	60
Silt	36	3	$3 \cdot 10^{-8}$	30
Ton	47	0	$5 \cdot 10^{-10}$	10

In Tabelle 1.2 ist der Zusammenhang zwischen der Permeabilität, der effektiven Porosität und dem spezifischen Widerstand dargestellt. Sie zeigt, daß elektrische Sondierungen wertvolle Informationen nicht nur über die Porositäten, sondern auch über die Permeabilitäten liefern können.

Die scheinbaren Widersprüche zwischen diesen Werten und denjenigen, die sich nach dem Gesetz von Archie vorhersagen lassen, werden sowohl durch Störeffekte des Tons erklärt als auch vor allem durch starke Variationen des spezifischen Widerstandes des umgebenden Wassers. Das in sehr permeablen grobkörnigen Gesteinen fließende Wasser enthält im allgemeinen viel weniger Ionen als das, das kleinere und weniger permeable Strukturen sättigt.

In einfacheren Fällen, wie z.B. in Abb. 1.45 dargestellt, lassen sich die effektive Porosität, die Permeabilität und die Durchlässigkeit der wasserleitenden Schicht durch elektrische Sondierungen abschätzen.

Studie: M. Meyer			Sondierung Nr. 1
Spezifischer Widerstand (Ωm)	Mächtigkeit (m)	Tiefe (m)	
70	10,0	0,0	Moräne
200	15,0	10,0	Kies
30		25,0	sandsteinhalt. Mergel

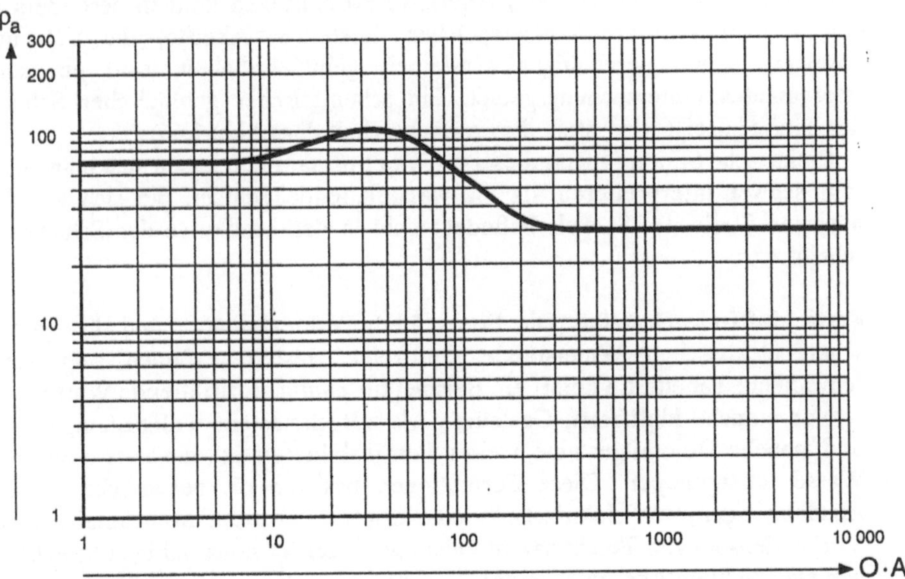

Abb. 1.45. Beispiel einer elektrischen Sondierung, die sich für eine Abschätzung verschiedener hydraulischer Parameter eignet (Porosität des Kieses $\approx$ 35 %; Permeabilität $\approx 10^{-5}$ cm/s)

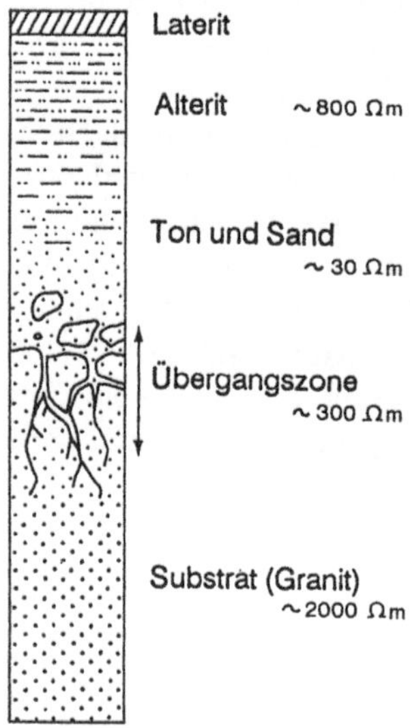

Abb. 1.46. Klassischer Schnitt durch die Alterationszone eines kristallinen Sockels in den Tropen

Lockeres Verwitterungsgestein. Alterierte Formationen können besonders in den Tropen kostbare Wasserspeicher darstellen. Alterite, die sich aus körnigen, sehr quarzhaltigen Gesteinen gebildet haben, sind ein sehr interessantes Untersuchungsgebiet. Ein schematischer geologischer Schnitt, der häufig gezeigt wird, stellt diesen Sachverhalt dar (Abb. 1.46).

Elektrische Sondierungen dieser Art von Formationen lassen sich manchmal sehr schwer interpretieren, da die wasserleitende Schicht, die sich auf der höchsten Stelle des Sockels befindet, nicht in der Meßkurve der Schicht erscheint.

Feste kluftfreie Gesteine. Die Porositäten, Permeabilitäten und die spezifischen elektrischen Widerstände kluftfreier Gesteine können sehr stark schwanken: Tabelle 1.3 liefert ein Beispiel für häufig anzutreffende Werte.

Nur manche kluftfreien Gesteine , wie z.B. Sandstein, Tuffgestein, Kreide und manche Dolomitgesteine, weisen Permeabilitäten auf, die es ermöglichen, Wasser abzupumpen. Diese Formationen besitzen oft beachtliche laterale Ausdehnungen, was elektrische Sondierungen erleichtert. Manchmal hat das Vorhandensein von Ton in sandsteinhaltigen oder karbonathaltigen Schichtfolgen eine zu hohe Abschätzung der Porosität zur Folge.

Das Beispiel in Abb. 1.50 zeigt sehr deutlich den Zusammenhang zwischen dem spezifischen Widerstand, der Porosität und der Permeabilität für Sandsteine aus dem Nordwesten Englands.

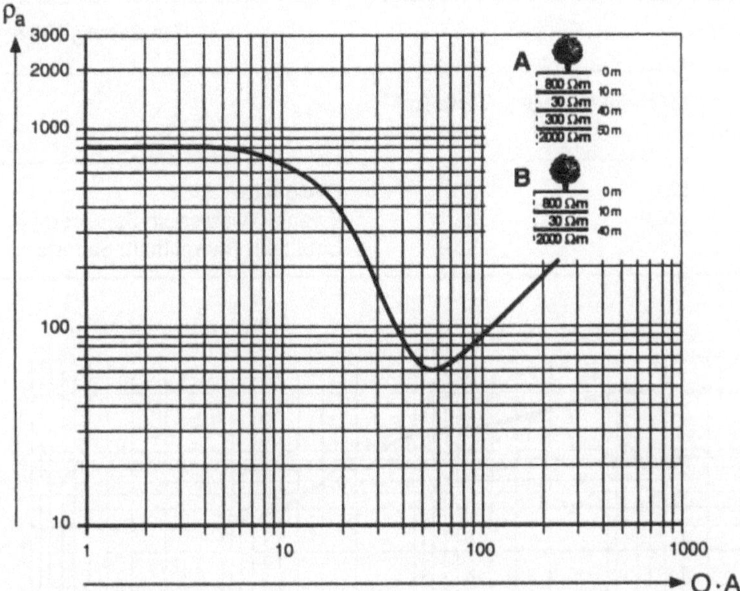

Abb. 1.47. Elektrische Sondierung über einem alterierten Sockel

Tabelle 1.3. Empirische Werte der spezifischen Widerstände verschiedener Festgesteine

Gesteine	Porosität (%)	Permeabilität (cm/s)	spezifischer Widerstand (Ωm)
Ton	35	10^{-8}-10^{-9}	70-200
Kreide	35	10^{-5}	30-300
Vulkanischer Tuff	32	10^{-5}	20-300
Mergel	27	10^{-7}-10^{-9}	20-200
Sandstein	3-35	10^{-3}-10^{-6}	50-800
Dolomit	1-12	10^{-5}-10^{-7}	200-10000
Kalk	3	10^{-10}-10^{-12}	2000-10000
Metaschiefer	2,5	10^{-4}-10^{-9}	300-800
Gneis	1,5	10^{-8}	1000-20000
Quarzit	<1	10^{-10}	1000-10000
Granit	1	10^{-9}-10^{-10}	1000-15000
Gabbro	1-3	10^{-4}-10^{-9}	6000-10000
Basalt	1,5	10^{-6}-10^{-8}	800-15000

Studie: Zaire			Sondierung Nr. 6
Spezifischer Widerstand (Ωm)	Mächtigkeit (m)	Tiefe (m)	
200	12,0	0,0	Deckplatte
120	120,0	12,0	Kwango (wasserleit. Sandstein)
40		132,0	Lubilasch (mergelhalt. Sandstein)

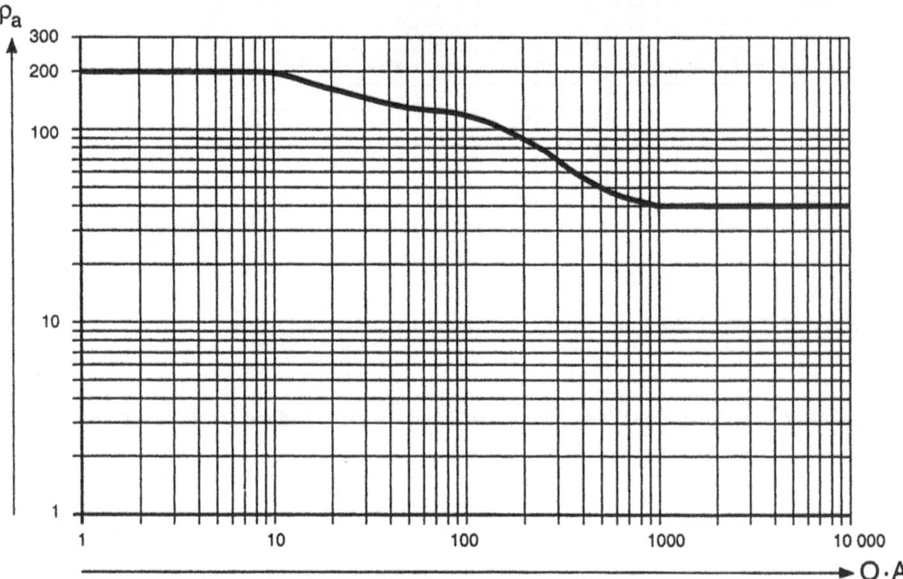

Abb. 1.48. Elektrische Sondierung über einer Abfolge von wasserleitenden Sandstein-Mergel-Schichten

Abbildung 1.48 liefert ein Beispiel für den Nachweis einer wasserleitenden Schicht durch eine elektrische Sondierung. Man muß hierbei betonen, daß Trümmergesteine marinen Ursprungs oder aus Seegewässern sehr ionenreiches Wasser enthalten, das ihren spezifischen Widerstand reduziert. Erinnern wir uns, daß die Grenze der Trinkbarkeit bei ungefähr 2 g NaCl pro Liter Wasser liegt, was ungefähr einer Leitfähigkeit von 3-5 Ωm entspricht.

In einem gegebenen Gebiet und einer gegebenen geologischen Formation hat das Formationswasser beinahe konstante Eigenschaften. Diese, über große Ausdehnung der Schichten beibehaltene Konstanz ermöglicht es sehr häufig, Porosität und Permeabilität mit Hilfe elektrischer Sondierungen abzuschätzen.

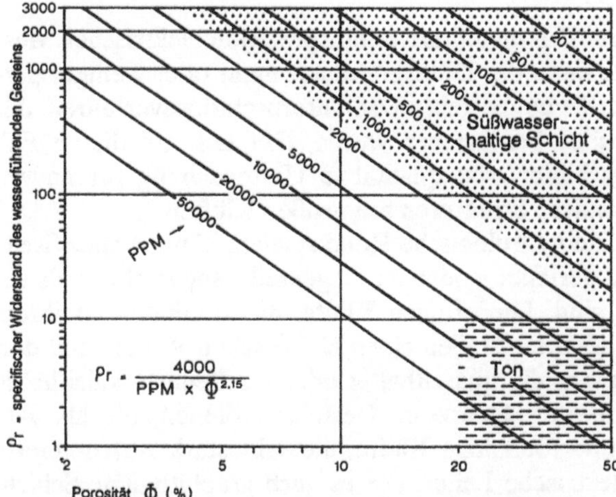

Abb. 1.49. Zusammenhang zwischen dem spezifischen Widerstand der Gesteine, der Porosität und dem Salzgehalt des Formationswassers

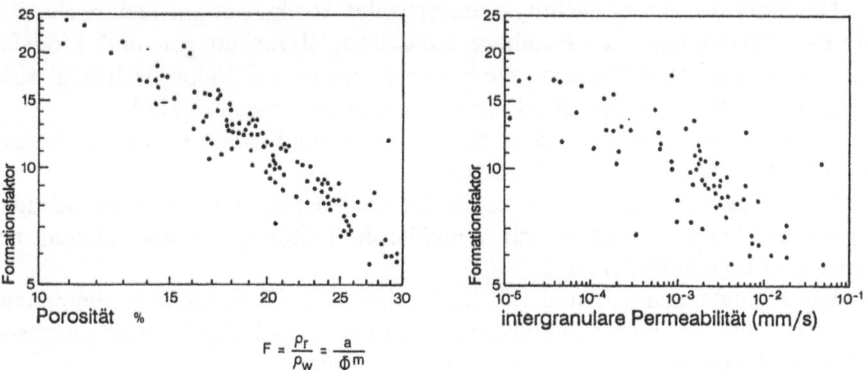

Abb. 1.50. Zusammenhang zwischen Porosität, Permeabilität und Formationsfaktor F für Sandstein (nach Barker u. Worthington 1973)

1.12.2 Reservoire mit kluftartiger Porosität

Manche Gesteine sind von sehr kleinen Rissen, Klüften, Schichtflächen und Schichtgrenzen buchstäblich zerhackt. Die Untersuchung dieser Gesteine durch elektrische Verfahren entspricht ungefähr der Untersuchung von Formationen mit intergranularer Porosität. Die Suche nach Makroklüften wirft dagegen ganz neue Probleme auf.

Gesteine mit großen Klüften. Die quantitative Interpretation elektrischer Messungen wird nur angewandt, wenn der Untergrund aus mehr oder weniger parallelen Schichten zur Oberfläche besteht. Das Interpretationsverfahren der Sondierungen, das weiter oben beschrieben wurde, läßt sich auf diesen Fall nicht anwenden. Allerdings bleibt eine qualitative Untersuchung für andere Strukturen möglich, insbesondere Strukturen mit großen Klüften.

Die Klüfte, die hierbei eine hydrologische Rolle spielen, können spezifische Widerstände aufweisen, die geringer - oder im Gegenteil - sogar höher als die des umgebenden Gesteins sind. Die offenen Klüfte, die zumindest in ihrem oberen Teil kein Wasser enthalten, stellen einen elektrischen Widerstand dar; dieser verschwindet in Klüften, die quarzithaltig oder - seltener - kalzithaltig sind. Kalzit und zertrümmerter Quarz in Gesteinen dienen oft als Ablaufkanäle. Wasserhaltige und tonhaltige Klüfte, die sehr stark zertrümmerte Gesteine enthalten, sind elektrische Leiter, wie es auch graphithaltige Schichten sind (s. Abb. 1.59).

Mit zahlreichen geophysikalischen Methoden können große Klüfte ausfindig gemacht werden, die stromleitend sind oder einen hohen elektrischen Widerstand aufweisen. Wir werden hier die wichtigsten Möglichkeiten der elektrischen Methode auf diesem Gebiet untersuchen.

Die Wirkung geringmächtiger subvertikaler Strukturen auf elektrische Widerstandsmessungen ist Grundlage zahlreicher Berechnungen und Modelle. Berechnungen sowie Experimente befassen sich oft mit theoretisch sehr wirksamen Anordnungen, die allerdings nur schwer zu verwenden sind.

Aus der zahlreichen Literatur zu diesem Thema werden hier einige besonders charakteristische Modelle vorgestellt.

Abbildung 1.51 zeigt theoretische Anomalien über einer geringmächtigen vertikalen Schicht; einmal mit unendlicher Leitfähigkeit und einmal mit unendlich hohem Widerstand.

Die Abbildungen 1.52 und 1.53 liefern Beispiele für Ergebnisse, die anhand von Modellen für eine Schlumberger- und eine Dipol-Dipol-Anordnung bzw. für eine Wennersche Anordnung gewonnen wurden.

In Abb. 1.54 sind Werte des elektrischen Feldes über einer Kluft mit hohem Widerstand sowie über einer leitfähigen Kluft dargestellt. Die Emissionselektroden sind sehr weit entfernt auf beiden Seiten angebracht. Die Abbildung enthält zahlreiche Werte, die für ein unendlich kleines und punktförmiges MN berechnet wurden sowie für experimentelle Werte, die mit einem Abstand MN gemessen wurden, der doppelt so lang ist wie die Breite des vertikalen Störkörpers.

Die Beispiele aus Abb. 1.51 und 1.54 beinhalten nur einen einzigen Störkörper. Selbst in diesen theoretischen Fällen, deren Einfachheit sehr weit von realen Sachverhalten entfernt ist, ist die Zahl von Variablen, die die scheinbaren spezifischen Widerstände beeinflussen, sehr groß. In der Tat sind die Ergebnisse auch von anderen Faktoren abhängig, wie vom Unterschied der spezifischen Leitfähigkeiten des umgebenden Gesteins sowie des Störkörpers:

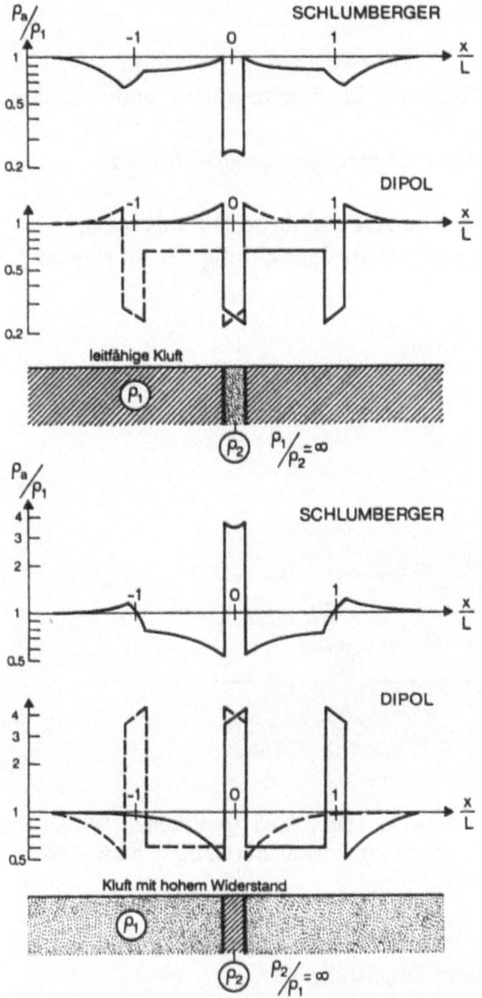

Abb. 1.51. Theoretische Werte der gemessenen spezifischen Widerstände über einer vertikalen Schicht (nach Mares 1984)

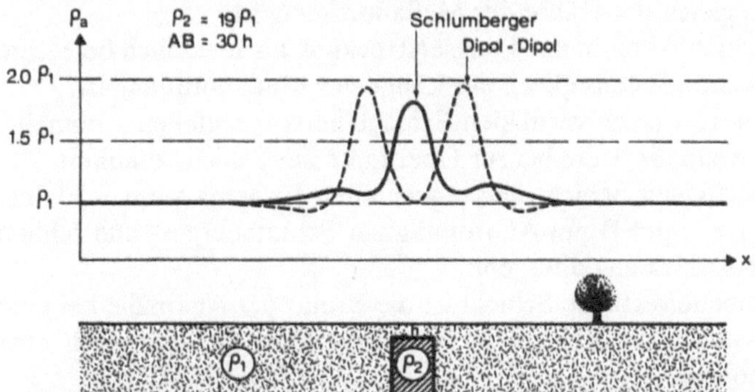

Abb. 1.52. Werte der gemessenen spezifischen Widerstände anhand eines Modells (vertikale Schicht mit hohem Widerstand); Meßanordnung nach Schlumberger und Dipol-Dipol-Anordnung

- von den Dimensionen des Körpers in horizontaler und vertikaler Erstreckung (Höhe, Breite, Länge);
- vom Abstand der Oberfläche und der Oberkante des Störkörpers;
- von der Neigung des Störkörpers;
- von der Art der verwendeten Anordnungen und ihren Dimensionen;
- vom Winkel zwischen dem Profil und der Streichrichtung des Störkörpers.

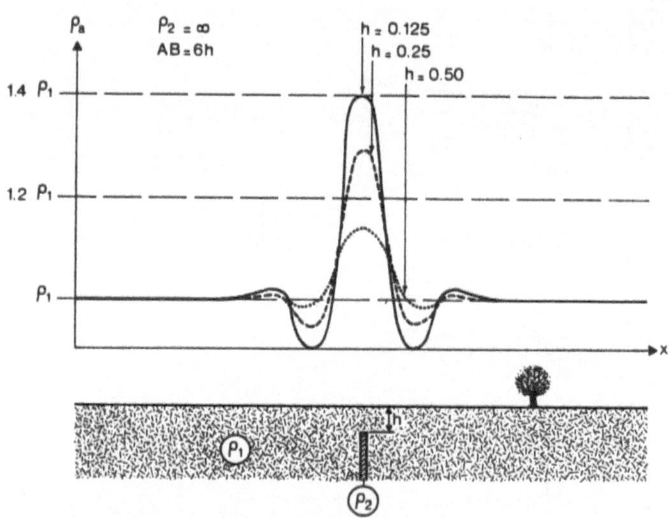

Abb. 1.53. Werte für die anhand eines Modells ermittelten spezifischen Widerstände (vertikale Schicht mit hohem Widerstand). Meßanordnung nach Wenner, AM=MN=NB (nach Militzer et al. 1979)

Trotz dieser Komplexität werden in zahlreichen Abhandlungen über diese Modelle bestimmte empirische Regeln aufgestellt:

1. Verwendet man eine Anordnung nach Schlumberger, so kann eine vertikale Schicht in der Tiefe als unendlich betrachtet werden, wenn ihre Höhe gleich oder mindestens gleich der Hälfte der Meßanordnung ist.
2. Eine vertikale Schicht kann in der Längserstreckung als unendlich betrachtet werden, wenn sie mindestens gleich der Länge der Meßanordnung ist.
3. Die Extrema der von einer vertikalen Schicht hervorgerufenen Anomalien verringern sich, wenn die Tiefe bis zur Oberkante der Schicht zunimmt.
4. Die von einer vertikalen Schicht hervorgerufenen Extrema werden kleiner, wenn man von der Dipol-Dipol-Anordnung zur Schlumberger- und schließlich zur Wenner-Anordnung übergeht.
5. Für eine vorgegebene vertikale Schicht ist die Breite der Anomalie bei einer Schlumberger-Anordnung kleiner als bei einer Wenner- oder auch einer Dipol-Dipol-Anordnung.

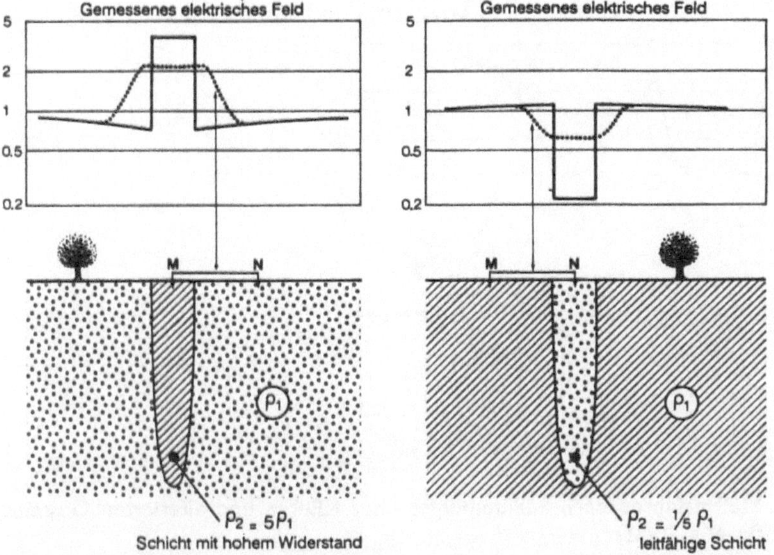

Abb. 1.54. Profile der elektrischen Felder anhand von Modellen für Klüfte mit hohem Widerstand sowie für leitfähige Klüfte (nach Kunetz 1966)

6. Die Form der mit einer Schlumberger-Anordnung erhaltenen Anomalien ist einfacher als die durch die Wenner- oder Dipol-Dipol-Anordnung bestimmte. Der entsprechende Faktor ist besonders bei der Interpretation realer Fälle wichtig, die meist sehr oberflächennahe Störkörper betreffen.

Die im Gelände erstellten Profile weisen sehr selten die schöne Einfachheit auf, wie man sie anhand von Modellen erhält (s. Abb. 1.55 u. 1.58).

Mit diesen weniger komplexen, konkreten Beispielen werden zwei wichtige Grundsätze hervorgehoben:

1. Geländeheterogenitäten beeinflussen die Messungen mit einem starken Rauschen, so daß es manchmal schwer ist, Norm und Anomalie voneinander zu unterscheiden. Um diese Schwierigkeiten zu überwinden, muß man die Profile auf die Umgebung des Störkörpers weit ausdehnen. Außerdem muß man sehr eng beieinanderliegende Meßpunkte aufnehmen, so daß jede Variation der erhaltenen Kurve auf mehreren Messungen beruht.
2. Es muß eine Anordnung gewählt werden, mit der die Untersuchung bis zur entsprechenden Tiefe durchgeführt werden kann. Abbildung 1.59 betont an einem extremen Beispiel die Bedeutung dieser Wahl. Leider kann man sich im Fall vertikaler Strukturen nicht erhoffen, dieses Problem mit Hilfe elektrischer Sondierungen zu lösen.

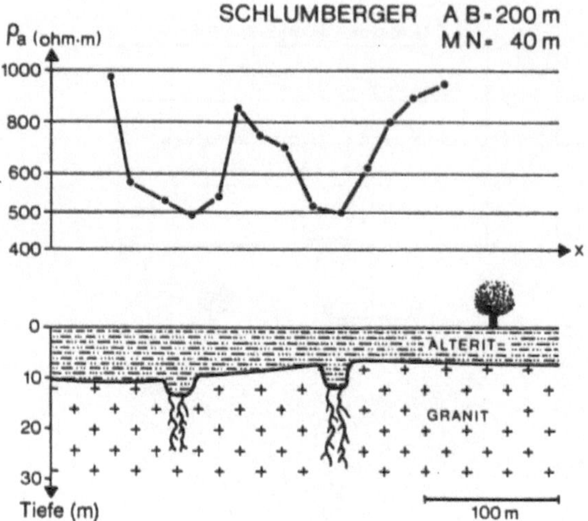

Abb. 1.55. Meßverfahren nach Schlumberger über Klüften und alterierten Gesteinen (nach Palacky et al. 1981)

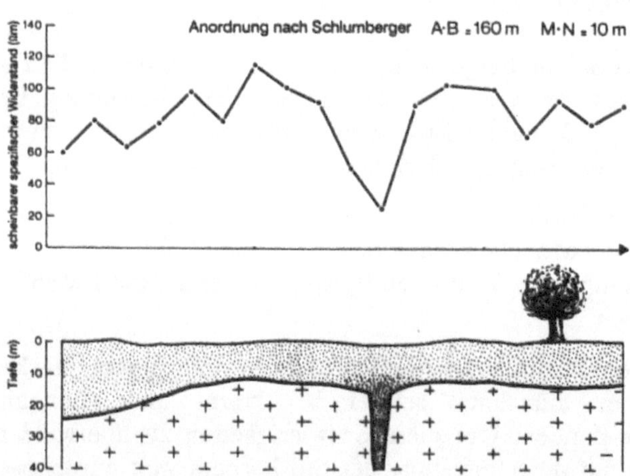

Abb. 1.56. Meßverfahren nach Schlumberger über einer Kluft

Um diese Nachteile zu vermeiden, muß man im Gelände Anordnungen verwenden, bei denen sich leicht die Untersuchungstiefe beeinflussen läßt. Man könnte sich eine Folge von Meßverfahren mit verschiedenen Auslagen vorstellen – leider verfügt man nur selten über den notwendigen Umfang. Darüber hinaus wäre eine solche Vorgehensweise auf einem sehr trockenen Gelände sehr langsam und mit sehr hohen Kosten verbunden.

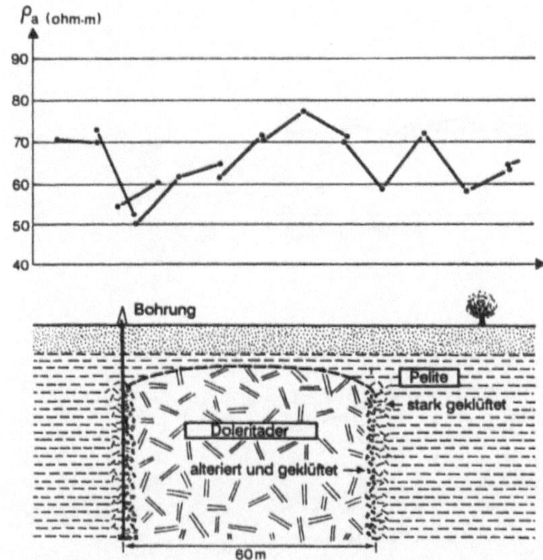

Abb. 1.57. Wiederholungs-Meßverfahren über einer Doleritader (nach CIEH 1984)

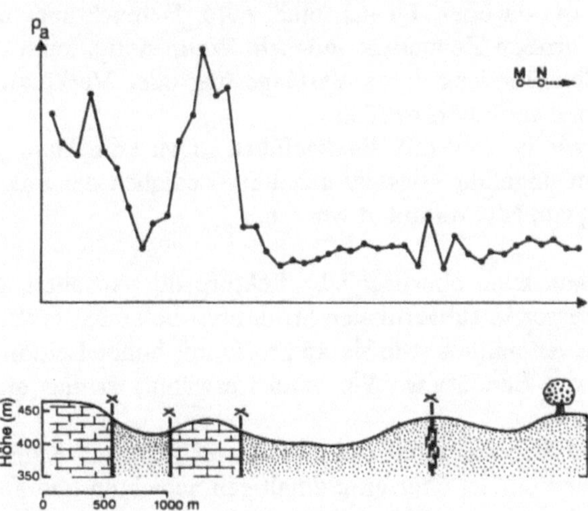

Abb. 1.58. Profil des elektrischen Feldes über einer kluftreichen Gegend (nach Dobrin 1952)

Die *Feldprofile* und die *rechtwinklige Anordnung* (s. Abschn. 1.11.1) erfüllen sehr gut die beiden obengenannten Anforderungen unter der Bedingung, daß das zu untersuchende Gebiet nicht sehr weit ausgedehnt ist. Bei dieser Methode, bei der nur M und N verschoben werden, kann man mit sehr kleinen Schritten vorgehen.

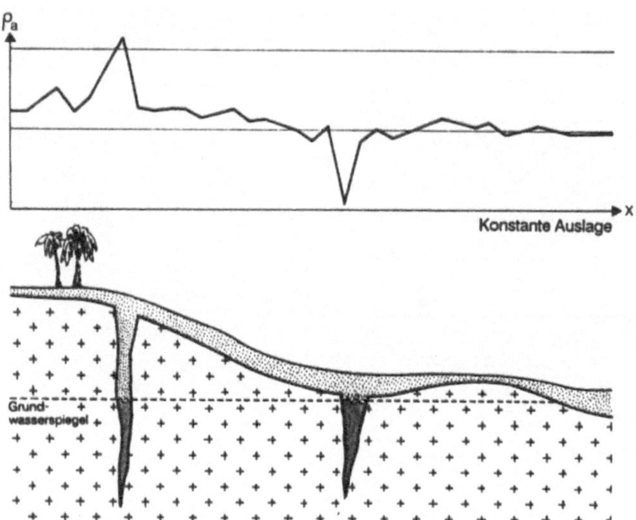

Abb. 1.59. Scheinbare spezifische Widerstände über kluftreichen Gebieten (Meßverfahren nach Schlumberger)

Die Tatsache, daß A und B nicht bewegt werden, minimiert die Störeffekte; auf trockenem Gelände ist darüber hinaus eine gute Befeuchtung der Emissionselektroden ohne großen Zeitverlust möglich. Wenn nötig, kann die Tiefe des zu untersuchenden Bereichs durch Verlängerung oder Verkürzung von AB nur ein- oder zweimal verändert werden.

Werden die Messungen wie in Abb. 1.38 durchgeführt, so wird die Tiefe des zu untersuchenden Gebietes ungefähr konstant gehalten. Lediglich der Faktor K muß für jede Aufstellung von MN verändert werden.

Die untersuchten Anomalien. Eine oberflächliche Lektüre der Arbeiten, die sich mit der Suche nach Wasser in subvertikalen Strukturen befassen, erweckt den Anschein, nur negative Anomalien, wie sie an Stoffe mit hoher Leitfähigkeit gebunden sind, seien von Bedeutung. Wie bereits erwähnt, ist dies nicht der Fall.

Negative Anomalien sind insbesondere über mit Wasser gefüllten Klüften, über Klüften mit tonhaltiger Füllung, über graphithaltigen Schichten und auch über Gesteinsgängen, bestehend aus stark zerrütteten Gesteinen, ausgebildet. Es handelt sich hierbei sehr oft um Dolerit oder Serpentinit. Die positiven Anomalien zeigen sehr oft offene Klüfte an, die in ihrem oberen Teil leer sind, aber in der Tiefe wasserhaltig sein können. Auch kann man durch sie Adern harter und brüchiger Gesteine erkennen, wie z.B. quarzhaltige Adern, die als Abflußkanal dienen können.

Darüber hinaus muß betont werden, daß sehr häufig Gebiete mit zahlreichen Klüften auf indirekte Weise kartiert werden können. In diesem Fall registrieren die elektrischen Sondierungen nicht die Klüfte selbst, sondern die leitfähigen Schichten, die diese überlagern. In der Tat kann man annehmen, daß die Störung tiefer liegt und die Schichten dicker sind, wenn der Untergrund sehr stark mit Klüften durchzogen ist.

1.12.3 Karstreservoire

Theoretisch sind die Anordnungen, die für die Messungen von Klüften ausreichen, ebenfalls für das Auffinden von Höhlen oder Karstgängen zu verwenden; dies ist in Abb. 1.60 dargestellt.

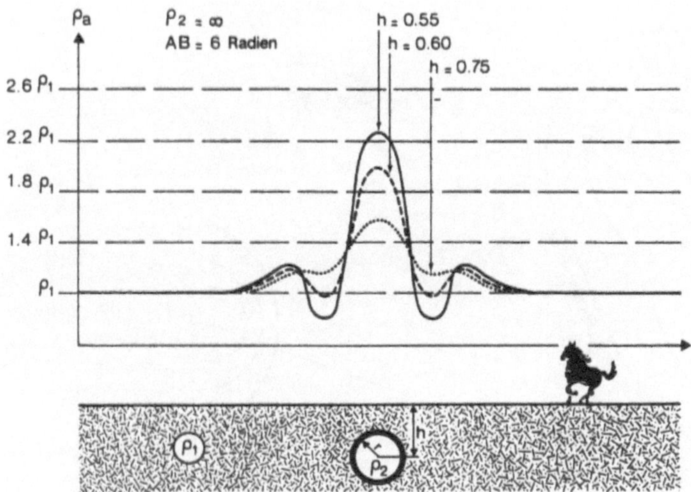

Abb. 1.60. Theoretische Auswirkung eines Karsthohlraumes auf den spezifischen Widerstand

Leider ist die Störung durch oberflächennahe Karbonatgesteine sehr stark, und sie erzeugt ein sehr unregelmäßiges elektrisches Umfeld. Senken, die mit leitfähigem Schuttgestein aufgefüllt sind, folgen den positiven Strukturen mit hohem Widerstand. Aus diesem Grund überdeckt das Hintergrundrauschen - abgesehen von Ausnahmefällen - die Anomalien vollständig, die durch tiefliegende Karsthohlräume in den Meßgeräten erzeugt werden.

1.13 Die Mise-à-la-Masse-Methode

Bei diesem Verfahren wird in einem stromleitenden Körper durch eine Bohrung oder irgendeinen anderen Zugang eine der Emissionselektroden für den Strom A oder B angebracht. Sind die Unterschiede zwischen den spezifischen Widerständen des umgebenden Mediums und des stromleitenden Körpers, z.B. Wasser, sehr groß, so dient letzterer als Emissionselektrode für den Strom. Aus diesem Grund sind die Äquipotentiale verformt und geben nur grob die Form des leitenden Körpers wieder.

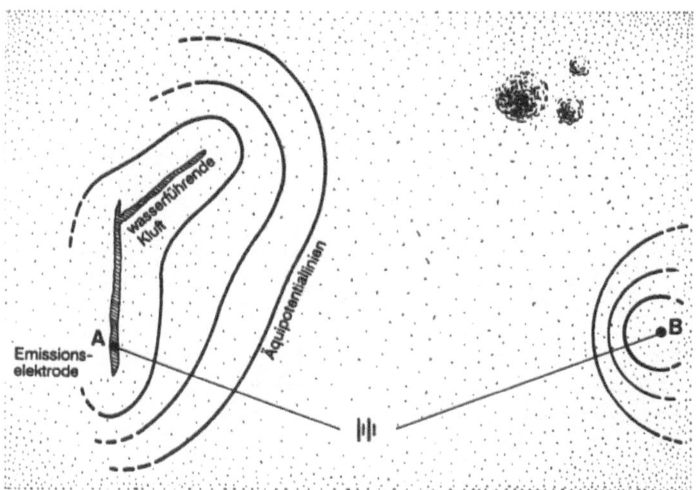

Abb. 1.61. Aufstellung Mise-à-la-Masse-Vorrichtung über einer wasserhaltigen Kluft (nach Militzer et al. 1979)

Verschiedene technische Verfahren ermöglichen diese Art der Untersuchung im Gelände. Gewöhnlich verwendet man für die Emission eine konstante Gleichstromquelle; die Potentialmessung ΔV erfolgt mit einem Voltmeter zwischen zwei nicht polarisierbaren Elektroden.

Seit kurzem überprüfen wir ein Verfahren, das diese Messungen noch schneller macht. Der emittierte Strom ist sinusförmig, und der Empfänger besteht aus einem Oszillator, der kaum durch die der Eigenfrequenz benachbarten Frequenzen beeinflußt wird.

Mit der Aufstellung der Mise-à-la-Masse-Vorrichtung ist es nicht möglich, wasserführende Klüfte oder karstartige Hohlräume zu entdecken. Dieses Verfahren wird nur bei bereits ausfindig gemachten wasserleitenden Schichten verwendet: dabei läßt sich die Geometrie und die Ausdehnung abschätzen, und damit können unter bestimmten Bedingungen Wasserpumpen installiert werden.

2 Elektromagnetische Methoden

2.1 Einführung

Elektromagnetische Methoden (EM), wie auch elektrische Methoden im eigentlichen Sinne, ermöglichen ein besseres Verständnis des Untergrundes durch die Untersuchung der spezifischen elektrischen Widerstände der Formationen, aus denen er aufgebaut ist.

Bei elektromagnetischen Methoden wird mit Wechselstrom gearbeitet, der elektromagnetische Wellen erzeugt. Dies geschieht durch Induktion und nicht mit Hilfe der Elektroden, durch die der Strom in den Untergrund geleitet wird.

Die Maxwellschen Gleichungen legen fest, daß jeder elektrische Wechselstrom eine elektromagnetische Welle erzeugt, die sich in alle Raumrichtungen durch ein elektrisches und ein magnetisches Wechselfeld gleicher Frequenz ausbreitet.

Das elektrische Feld und das magnetische, der Welle zugeordnete, von einer herkömmlichen Antenne erzeugte Feld schwingen periodisch, wobei jedes immer in derselben Richtung polarisiert bleibt.

Wird ein elektrischer Leiter in ein solches elektromagnetisches Feld gebracht, so wird er Quelle eines zweiten Feldes, das als Sekundärfeld bezeichnet wird und das dieselbe Frequenz wie das Primärfeld hat, aber bezüglich diesem phasenverschoben ist.

Wenn man an einem Punkt den gemeinsamen Effekt von Primär- und Sekundärfeld mißt, wird man feststellen, daß das resultierende Feld im Verlauf der Zeit nicht dieselbe Richtung beibehält: es erfährt während jeder Periode eine vollständige Rotation in einer Ebene, die als Polarisationsebene bezeichnet wird. Diese Bedingung zwingt den Vektor des resultierenden Feldes zu einer ellipsenförmigen Bewegung, die Polarisationsellipse genannt wird.

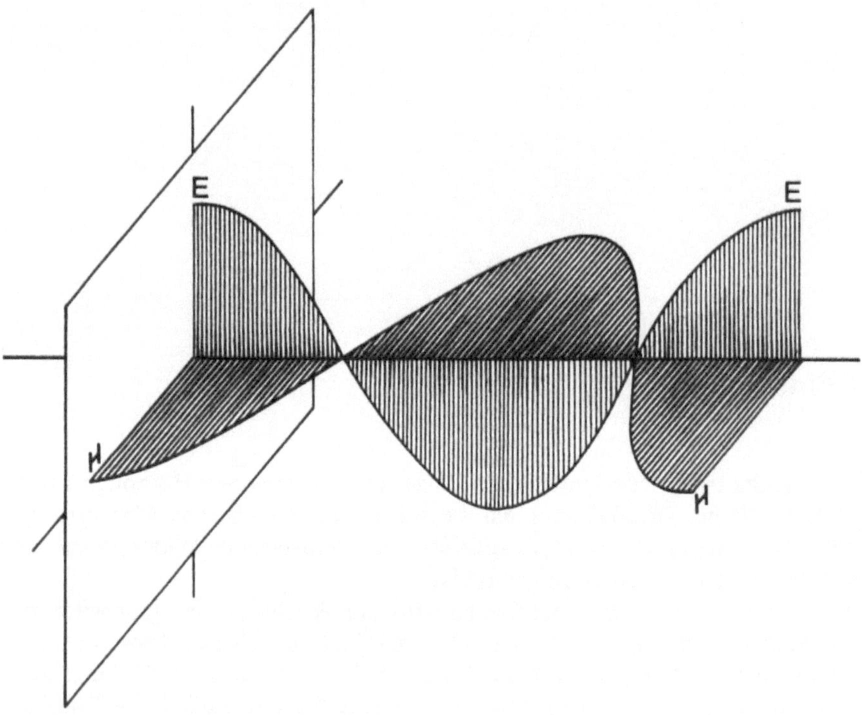

Abb. 2.1. Ausbreitung der elektromagnetischen Welle

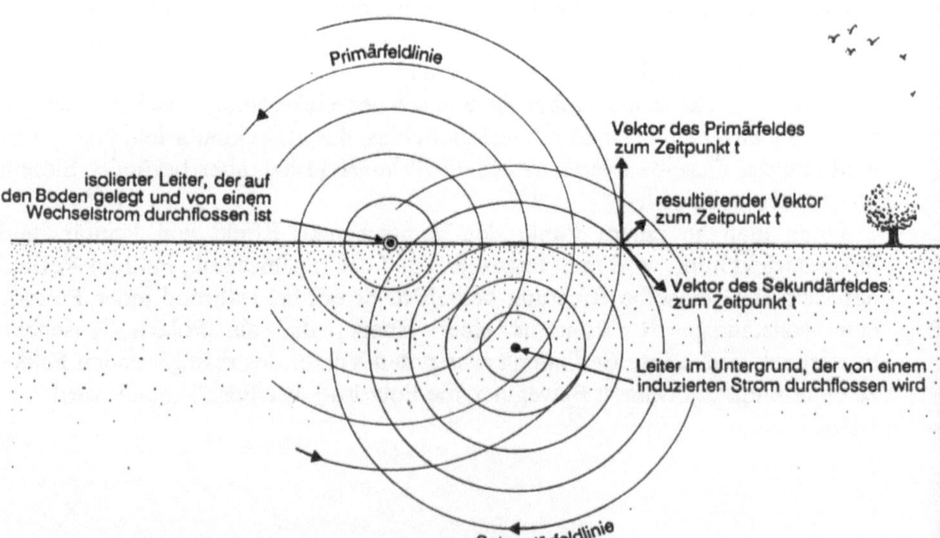

Abb. 2.2. Kraftlinien des Primär- und des Sekundärfeldes (induziertes Feld) in der Umgebung eines geraden Leiters

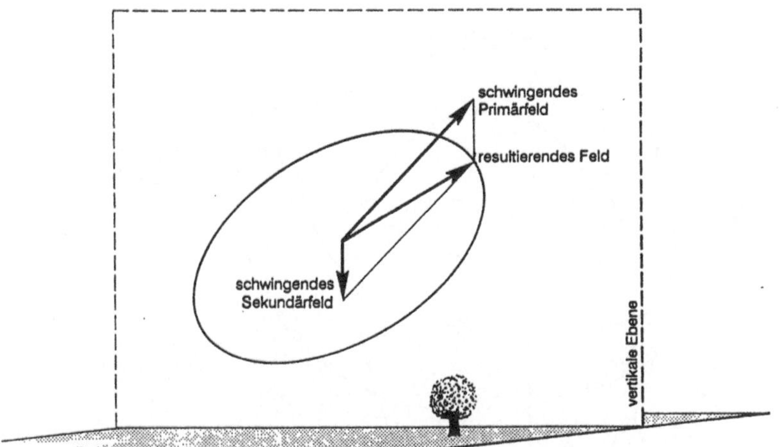

Abb. 2.3. Vom Vektor des resultierenden Feldes durchlaufene Polarisationsellipse

Die quantitative Interpretation der elektromagnetischen Messungen im Gelände erfordert - wie wir sehen werden - häufig die Bestimmung der Parameter dieser Ellipse.

Die elektromagnetischen Methoden können in sehr verschiedener Form angewendet werden; wir werden uns hier auf diejenigen beschränken, die bei der Wassersuche am sinnvollsten erscheinen. Daher bleiben in diesem Zusammenhang bestimmte elektromagnetische Methoden unerwähnt, obwohl sie zu mehrfach besseren Ergebnissen führen als die hier beschriebenen Verfahren. Auch entfallen elektromagnetische Methoden, die eine zu komplexe oder umfangreiche Technik erfordern, insbesondere Methoden, die vom Flugzeug aus angewendet werden. Es kommt nur selten vor, daß die Suche nach unterirdischem Wasser mit sehr kostspieligen Ausrüstungen sowie teuren Spezialisten durchgeführt werden kann.

Lassen wir zunächst elektromagnetische Methoden beiseite, die auf Messungen von elektrischen und magnetischen Anteilen des elektromagnetischen Feldes beruhen. Wir werden zunächst diejenigen untersuchen, die sich auf die Messung des variablen magnetischen Feldes beschränken, das durch natürliche oder künstliche Quellen entsteht.

Der Großteil dieser Methoden beruht auf der Untersuchung folgender Phänomene:

- ein variables magnetisches Feld, das aus dem Sender hervorgeht;
- eine sekundäre magnetische Kraft (emK) und der zu ihr gehörende Strom I, der durch Induktion in den leitenden Formationen des Untergrundes unter Einfluß des Primärfeldes entsteht;
- ein sekundäres magnetisches Feld, das diese Formationen umhüllt;
- die Induktion eines Signals in einem auf der Erdoberfläche angebrachten Emfänger, das auf der Wechselwirkung zwischen Primär- und Sekundärfeld beruht.

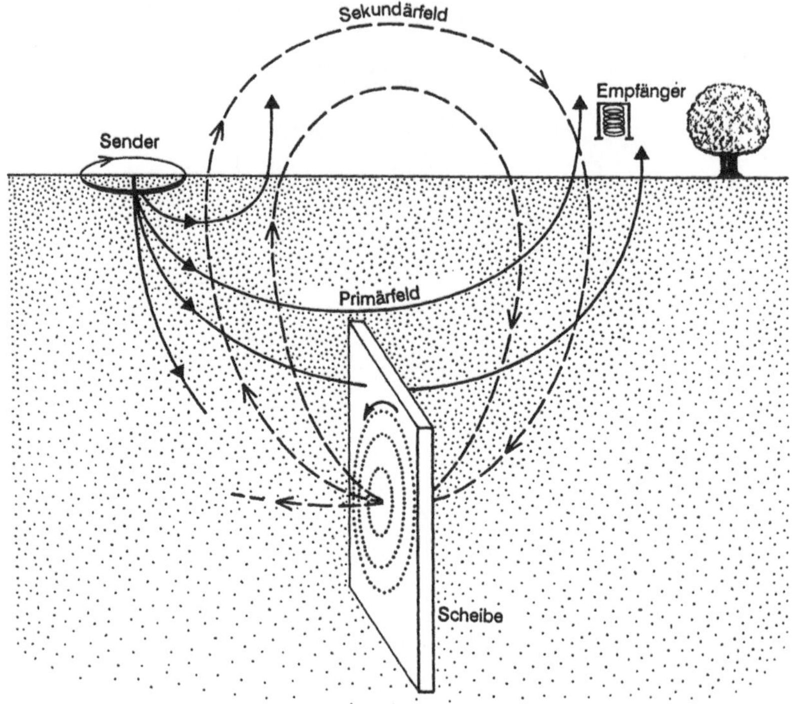

Abb. 2.4. Schematische Anordnung: Sender, Primärfeld, stromleitende Scheibe, Sekundärfeld, Emfänger

Damit diese Methoden anwendbar sind, müssen mindestens die drei folgenden Bedingungen erfüllt werden:

1. Manche Formationen des Untergrundes müssen ausreichend hohe Leitfähigkeiten aufweisen, damit elektrisch induzierte Ströme, die nicht vernachlässigbar sind, dort entstehen können.
2. Das primäre magnetische Feld, das aus dem Sender hervorgeht, muß ausreichend tief in den Untergrund eindringen.
3. Das Sekundärfeld, das in leitfähigen Formationen des Untergrundes entsteht, muß bis zur Oberfläche durchdringen können.

2.2 Charakteristischer spezifischer Widerstand unterirdischer Formationen

In Abschnitt 1.2 haben wir den spezifischen elektrischen Widerstand verschiedener Gesteinsarten untersucht. In der Hydrogeologie werden elektromagnetische Methoden hauptsächlich bei der Suche nach subvertikalen Strukturen, die Wasser enthalten können, verwendet. Bei dieser Art der Untersuchung ist der Unterschied des spezifischen Widerstandes des Wassers in den Klüften und in den Gesteinen von großer Bedeutung.

Die Leitfähigkeit des Wassers, das in großen Klüften fließt, liegt fast immer zwischen 10 und 300 Ωm, im allgemeinen oberhalb von 10 Ωm und unterhalb von 50 Ωm. Diese Werte unterscheiden sich sehr deutlich von denen, die Granite, kristalline Schiefer und Kalkschichten charakterisieren und weniger deutlich von denen für Sandsteine.

2.3 Eindringen des Primärfeldes H_p in den Erdboden

In Gesteinen werden elektromagnetische Wellen zunächst gedämpft. Ihre Amplitude nimmt exponentiell ab. Diese Dämpfung ist um so stärker, je geringer die spezifischen Widerstände und je höher die Frequenzen sind (s. Abb. 2.5.).

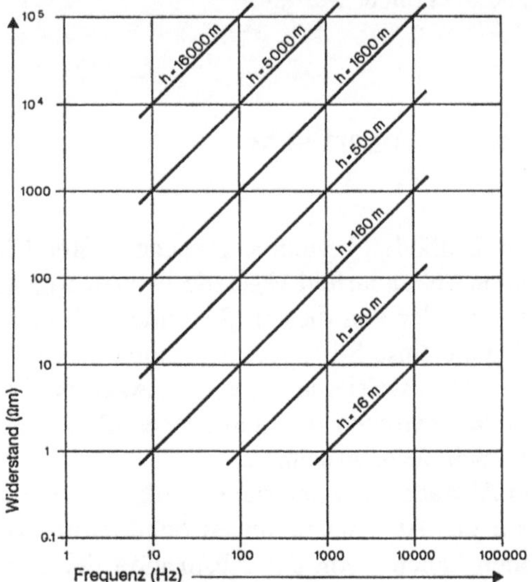

Abb. 2.5. Eindringtiefe elektromagnetischer Wellen in Abhängigkeit von der Frequenz und dem spezifischen Widerstand (nach Strangway 1983)

Für eben diese Wellen gilt:

$$h = 503{,}3 \sqrt{\frac{\rho}{f}} \tag{2.1}$$

wobei f die Frequenz, ρ der spezifische Widerstand in Ωm und h die Tiefe in m ist, bei der die Amplitude der Welle bereits um zwei Drittel ihres Wertes an der Oberfläche abgenommen hat.

Für diese Anordnung verändert sich die Untersuchungstiefe von Fall zu Fall; sie ist in tropischen Alteriten und tonhaltigen Moränen sehr gering, sie nimmt deutlich zu, wenn Gesteine mit hohem Widerstand (Granit, Kalk) unter einer wasserführenden Schicht liegen. Um eine erste Abschätzung der Untersuchungstiefe für die gängigen Geräte zu erhalten, kann man folgende Formel anwenden:

$$h = \frac{100}{\sqrt{\dfrac{1}{\rho} \cdot f}} \tag{2.2}$$

wobei ρ in Ωm und f in Hz angegeben wird und h die Tiefe in m bezeichnet, von der aus ein "guter Leiter" ein durch einen empfindlichen Empfänger auf der Erdoberfläche registrierbares Signal aussendet. Im Gelände liegen die erreichbaren Tiefen üblicherweise zwischen 50 und 100 m, in einigen Ausnahmefällen können sogar Tiefen bis 500 m erreicht werden.

2.4 Das Sekundärfeld H_s an der Erdoberfläche

Die elektrischen Leiter, die sich im Erdboden befinden, erzeugen unter Einfluß eines primären Wechselfeldes ein Sekundärfeld H_s. Jede elektromagnetische Methode beruht auf der Messung der von diesem Sekundärfeld an der Oberfläche erzeugten Störungen. Damit diese Störungen erkennbare Anomalien hervorrufen, muß das Sekundärfeld ausreichend stark sein. Auch darf die Dämpfung elektromagnetischer Wellen zwischen der sekundären Quelle und dem Empfänger auf der Oberfläche nicht zu groß sein.

Die Dämpfung ist abhängig vom Abstand zwischen dem Sender des Sekundärfeldes und dem Empfänger, von der Anordnung dieses Senders und des Feldes und - wie wir bereits gesehen haben - von der Absorption durch das umgebende elektrisch leitfähige Medium.

Folgende Formel gibt Aufschluß über die Faktoren, die die Intensität des Sekundärfeldes in unmittelbarer Nähe zur Quelle beeinflussen:

$$H_s \sim I_s \sim - \frac{emK}{R_s + L_s} \tag{2.3}$$

Dies bedeutet, daß das Sekundärfeld H_s proportional zum Strom I_s ist, der in der leitfähigen Formation entsteht. Dieser Strom selbst ist proportional zu der "induzierten elektromagnetischen Kraft" und umgekehrt proportional zum Widerstand R_s und zur Induktivität L_s (oder Selbstinduktionskoeffizient) dieser Formation. Die elektromagnetische Kraft ist proportional zu den zeitlichen Variationen des magnetischen Flusses, die an der Scheibe auftreten, und somit proportional zur Amplitude und zur Frequenz des Primärfeldes, die diese erreichen. Abbildung 2.6 und 2.7 vermitteln ein Bild über die Gesamtheit der Vorgänge zum Zeitpunkt t.

$$emK = \frac{\varphi_1 - \varphi_2}{\Delta t} \tag{2.4}$$

mit φ = magnetischer Fluß = $H_p S \cos\alpha$, wobei α der Winkel zwischen der Senkrechten auf der Oberfläche der Scheibe und der Richtung H_p ist.

Man wird hierbei bemerken, daß die Frequenzen immer eine doppelte Rolle spielen: Ihre Zunahme bewirkt sowohl eine Verstärkung der induzierten elektromotorischen Kraft im "Sekundärkreislauf" als auch der Absorption durch das umgebende Medium. Darüber hinaus kann die Verwendung hoher Frequenzen eine Verringerung von I_s bewirken und im Gegenzug zu H_s eine Verstärkung des Skin-Effektes und des Widerstandes im Sekundärkreislauf.

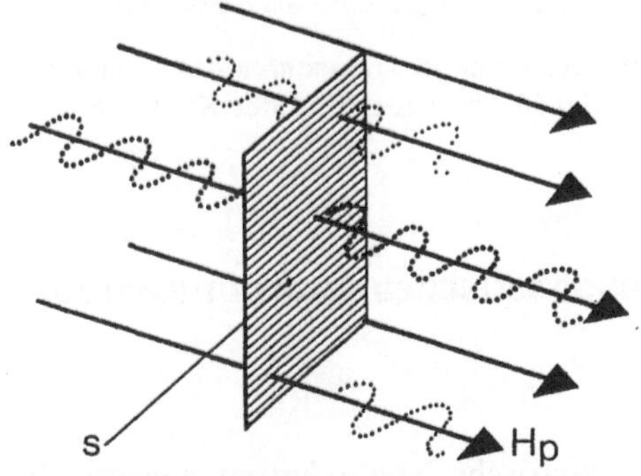

Abb. 2.6. Der magnetische Fluß hängt von der Frequenz und der Amplitude der den Querschnitt durchlaufenden Welle ab

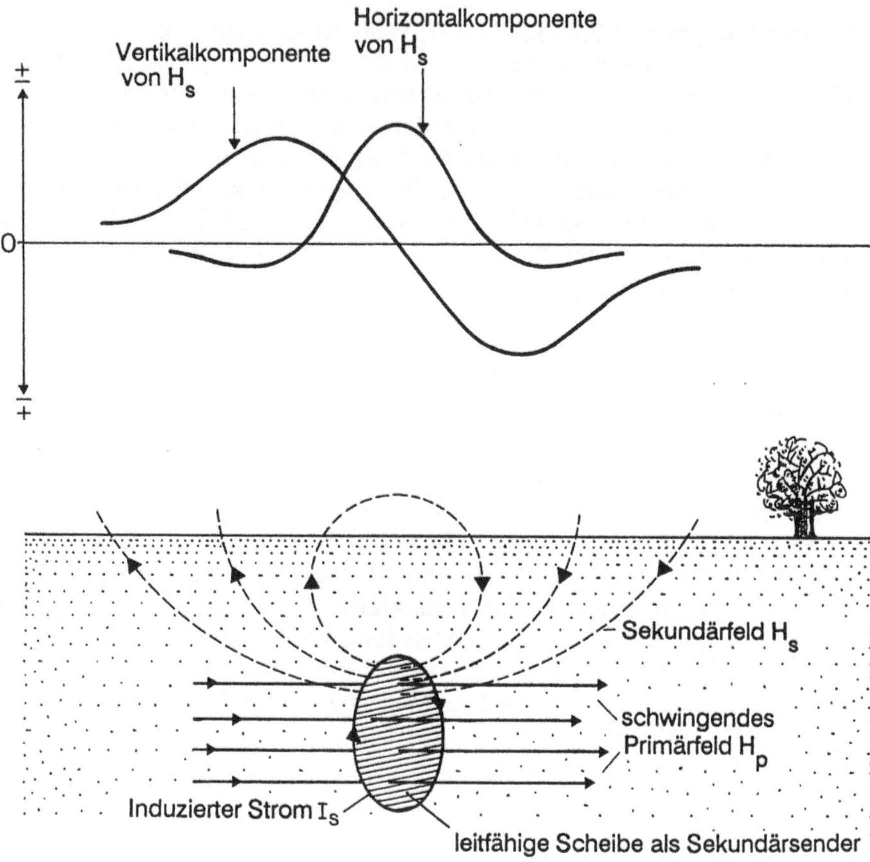

Abb. 2.7. Anordnung der horizontalen und vertikalen Komponenten des an eine ebene vertikale Scheibe gekoppelten Sekundärfeldes (Ader, wasserführende Kluft, etc.)

2.5 Die bedeutendsten elektromagnetischen Anordnungen für die Wassersuche

Elektromagnetische Methoden und elektrische Methoden im engeren Sinne ermöglichen die Durchführung von Sondierungen oder von Profilen der spezifischen elektrischen Widerstände. Die verwendeten Anordnungen können sehr verschieden sein; sie unterscheiden sich durch den Aufbau der Sender, durch die Art der Aufstellung der Empfänger und durch die Art der empfangenen Signale.

2.5.1 Grundtypen von Sendern

Fixierte Sender, die gängigerweise bei der Suche nach Wasser verwendet werden, sind VLF-Antennen; die AFMAG-Sender und die auf dem Boden aufgebrachten horizontalen Kabel bilden eine Spule oder ein sehr großes Rechteck. *VLF-Antennen* bestehen aus einem vertikalen, unbeweglichen Leiter, der von Wechselstrom mit Frequenzen zwischen 15 und 25 kHz durchflossen wird, wobei die Leistung des Senders in der Größenordnung von 10^6 W liegt (s. Abb. 2.8).

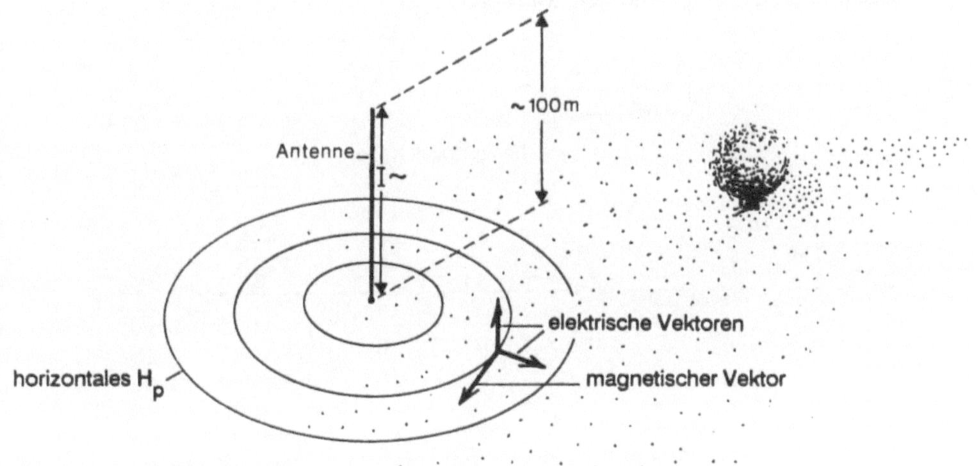

Abb. 2.8. Schema einer VLF-Antenne und des primären Feldes, das sie erzeugt

Das primäre magnetische Feld verläuft in einem homogenen Untergrund horizontal; in begrenzten Volumina, die weit von der Quelle entfernt sind, kann es sogar als konstant betrachtet werden.

Für den *AFMAG-Prozeß* wird als Quelle die natürliche atmosphärische Elektrizität verwendet, die, hervorgerufen durch tropische Gewitter, sich in der Luft und am Boden ausbreitet. In großem Abstand vom "primären Sender" hat das horizontale Feld ganz bestimmte Ähnlichkeiten mit dem VLF-Feld; die Frequenzen sind allerdings viel niedriger, sie liegen zwischen 1 und 1000 Hz. Aus diesem Grund ist die Eindringtiefe größer als bei VLF-Wellen; leider sind die Sender nicht konstant.

Die *horizontalen Kabel* können feste Quellen sein. Sie werden häufig rechtwinklig angeordnet, manchmal auch in einer geraden Linie; dann sind sie an ihren Enden mit dem Erdboden verbunden. Bei dieser Art von Sendern steht der Vektor des Primärfeldes auf der Erdoberfläche senkrecht. Für ein langes Kabel kann man annehmen, daß das Feld linear mit dem Kehrwert von r abnimmt (s. Abb. 2.9). Außerdem verändern sich die Feldlinien mit der Tiefe t.

Aus diesem Grund ist die Interpretation der Anomalien weniger einfach als für den AFMAG-Prozeß oder für VLF-Wellen.

Die *mobilen Sender* bestehen aus Rahmen oder tragbaren Spulen mit einer großen Anzahl von Windungen. Je nach verwendeter Anordnung kann die Achse der Spule horizontal oder vertikal angebracht werden. Abbildung 2.10 veranschaulicht das Feld um eine Spule mit vertikaler Achse. Die mobilen Sender haben im allgemeinen eine schwache Leistung. Mit ihnen lassen sich jedoch häufig die Frequenzen zwischen etwa 10 Hz und 500 Hz, und folglich die Untersuchungstiefe, verändern. Ohne genauere Informationen nimmt man an, daß diese Tiefe in der Größenordnung von L/2 liegt, wobei L der Abstand zwischen dem Sender und dem Empfänger ist.

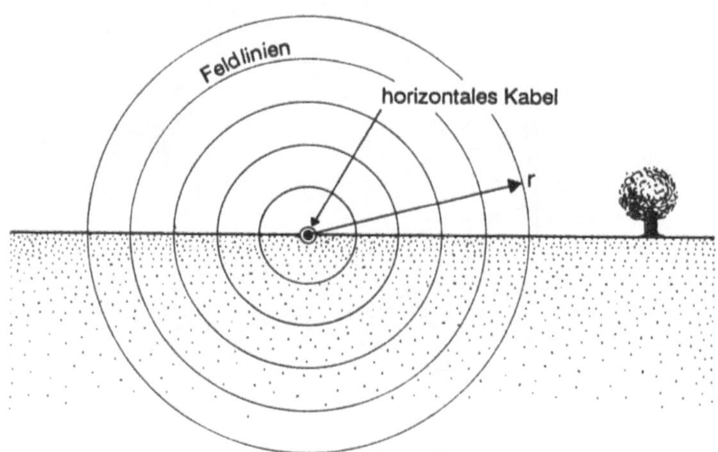

Abb. 2.9. Primärfeld um ein horizontales Kabel

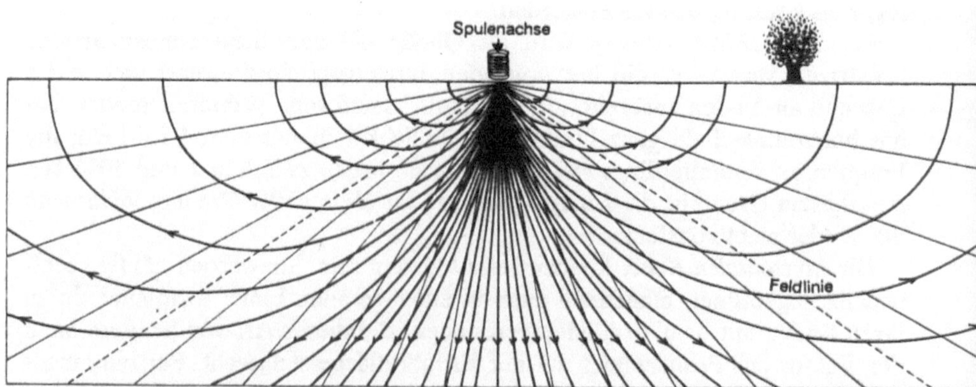

Abb. 2.10. Primärfeld, ausgehend von einer Spule mit vertikaler Achse (mobiler Sender) (nach Parasnis 1986)

Die Intensität des Feldes nimmt auf sehr komplizierte Weise ab; bis zu einem Abstand $r < 36 \cdot (\rho/f)^{1/2}$ ist die Abnahme proportional zu $1/r^3$, und über diesen Abstand hinaus ist sie proportional zu $1/r$ (ρ in Ωm; f in Hz; r in m).

2.6 Verschiedene Empfänger-Meßanordnungen

Die Empfänger bestehen immer aus einer oder mehreren Spulen, in denen durch das aus der Addition des primären Feldes (des Senders) und des sekundären Feldes (der leitenden Scheibe im Untergrund) resultierende Feld ein Signal induziert wird.

Bevor einige der für den Empfang verwendeten Anordnungen genannt werden, ist es vorteilhaft, bestimmte Eigenschaften des empfangenen Signals sowie der Informationen, die man daraus erhalten kann, darzustellen. Es sei daran erinnert, daß wir zunächst die Methoden beiseite lassen, die die elektrische Feldkomponente verwenden.

In dem einfachen Fall, in dem das primäre Feld seine Intensität und seine Richtung auf dem gesamten Empfangsgebiet beibehält, läßt sich die Anordnung des resultierenden Feldes relativ einfach darstellen (s. Abb. 2.11).

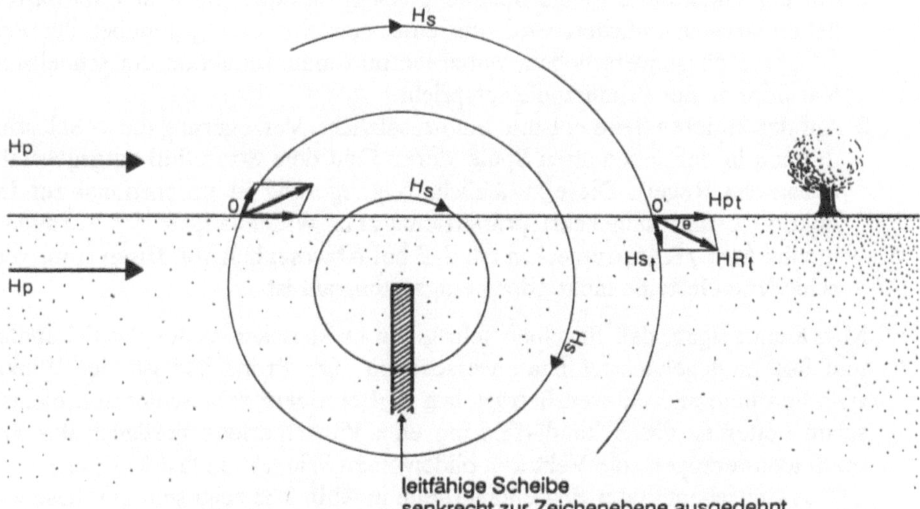

Abb. 2.11. Die Vektoren des Primärfeldes, des Sekundärfeldes und des resultierenden Feldes in unmittelbarer Nähe einer leitfähigen Scheibe; H_p: Kraftlinien des primären Feldes; H_{pt}: Vektor des Primärfeldes am Meßpunkt; H_{st}: Vektor des Sekundärfeldes am Meßpunkt; H_{rt}: Vektor des resultierenden Feldes am Meßpunkt; H_p und H_s schwingen, sie nehmen periodisch auf beiden Seiten von O und O' zu und ab

Wie wir bereits gesehen haben, beschreibt der Vektor H_r an einem Punkt in jeder Periode eine *ebene Ellipse*, wobei das Verhältnis der großen zur kleinen Achse dieser Ellipse genauso variieren kann wie die Neigung der großen Achse im Verhältnis zur Horizontalen relativ zur Lage der Sekundärquelle und des Beobachtungspunktes.

Damit lassen sich einige bestimmte Parameter definieren, die Auskunft über die Eigenschaft und die Lage der sekundären Quelle geben können. Diese Parameter sind:

- die maximale Länge des resultierenden Vektors, die große Halbachse der Ellipse;
- die horizontalen und vertikalen Komponenten dieses Vektors;
- die Neigung dieses Vektors (tilt angle).

Als letztes werden wir anhand von Beispielen diese verschiedenen Möglichkeiten untersuchen: Abb. 2.11 ermöglicht uns, dieses allgemeine Prinzip zu verstehen.

Der letzte, sehr häufig gemessene Parameter erfordert einige Erklärungen: es handelt sich um die *Phasenverschiebung* zwischen dem Primär- und dem Sekundärfeld. Dieser Parameter ist besonders wichtig, da er besonders stark vom spezifischen Widerstand der Sekundärquelle abhängig ist.

Abbildung 2.12 zeigt, daß die Phasenverschiebung des resultierenden Feldes bezüglich des Primärfeldes zwei Ursachen hat:

1. Auf der einen Seite ist die Spannung (elektromotorische Kraft), die in der Sekundärspule induziert wird, um eine Viertelperiode gegenüber der Primärspule phasenverschoben, wobei die maximale Induktion der schnellsten Variation in der Primärspule entspricht.
2. Auf der anderen Seite entsteht eine zusätzliche Verzögerung durch Selbstinduktion in der sekundären Spule, deren Feld dem Stromfluß entgegensteht (Lenzsche Regel). Diese zusätzliche Verzögerung ist proportional zur Induktion L und umgekehrt proportional zum Widerstand R der Sekundärquelle: $\Delta t \approx L/R$. Anzumerken ist, daß bei Abwesenheit von Eisen L für verschiedene Gesteine mehr oder weniger konstant ist.

Man kann zeigen, daß für einen sehr guten elektrischen Leiter das Sekundärfeld fast entgegengesetzt phasenverschoben zum Primärfeld ist; der Winkel zwischen beiden Vektoren beträgt fast π. Bei einem sehr schlechten elektrischen Leiter ist das Sekundärfeld um eine Viertelperiode bezüglich des Primärfeldes verzögert; die Vektoren bilden einen Winkel von fast $\pi/2$ (90°).

Das Zeitschema oder Phasendiagramm in Abb. 2.13 zeigt sehr gut diese verschiedenen Punkte, darüber hinaus ermöglicht es eine Veranschaulichung dessen, was sogenannte Realteile und Imaginärteile des Sekundärfeldes sind; diese Komponenten werden sehr häufig bei elektromagnetischen Untersuchungen verwendet.

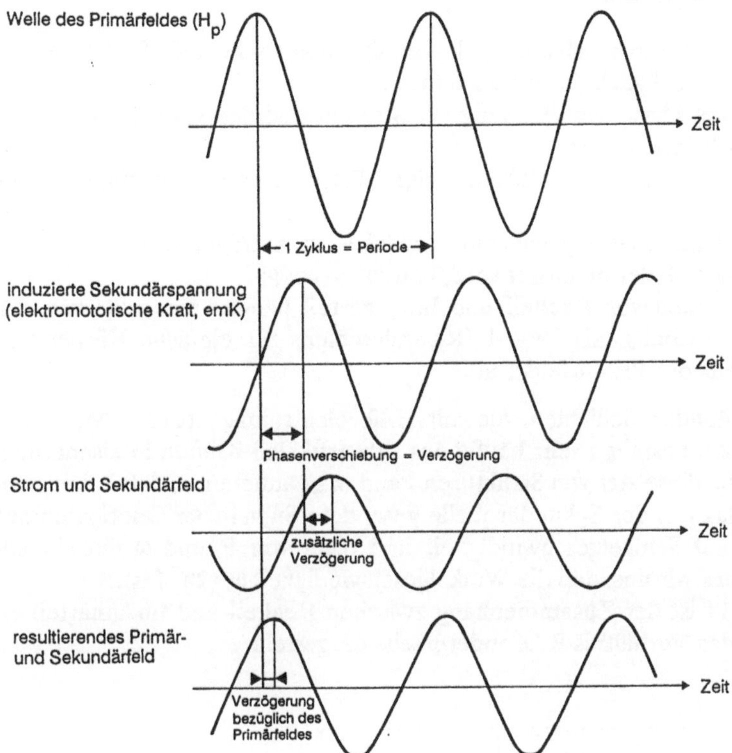

Abb. 2.12. Darstellung der Phasenverschiebung zwischen dem Primärfeld, dem Sekundärfeld und dem resultierenden Feld

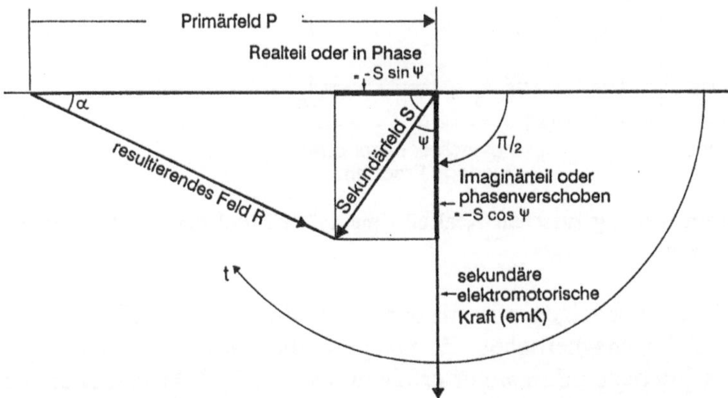

Abb. 2.13. Zeitschema mit Darstellung der Verhältnisse zwischen Phasenverschiebung und Realteil und Imaginärteil

Für diese Abbildung gilt:

- $\pi/2$ ist die Phasenverschiebung der elektromotorischen Kraft des sekundären Feldes bezüglich des Primärfeldes;
- $\pi/2+\varphi$ ist die Phasenverschiebung des Stromes und des Sekundärfeldes bezüglich des Primärfeldes;
- α ist die Phasenverschiebung der Resultierenden bezüglich des Primärfeldes;
- der Realteil, der phasengleich zum Primärfeld ist, beträgt $S \cdot \sin\varphi$;
- der Imaginärteil, der quadriert wird, beträgt $S \cdot \cos\varphi$;
- die Dimensionen von Realteil und Imaginärteil hängen einerseits von der Phasenverschiebung, also von L/R, andererseits für einfache Körper von der Frequenz des Primärfeldes ab.

Die wasserleitenden Schichten, die mit Hilfe elektromagnetischer Methoden gesucht werden, bestehen sehr häufig aus subvertikalen Klüften in eisenarmen Gesteinen. Für diese Art von Strukturen kann man annehmen, daß L konstant ist und daß das von der Sekundärquelle gesendete Signal vom Quotienten aus Widerstand und Winkelgeschwindigkeit und nicht von R und ω einzeln abhängt. Erinnern wir uns, daß die Winkelgeschwindigkeit $\omega = 2\pi \cdot f$ ist.

In Abb. 2.14 ist der Zusammenhang zwischen Realteil und Imaginärteil einerseits und das Verhältnis R/ω andererseits dargestellt.

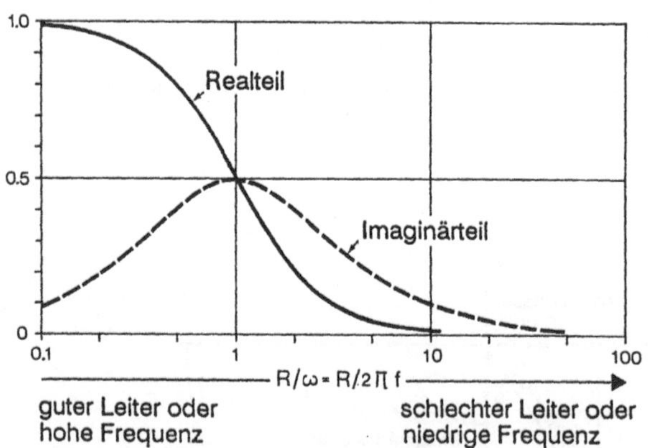

Abb. 2.14. Zusammenhang zwischen Realteil, Imaginärteil und dem Quotienten R/ω (nach Parasnis 1986)

Schließlich werden wir zeigen, wie mit den am häufigsten bei der Wassersuche verwendeten elektromagnetischen Empfängern die Messungen der in Abschnitt 2.6 beschriebenen Parameter erfolgen und welche Informationen diese Messungen liefern.

2.7 Die Hauptklassen elektromagnetischer Messungen: Sondierungen und Profile

Die elektromagnetischen Messungen, die dazu dienen, subvertikale Strukturen, Klüfte und Verwerfungen ausfindig zu machen, werden sehr häufig bei der Wassersuche verwendet. Sondierungen, die die elektrische wie die magnetische Komponente des Feldes gleichermaßen berücksichtigen, werden dagegen viel seltener herangezogen - mit Ausnahme der "audiomagnetotellurischen" Sondierungen.

2.7.1 Elektromagnetische Sondierungen

Elektromagnetische Sondierungen können zur Vergrößerung der Untersuchungstiefe angewendet werden, indem der Empfänger vom Sender entfernt wird, wie z.B. bei elektrischen Sondierungen, oder auch indem die Senderfrequenz verändert wird. Hohe Frequenzen werden, wie wir gesehen haben, stärker durch den Skin-Effekt beeinflußt, und folglich dringen sie viel weniger tief ein als niedrige Frequenzen. Diese Frequenzsondierungen werden selten bei der Wassersuche eingesetzt, obwohl sie im allgemeinen sehr gute Ergebnisse liefern. Man zieht ihnen klassische elektrische Sondierungen vor. Es ist allerdings schwer zu sagen, ob dies auf der relativen Umständlichkeit elektromagnetischer Geräte, auf der Schwierigkeit der Interpretation oder auch einfach auf Gewohnheit beruht. Eine Sondierungsmethode, die man häufiger verwendet, bildet dagegen eine Ausnahme: die Audiomagnetotellurik (AMT-Methode).

Sie beruht auf der Untersuchung der Variationen des elektrischen und magnetischen Feldes, die an Ströme gekoppelt sind, die überall auf der Erde durch das Erdreich fließen. Diese Ströme können künstlichen oder natürlichen Ursprungs sein, sie schwanken in ihrer Intensität, in ihrer Richtung und in ihrer Frequenz und rufen auf der Oberfläche verschiedene Potentiale der Größenordnung von 10 mV/km hervor. Das magnetotellurische Feld enthält im Erdboden und auf der Oberfläche magnetische und elektrische horizontale (tellurische) Komponenten.

Der Ausdruck Audiomagnetotellurik ist für Methoden vorgesehen, die nur Frequenzen gleich oder oberhalb von 1 Hz berücksichtigen ("hörbarer" Bereich). Ausgehend von den Maxwellschen Gleichungen und unter Berücksichtigung einiger Verfahren, bei denen insbesondere die magnetische Permeabilität des Erdbodens $\mu = 1$ gesetzt wird, konnte Cagniard die grundlegenden Gleichungen magnetotellurischer Untersuchungen aufstellen.

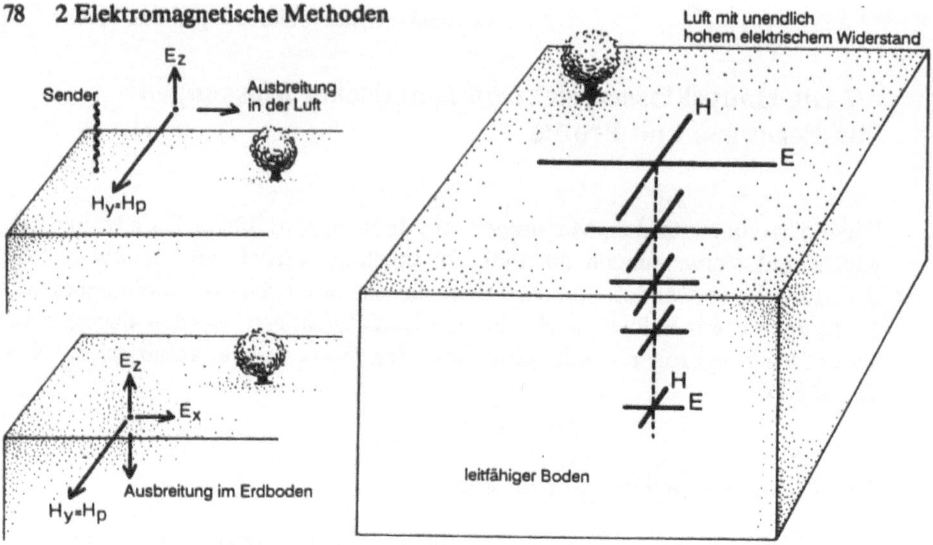

Abb. 2.15 a,b. Komponenten des magnetotellurischen Feldes; (a) in der Luft und in der Oberfläche, (b) im Erdboden

Sie lauten:

$$\frac{E_x}{H_y} = \sqrt{\frac{1}{2\sigma T}} = \sqrt{\frac{\rho}{0,2T}} \tag{2.5}$$

$$h = \frac{3,162}{2\pi} \cdot \sqrt{\rho \cdot T} \tag{2.6}$$

wobei E in mV/km, H in γ, ρ = spezifischer Widerstand (Ωm), T = Periodendauer (s), h = Tiefe (km).

Die Eindringtiefe h entspricht der Tiefe, in der das Feld ungefähr nur noch ein Drittel des Wertes an der Oberfläche aufweist (Wert auf der Oberfläche/e, e = 2,71828).

$$\frac{E_{xp} \text{ (in der Tiefe)}}{E_{xo} \text{ (auf der Oberfläche)}} = \frac{1}{2,71} = 0,368 \tag{2.7}$$

wobei h in m, ρ in Ωm und f in Hz angegeben sind.

Diese Formeln zeigen, daß das elektrische und das magnetische Feld mit der Tiefe abnehmen. Der Bereich der Schicht, der durch den Bereich der Messungen erreichbar ist, ist um so mächtiger, je höher die spezifischen Widerstände und je niedriger die Frequenzen sind.

$$h = 503 \sqrt{\rho \cdot T} = 503 \sqrt{\frac{\rho}{f}} \tag{2.8}$$

Darüber hinaus kann gezeigt werden, daß das Signal einer Phasenverschiebung unterliegt, die mit der Tiefe zunimmt. Andererseits kann man schreiben

$$\rho = 0{,}2 \ T \left(\frac{E_x}{H_y}\right)^2 \tag{2.9}$$

wobei ρ in Ωm, T in s, E in mV/km und H in γ angegeben wird.

Diese Gleichung ermöglicht die Berechnung der tatsächlichen spezifischen Widerstände, sofern die Schicht homogen ist; ist sie es nicht, so wird ρ zu ρ_a, dem scheinbaren spezifischen elektrischen Widerstand, d.h. zu einem besonderen Durchschnittswert der tatsächlichen spezifischen Widerstände.

In der Praxis verfügen die Meßinstrumente über Breitbandfilter, die eine sukzessive Aufnahme der Signale mit zunehmend niedrigen Frequenzen ermöglichen. Diese liegen bei der AMT-Methode zwischen 5000 Hz und 1 Hz.

Die Ergebnisse werden auf doppeltlogarithmischem Papier aufgetragen, auf der Ordinate werden die Werte von ρ, auf der Abszisse werden die Werte von T, der Periodendauer oder der Wurzel von T eingetragen (s. Abb. 2.16). Um Meßfehler zu vermeiden, die auf Hintergrundrauschen beruhen, wird für jede Frequenz 20- oder 30mal der Wert von ρ gemessen und anschließend daraus der Mittelwert berechnet.

Die Interpretation der AMT-Sondierungen entspricht der der klassischen elektrischen Sondierungen. Mit Hilfe eines Diagramms für zwei Schichten und des Hilfsdiagramms kann ein Modell konstruiert werden. Durch Berechnungen läßt sich überprüfen, ob es die gemessenen Werte der Schicht widerspiegelt.

Die Hilfsdiagramme spielen hier dieselbe Rolle wie für die Interpretation der klassischen elektrischen Sondierungen. Durch sie lassen sich zwei reelle Schichten durch eine einzige fiktive Schicht ersetzen, und somit kann Schritt für Schritt die gesamte Sondierung auf eine leicht interpretierbare Sondierung zweier Schichten reduziert werden.

Cagniard (1953) beschreibt in seiner grundlegenden Arbeit über die AMT-Methode, wie man von den Maxwellschen Gleichungen ausgehend die Diagramme für 2, 3 oder n Schichten erstellen kann.

Um ein Modell aus der Sondierungskurve und den Diagrammen in Abb. 2.17 und 2.18 zu erstellen, muß man folgendermaßen vorgehen:

1. Man bringt das Diagramm für zwei Schichten über die Kurve des Geländes, markiert die Lage des Punktes Q und bestimmt sehr einfach ρ_1, h_1 und ρ_2/ρ_1.
2. Der Punkt A des Hilfsdiagramms muß auf den Punkt Q, der auf dem Geländebogen eingetragen ist, gelegt werden.
3. Mit Hilfe des Diagramms muß auf dem Geländebogen die Kurve für ρ_2/ρ_1, die unter 1. bestimmt worden ist, nachgezeichnet werden.

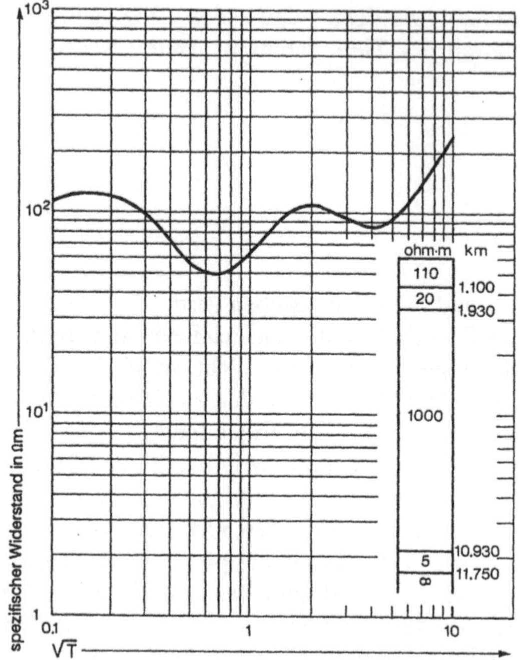

Abb. 2.16. Übertrag einer AMT-Sondierung, ρ_a in Abhängigkeit von der Wurzel aus T

4. Man muß den Geländebogen über dem Diagramm für zwei Schichten derart verschieben, daß die Achsen der beiden Bögen parallel bleiben und der Punkt Q des Diagramms auf der unter 3. nachgezeichneten Kurve liegt.

5. Man unterbricht die Verschiebung, wenn eine Kurve des Diagramms für zwei Schichten mit dem rechten Teil der Sondierung der Schicht übereinstimmt und markiert hierauf die Lage des Punktes Q durch ein Kreuz .

6. Man legt das Diagramm des Geländes über das Hilfsdiagramm und bringt den Punkt Q links von der Sondierungskurve mit dem Punkt A des Hilfsdiagramms zur Übereinstimmung. Ist dies erfolgt, so ermöglicht das unter 5. unter dem Geländebogen eingezeichnete Kreuz das Ablesen des Verhältnisses h_2/h_1.

Sehr häufig werden AMT-Sondierungen zur Bestimmung der Lage des Untergrundes eingesetzt, der einen "unendlich" hohen Widerstand hat oder ein "unendlich" guter Leiter ist. Diese Fälle ermöglichen eine besonders einfache Interpretation.

In der Tat verändert sich die Kurve der Sondierungen für sehr niedrige Frequenzen in eine Gerade mit der Steigung +2 (Untergrund mit hohem Widerstand) oder -2 (leitfähiger Untergrund), sofern die Eindringtiefe die Mächtigkeiten der Schichten überschreitet, die einen solchen Untergrund überlagern; dies ist bei einer Verschiebung um $\sqrt{T}$ der Fall.

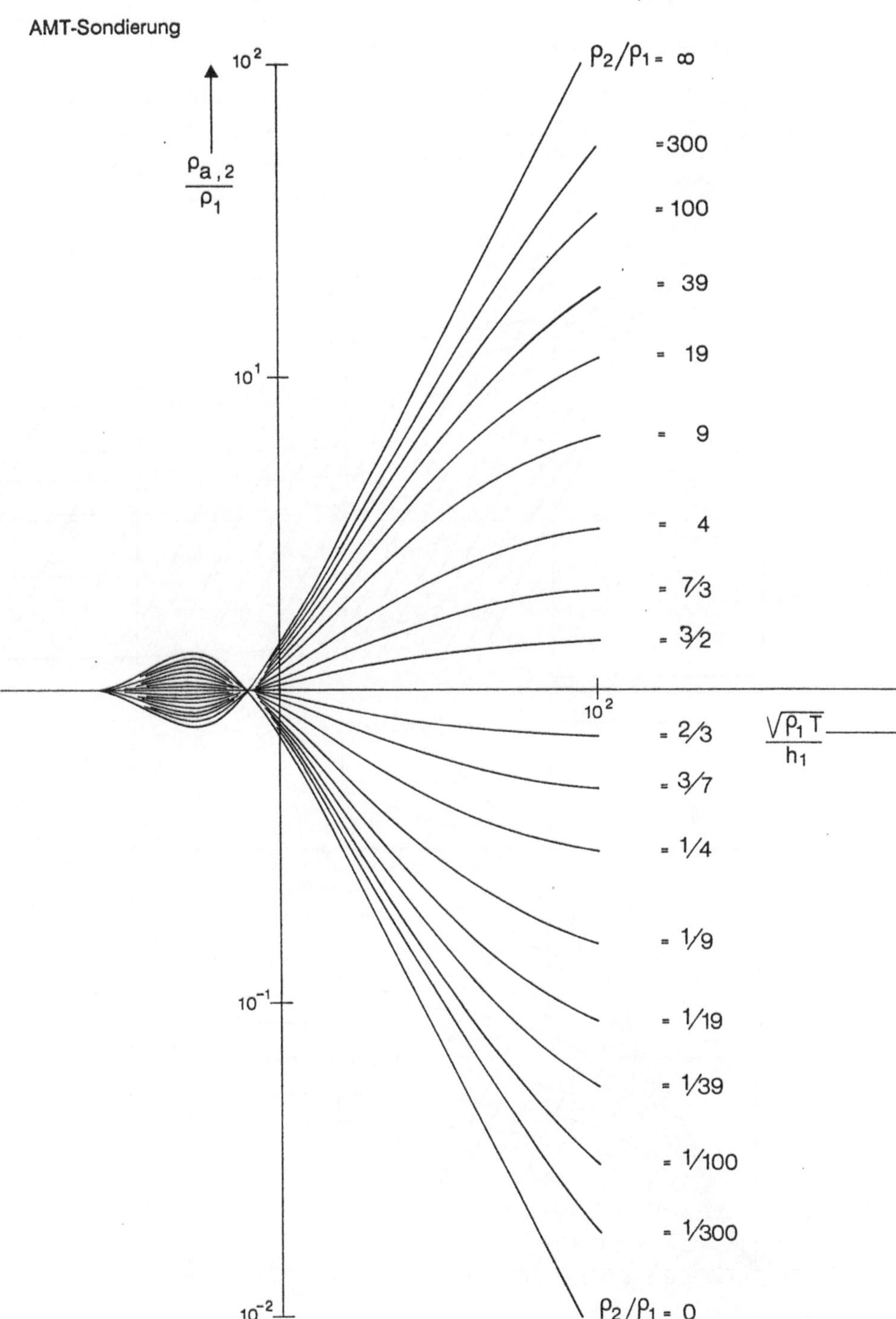

Abb. 2.17. Diagramm für zwei Schichten zur Interpretation der AMT-Sondierungen

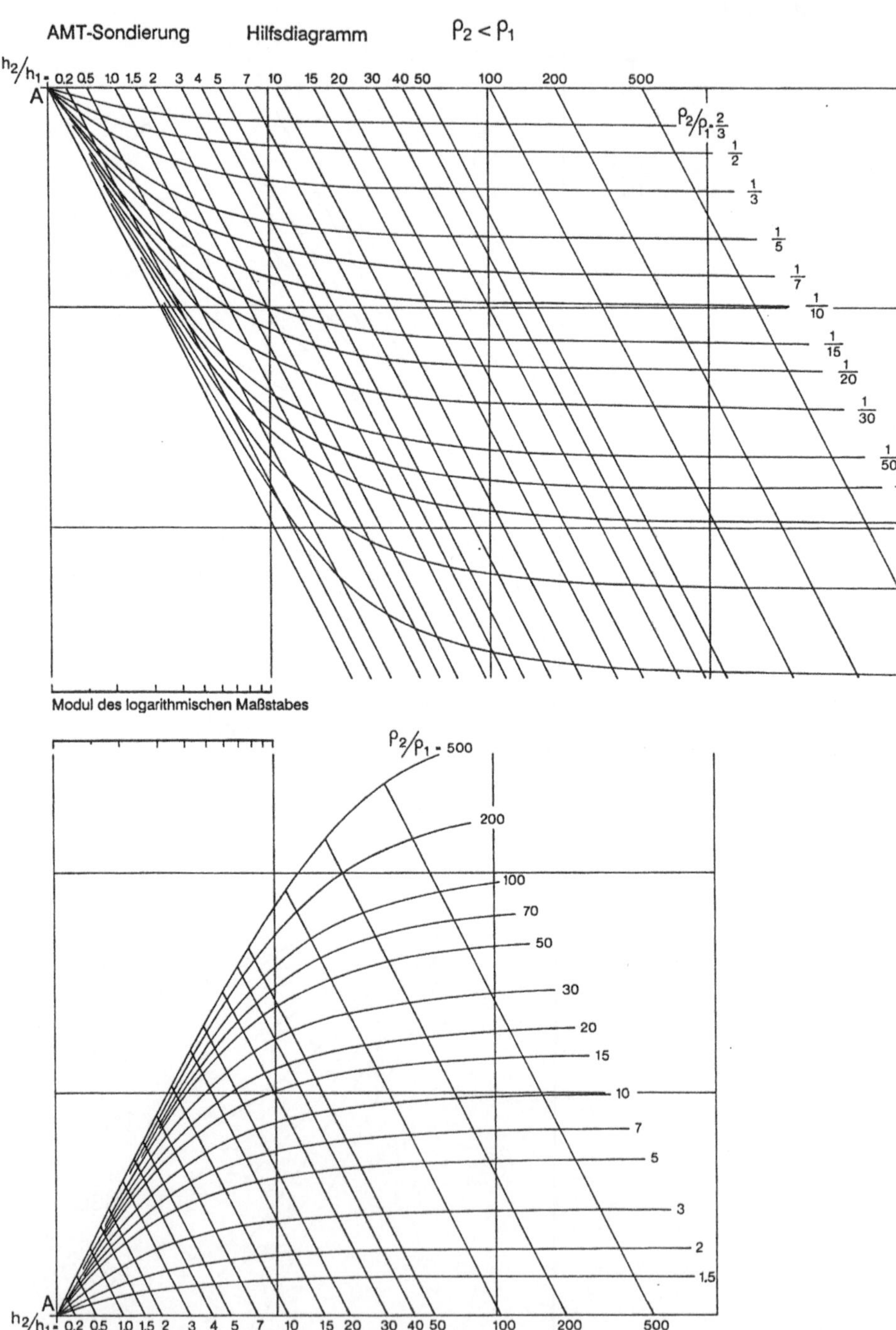

Abb. 2.18. Hilfsdiagramm zur Interpretation der AMT-Sondierungen (nach Dupis 1971)

Man kann zeigen, daß im Fall eines gut leitenden Untergrundes die Tiefe an der Oberkante des Untergrundes folgenden Wert hat:

$$h = 1000 \sqrt{\frac{y}{8}} \tag{2.10}$$

wobei h in m, ρ_s in Ωm angegeben wird und y der Schnittpunkt der Geraden der Steigung -2 mit der Geraden $\sqrt{T} = 1$ ist.
Im Fall eines Untergrundes mit hohem Widerstand gilt

$$h = 1000 \frac{\rho_s}{\sqrt{8y}} \tag{2.11}$$

Man kann sehr leicht aus dieser Gleichung h berechnen, sofern man den spezifischen Widerstand der Schichten, die dieses Gelände überlagern, kennt.

Bei der Erstellung eines Profiles der spezifischen Leitfähigkeiten von Schichten, die einen Untergrund mit hohem Widerstand überlagern, genügt es, ρ_a nur für eine Frequenz zu messen, um daraus h zu erhalten, was der Mächtigkeit der Deckschichten entspricht. Darüber hinaus muß die gemessene Größe in der Geraden mit der Steigung +2 enthalten sein, die spezifischen Widerstände der den Untergrund überlagernden Schichten dürfen nicht unmittelbar ähnlich groß sein, und schließlich muß ρ_s bekannt sein. Sind alle diese Bedingungen erfüllt, so kann man schreiben

$$h = 1000 \frac{\rho_s}{\sqrt{8y}}, \qquad \text{mit} \qquad \frac{h}{\rho_s} = \sum \frac{h_i}{\rho_i} \tag{2.12, 2.13}$$

Die Hauptfehlerquellen bei AMT-Sondierungen sind dieselben wie bei klassischen elektrischen Sondierungen. Es handelt sich um laterale Effekte, die Heterogenität der oberflächennahen Schichten, die Anisotropie usw. Um fehlerhafte Interpretationen zu vermeiden, sollte man möglichst an jedem Punkt zwei Messungen in einem Winkel von 90° zueinander durchführen. Eine dieser Sondierungen sollte parallel zu den Strukturen, die andere senkrecht dazu verlaufen.

Mit einer klassischen audiomagnetotellurischen Meßvorrichtung läßt sich der Quotient E/H für Frequenzen zwischen 1 und 5000 Hz messen. Diese Messungen können in Schritten von 0,1 Hz bis ungefähr 200 Hz erfolgen.

Die *Meßanordnung* kann folgendermaßen dargestellt werden (Abb. 2.19):

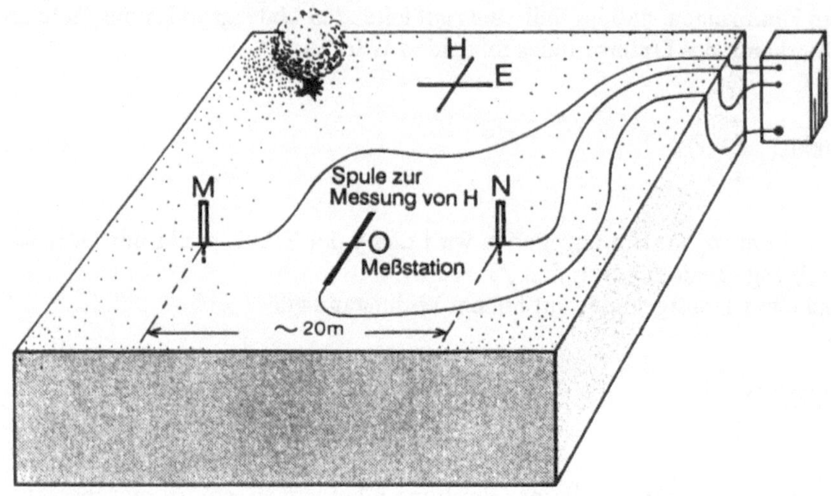

Abb. 2.19. Aufzeichnung einer AMT-Sondierung

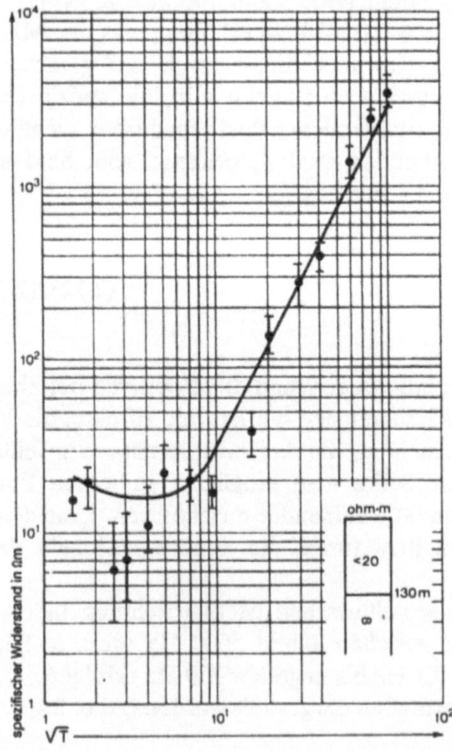

Abb. 2.20. Aufzeichnung einer AMT-Sondierung

AMT-Sondierungen sind besonders effektiv, wenn es darum geht, Schichten mit *sehr hoher Leitfähigkeit* ausfindig zu machen: ton- oder mergelhaltige Schichten mit hohem elektrischem Widerstand und vor allem Schichten mit *"unendlich hohem Widerstand"* sind sehr leicht zu erkennen. Aufgrund der relativen Streuung aufeinanderfolgender Meßpunkte ist es häufig schwierig, Schichten mit ähnlich großen mittleren spezifischen Widerständen voneinander zu unterscheiden.

Das Beispiel der in Abb. 2.20 dargestellten Sondierung zeigt gut die Streuung der Meßwerte für jede Frequenz; man kann hieran auch erkennen, daß die Gerade für sehr hohe Frequenzen, d.h. für sehr geringe Tiefen (30-60 m), ungenau ist.

Bei der Durchführung der Messungen sind bestimmte Frequenzen durch sehr deutliche Signale charakterisiert, andere durch sehr schwache. Diese günstigen bzw. ungünstigen Frequenzen zeigen keine Konstanz; sie können sowohl räumlichen als auch zeitlichen Variationen unterliegen. Die Person, die die AMT-Sondierung durchzuführen hat, sollte somit sehr erfahren sein und besonders sorgfältig vorgehen.

2.7.2 Elektromagnetische Profile: Charakterisierung und Erstellung

Elektromagnetische Profile werden bei der Wassersuche sehr häufig angewendet. Es gibt zahlreiche unterschiedliche Vorgehensweisen und Geräte, und wir werden im folgenden nur die betrachten, die am häufigsten verwendet werden.

Die VLF-Methode. Die VLF-Methode (*Very Low Frequency*) zeichnet sich durch folgende Vorzüge aus: geringes Gewicht und einfache Handhabung der Geräte, einfache Durchführung der Messungen und qualitative Interpretationsmöglichkeiten.

Der Sender besteht aus einer vertikalen festen Antenne, die weit vom Untersuchungsgebiet entfernt angebracht wird. Die Sendefrequenzen liegen zwischen 16 und 25 kHz. Solche Sendeanlagen, die zur Navigation dienen, findet man hauptsächlich in Großbritannien, in der ehemaligen UdSSR, in den Vereinigten Staaten, in Italien und in Frankreich. Die Intensität des emittierten Feldes schwankt kaum, nachts nimmt sie leicht zu.

Bei homogenem Untergrund bleibt das magnetische Feld horizontal; wenn die magnetischen Vektoren eine ausgedehnte "leitfähige Scheibe" durchlaufen, entsteht durch sie ein sekundäres Feld. Wie wir gesehen haben, beschreibt die Resultierende des schwingenden primären und des phasenverschobenen sekundären Vektors eine Polarisationsellipse in der vertikalen Ebene, in der H_p und H_s liegen.

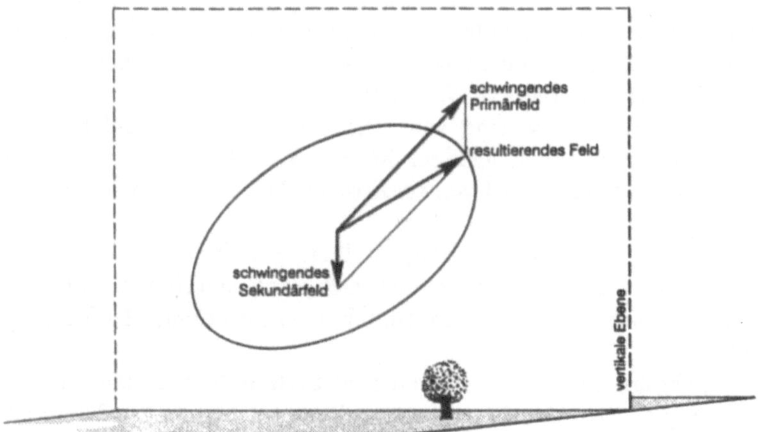

Abb. 2.21. Polarisationsellipse in der vertikalen Ebene vom primären Feld H_p, vom sekundären Feld H_s und vom resultierenden Feld H_r

Mit den Empfängern, die aus einer Spule oder aus zwei verlängerten, miteinander verbundenen, senkrecht zueinander angeordneten Spulen (s. Abb. 2.23) bestehen, können verschiedene Arten von Messungen durchgeführt werden. Bei diesen Möglichkeiten, das Signal durch Induktion zu empfangen, läßt sich bei manchen Vorrichtungen zusätzlich das elektrische Feld zwischen zwei im Erdboden angebrachten Elektroden aufzeichnen. Diese Vorrichtung wird verwendet, wenn "die Scheibe" parallel zum magnetischen Vektor H_p des primären Feldes verlängert ist. In diesem Fall induziert diese kein sekundäres Feld. Dagegen steht das elektrische Feld E_x (s. Abb. 2.27) senkrecht zur Scheibe. Zum Zeitpunkt t ist die eine Seite dieser Scheibe positiv geladen, die andere negativ. Ein sekundäres elektrisches Feld entsteht über der leitenden Platte.

Die *Messung der vertikalen Komponente* des magnetischen Feldes (s. Abb. 2.22) ist sehr hilfreich bei vorläufigen Untersuchungen und läßt sich mit einem vertikal orientierten Empfänger sehr leicht durchführen; sie liefert wertvolle qualitative Informationen, die manchmal von topographischen Effekten gestört werden.

Die *Messung der Neigung* (tilt) der großen Halbachse der Polarisationsellipse bezüglich der Horizontalen erlaubt eine erste Untersuchung der Anomalien. Diese Messung wird durchgeführt, indem zuerst die Ausrichtung der vertikalen Ebene bestimmt wird, in der die Ellipse liegt. Hierfür genügt es, schrittweise den Azimut der Empfängerspule, die horizontal gehalten wird, zu vergrößern; das stärkste Signal entspricht der Richtung von H_p und somit der Ellipsenebene. Das schwächste Signal entspricht der Senkrechten zu der Ebene, in der die Ellipse liegt. In der so bestimmten vertikalen Ebene sucht man wiederum ein Maximum und ein Minimum, um a und b, also die große und die kleine Halbachse der Ellipse, zu bestimmen.

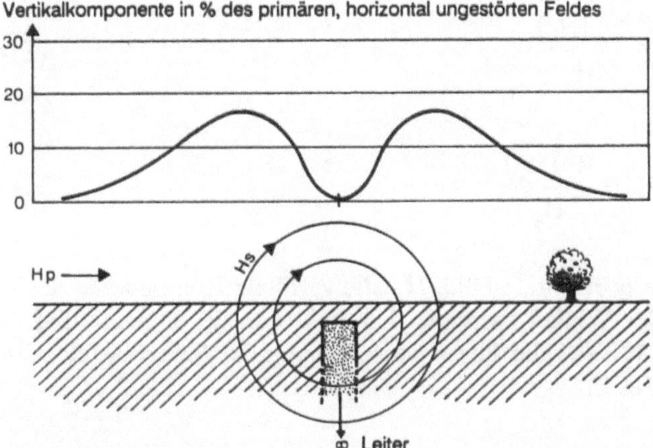

Abb. 2.22. Vertikale Komponente des magnetischen Feldes in % des ungestörten Primärfeldes

Ein im Meßgerät eingebauter Neigungsmesser ermöglicht das direkte Ablesen von θ, dem Winkel zwischen a, der Richtung des Maximums, und der Horizontalen (s. Abb. 2.23).

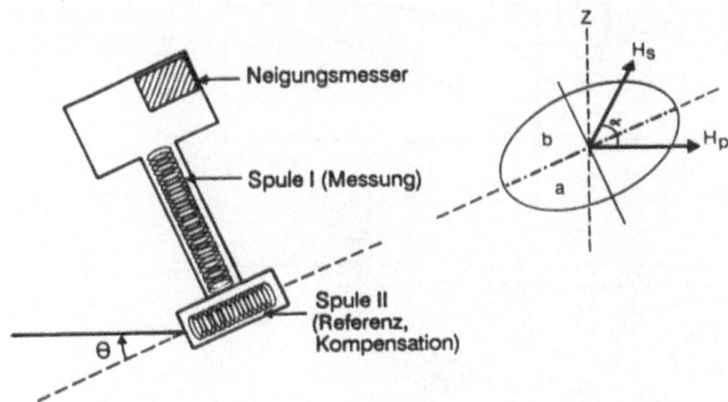

Abb. 2.23. Aufbau eines VLF-Empfängers mit zwei senkrecht zueinander angeordneten Spulen

Graphisch läßt sich veranschaulichen, daß b, die kleine Halbachse der Polarisationsellipse, an jedem Meßpunkt in Richtung des Störkörpers ausgerichtet ist.

Die *Messung von Realteil (Re) und Imaginärteil (Im) (Phasenverschiebung)* ist mit Hilfe von Empfängern, die zwei Spulen beinhalten (Typ EM 16 Geonics), leicht durchzuführen (s. Abb. 2.23). Das Gerät liefert den Quotienten b/a, kleine Halbachse zur großen Halbachse der Ellipse, sowie auch θ, den Winkel zwischen der großen Halbachse der Ellipse und der Horizontalen, gemäß folgenden Näherungsgleichungen:

$$\frac{b}{a} \cong \frac{H_s \cdot \sin\alpha \cdot \sin\varphi}{H_p} \cong \frac{\mathrm{Im}\,(H_{sz})}{H_p} \qquad (2.14)$$

$$\mathrm{tg}\,\theta \cong \frac{H_s \cdot \sin\alpha \cdot \cos\varphi}{H_p} \cong \frac{\mathrm{Re}\,(H_{sz})}{H_p} \qquad (2.15)$$

wobei H_p das primäre horizontale Feld, H_{sz} die vertikale Komponente des sekundären Feldes, α der Winkel zwischen den Vektoren des Primär- und des Sekundärfeldes und $(\pi/2+\varphi)$ die Phasenverschiebung des Sekundärfeldes bezüglich des Primärfeldes ist.

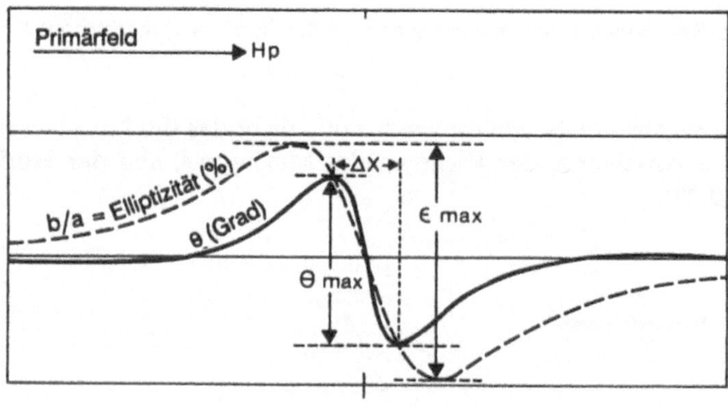

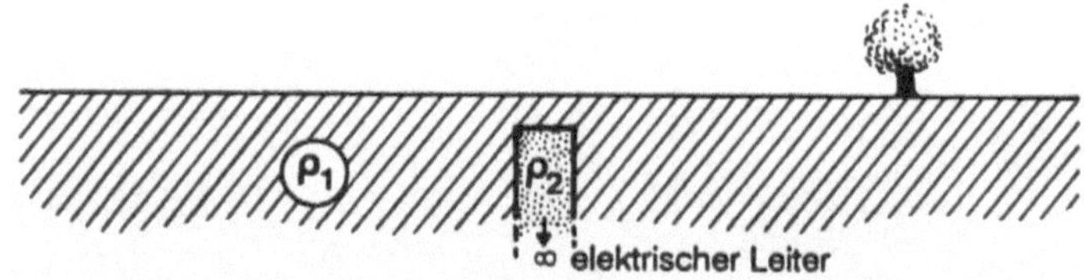

Abb. 2.24. VLF-Profil über einer leitfähigen Scheibe. Darstellung der Neigung der großen Halbachse der Ellipse, von θ und des Verhältnisses b/a

Um diese Messungen durchzuführen, muß man zuerst die vertikale Ebene der Polarisationsellipse bestimmen, die von H_p und H_s gebildet wird. Anschließend wird das minimale Signal gesucht, indem man das Gerät in dieser Ebene neigt. Das Minimum wird erreicht, wenn die Achse der Spule I mit der kleinen Halbachse der Ellipse und die Achse der Spule II mit der großen Halbachse übereinstimmt.

Das Meßgerät liefert den Quotienten b/a, der normalerweise in Prozent angegeben wird und auch näherungsweise das Verhältnis Re/Im. Der Neigungsmesser ermöglicht das Ablesen von θ in radians und liefert einen ungefähren Wert des Realteils Re in Prozent.

Alle anderen Werte bleiben gleich, wobei die Kurven, die die Werte von θ und von a/b wiedergeben, von $\sigma \cdot t$, dem Produkt aus der Mächtigkeit t und der Leitfähigkeit $1/\rho$ der Scheibe sowie auch von dem Unterschied des spezifischen Widerstandes zwischen der Scheibe und den umgebenden Gesteinen abhängen.

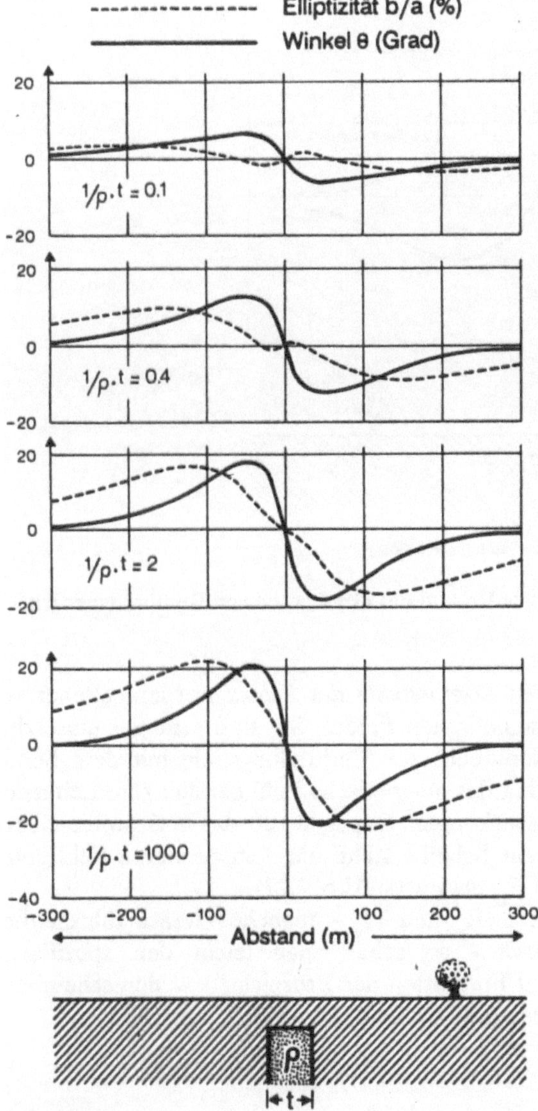

Abb. 2.25. Zusammenhang zwischen dem Quotienten b/a und dem Produkt $1/\rho \cdot t$ und zwischen θ und $1/\rho \cdot t$ (nach Saydam 1981)

In Abb. 2.26 wird gezeigt, daß die Kurve des Realteils den nacheinander auf dem Profil gemessenen Winkeln θ entspricht. Die Gradienten von Re bezeichnen eine Kurve mit einem Extremum direkt über dem elektrischen Leiter.

Zahlreiche Diagramme zur Erleichterung der Interpretation sind in der Literatur zu finden, insbesondere in dem ausgezeichneten Artikel von Sacit Saydam (1981) und in der Bedienungsanleitung für das Gerät EM 16 von Geonics.

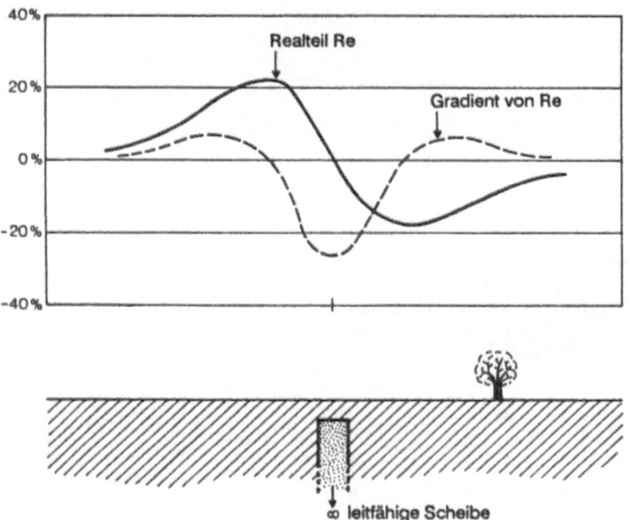

Abb. 2.26. Darstellung des Realteils Re und des Gradienten von Re über einer leitfähigen Scheibe

Die *Messungen der elektrischen Komponente des Feldes* werden seltener verwendet als diejenigen des magnetischen Feldes. Sie sind sehr gut einsetzbar, wenn die leitende Scheibe senkrecht zur Verbindungslinie mit dem Sender verlängert ist. In diesem Fall hat das magnetische Feld parallel zum Leiter, wie wir gesehen haben, keine Auswirkungen. Dagegen ruft das horizontale elektrische Feld E_x, das senkrecht zur Scheibe steht, ein dem primären Feld entgegengesetztes sekundäres Feld E_{ix} hervor (s. Abb. 2.27).

Mißt man am selben Punkt E_x und H_y - manche Geräte führen diese Messungen automatisch durch - so erhält man leicht den spezifischen elektrischen Widerstand dieser Formation des Erdreichs bzw. den scheinbaren spezifischen elektrischen Widerstand, wenn das Erdreich heterogen ist.

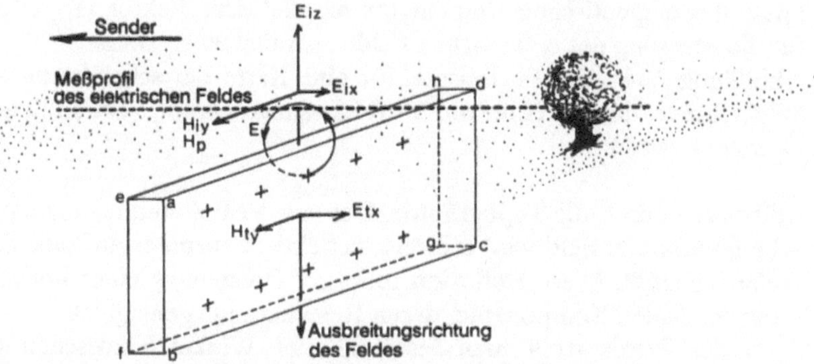

Abb. 2.27. Betrachtungsscheibe, die parallel zur magnetischen Komponente des primären Feldes und senkrecht zum elektrischen Feld steht

Hierzu wird folgende Gleichung verwendet:

$$\rho_a = \frac{1}{2\pi \cdot \mu_o \cdot f} \cdot \left(\frac{E_x}{H_y}\right)^2 \tag{2.16}$$

wobei μ_0 die magnetische Permeabilität im Vakuum ist und den Wert

$4\pi \cdot 10^{-7}\ \Omega \cdot s/m$ hat.

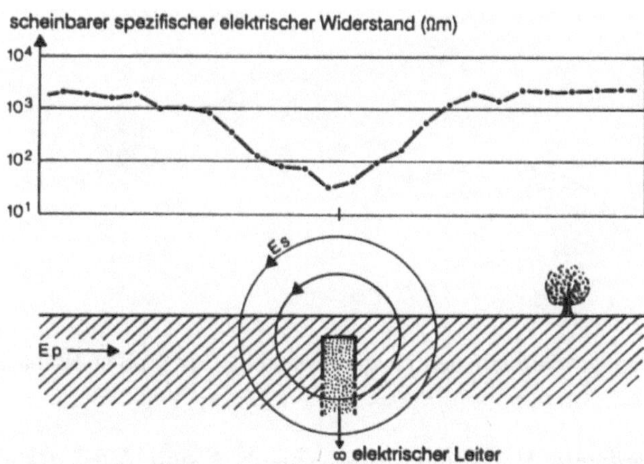

Abb. 2.28. Scheinbarer spezifischer Widerstand über einer leitenden Scheibe, der mit Hilfe der elektrischen Komponente des elektromagnetischen Feldes gemessen wird

Selbstverständlich ist die Messung des Quotienten E_x/H_y nicht auf den Fall beschränkt, in dem die Scheibe senkrecht zur Verbindungslinie mit dem Sender verlängert ist. Andere Ausrichtungen sind möglich, vorausgesetzt, daß die

Spule des magnetischen Empfängers parallel zum Vektor H_{py} und die Kabel für die Messung des elektrischen Feldes parallel zu E_x sind.
Abbildung 2.34 zeigt ein Beispiel für eine Karte der scheinbaren spezifischen Widerstände, die mit Hilfe von VLF-Messungen unter Verwendung von E und H erstellt wurde.

Störungen durch die Topographie. Das von VLF-Antennen erzeugte magnetische horizontale Feld wird teilweise reflektiert, wenn es auf eine Steigung des Geländes stößt. Diese Reflexion führt zur Entstehung einer horizontalen und einer vertikalen Komponente, deren Resultierende geneigt ist.

In der Praxis stellt man fest, daß der Winkel θ zwischen der großen Halbachse der Polarisationsellipse und der Horizontalen die Neigung der Topographie widerspiegelt. Abbildung 2.29 zeigt einen der möglichen Fälle.

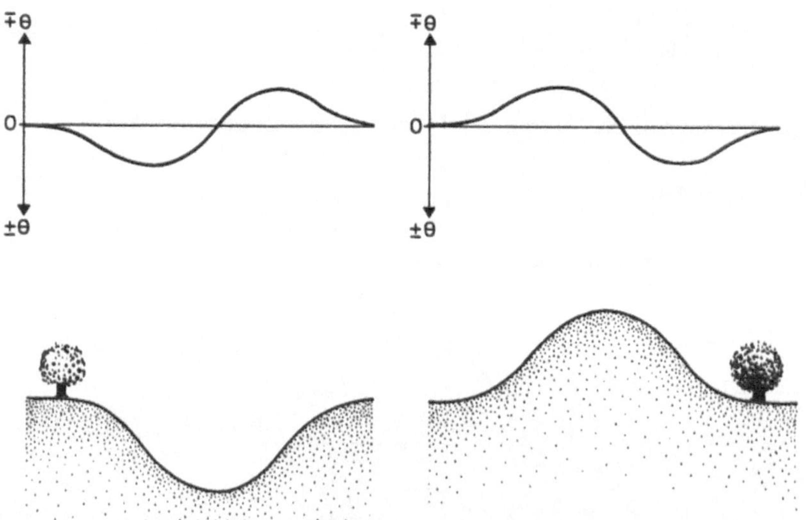

Abb. 2.29. Einfluß der Topographie auf den Neigungswinkel θ der großen Halbachse der Ellipse

Durch das Gelände bedingte Variationen des Winkels θ sind Ausdruck der Neigungsvariationen, d.h. des Gradienten des Reliefs.
Die Analogie zwischen den Kurven von θ, die auf einem Relief erhalten wurden, und einem ausgedehnten Leiter ist somit einleuchtend. Man muß also bei der Interpretation der Ergebnisse bei einer bewegten Topographie sehr vorsichtig sein.

Mit audiomagnetotellurischen Vorrichtungen aufgezeichnete Profile. Will man ein Profil der scheinbaren spezifischen Widerstände über einen weiten Tiefenbereich aufzeichnen - z.B. für die Untersuchung eines Untergrundes mit hohem Widerstand oder eines guten elektrischen Leiters - so kann man von den Möglichkeiten der AMT profitieren.

Mißt man für eine ganze Reihe von Meßpunkten das Verhältnis aus E/H in einem einzigen engen Frequenzband, so erhält man ein Profil der scheinbaren spezifischen Widerstände eines ungefähr konstanten Tiefenbereichs. Um die Auswahl der wirksamen Frequenzen zu erleichtern, führt man zu Beginn einige AMT-Sondierungen durch.

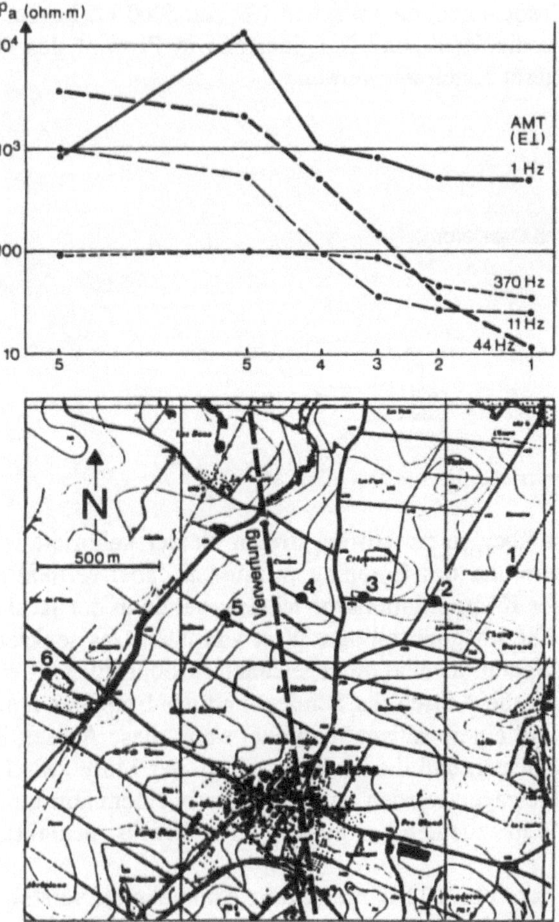

Abb. 2.30. Mit verschiedenen AMT-Frequenzen bestimmte scheinbare spezifische Widerstände über einer Verwerfung, die von mächtigen quartären Ablagerungen überdeckt ist

Mit mobilen Sendern und Empfängern aufgezeichnete Profile. Diese Art von Geräten (Typ Slingram, EM-GUN etc.) enthält einen Sender, der durch ein Kabel mit einem Empfänger mit Kompensationsvorrichtung verbunden ist. Mit ihnen kann das Verhältnis zwischen gesendetem und empfangenem Signal oder die Phasenverschiebung zwischen dem primären und dem resultierenden Feld gemessen werden. Das Kabel, das Sender und Empfänger verbindet, ermöglicht es, den Sender als Referenz zu nutzen (s. Abb. 2.31).

Sind Sender und Empfänger nicht weit voneinander entfernt, so erzeugt die Anordnung ein Dipolfeld, das mit dem Quadrat des Abstandes abnimmt (s. Abb. 2.10).

Oft begnügt man sich mit der Messung einer der Komponenten des resultierenden Feldes, der horizontalen oder der vertikalen; bestimmte Geräte verfügen über zwei oder mehr Frequenzen, die zwischen 100 und 5000 Hz liegen. In den meisten Fällen können die Real- und Imaginärteile in Prozent des Primärfeldes direkt vom Meßgerät abgelesen werden.

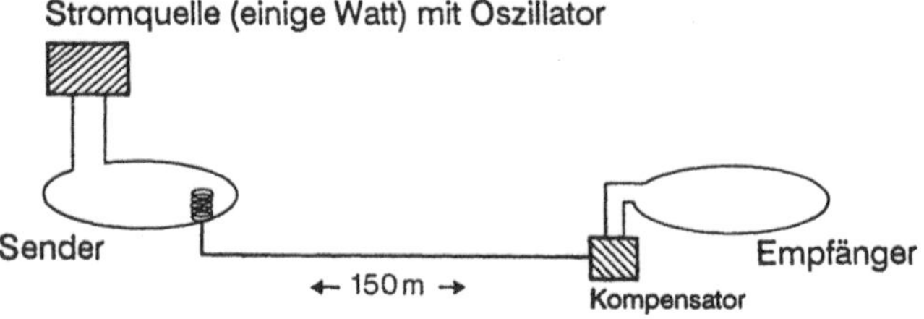

Abb. 2.31. Schema einer Meßvorrichtung vom Typ Slingram

Das Gerät sollte möglichst über einem störungsfreien Gebiet kalibriert werden; die Achsen des Senders und des Empfängers müssen dabei vertikal gehalten werden. Mit Hilfe der Kompensationsvorrichtung hat dann der Realteil den Wert von 100 % und der Imaginärteil den Wert von 0 %. Das senkrecht zur Streichrichtung der leitenden Scheibe aufgezeichnete Meßprofil stellt eine negative Anomalie dar, wenn die Achsen der Sender- und der Empfängerspule vertikal ausgerichtet sind, und eine positive Anomalie, wenn diese Achsen horizontal liegen. Hierbei ist wichtig, daß die Meßwerte bzgl. der Mitte zwischen Sender und Empfänger aufgetragen werden und daß diese in einem konstanten Abstand von etwa 10 - 50 m zueinander entlang des Profils gemeinsam verschoben werden.

Um das Verhalten der in Abb. 2.32 dargestellten Anomalie zu verstehen, muß man sich vorstellen, wie sich das Signal verhält, wenn der Sender von der einen zur anderen Seite der leitfähigen Scheibe bewegt wird.

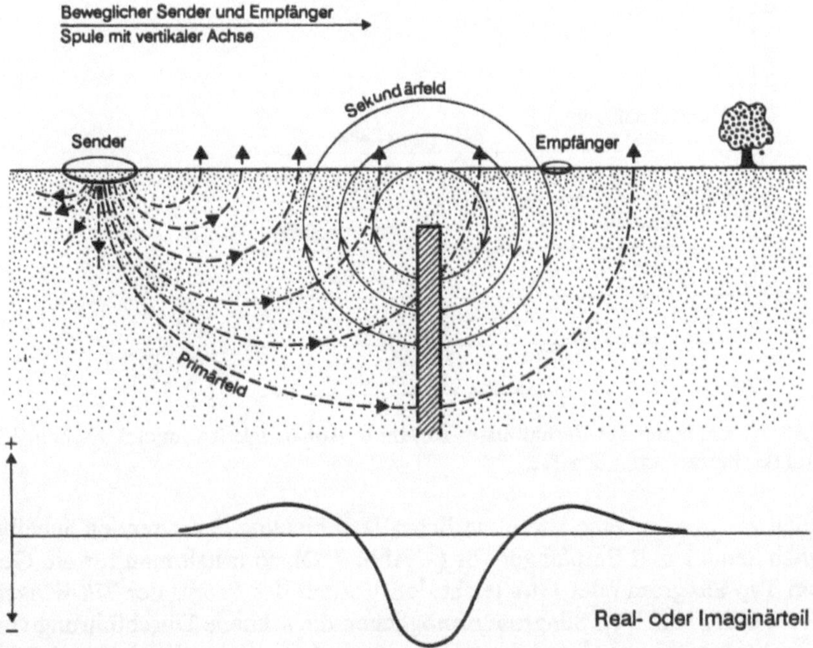

Abb. 2.32. Beispiel für ein Profil über einer vertikal leitenden Scheibe; Realteil in % des Primärfeldes, bestimmt durch Sender und Empfänger mit vertikaler Achse

Für eine vorgegebene Frequenz nimmt die Amplitude der Anomalien genauso wie das Verhältnis Re/Im zu, wenn der Widerstand der Scheibe abnimmt. Häufig wird angenommen, daß ein Verhältnis Re/Im > 1 Kennzeichen für einen guten elektrischen Leiter sei; bei einem Verhältnis < 1 wird der Leiter als mittelmäßig betrachtet. Wenn das Hintergrundrauschen nicht sehr stark ist, kann man davon ausgehen, daß eine Asymmetrie der Anomalie eine Neigung des Störkörpers anzeigt; der Realteil erreicht seinen höchsten Wert in Richtung der Neigung.

Andererseits entspricht der horizontale Abstand zwischen den Maxima des Realteils und den 100 %-Werten auf beiden Seiten der negativen Hälfte (s. Abb. 2.33) ungefähr der Tiefenlage der höchsten Stelle der leitenden Schicht.

Häufig werden Meßgeräte mit beweglichem Sender und Empfänger verwendet, um den Tilt-Winkel zu messen. Hierfür wird die Empfängerspule wie bei VLF-Messungen geneigt. Man bestimmt somit die Richtung der großen Halbachse der Polarisationsellipse und ihre Neigung bezüglich der Horizontalen. Es sei daran erinnert, daß die Polarisationsellipse aus der Addition der oszillierenden Vektoren des Primärfeldes und des Sekundärfeldes hervorgeht.

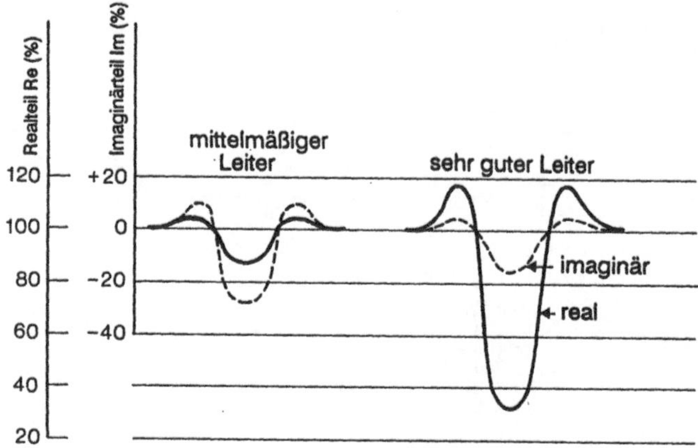

Abb. 2.33. Abschätzung des Verhältnisses Re/Im in Abhängigkeit vom elektrischen Widerstand der betrachteten Scheibe

Stellen wir uns nun eine kontinuierliche Verschiebung der leitenden Scheibe bezüglich Sender und Empfänger vor (s. Abb. 2.32), so erhält man für ein Gerät vom Typ Slingram oder Gun leicht den Verlauf des Profils der *Tilt-Winkel*. Die Meßgeräte vom Typ Slingram ermöglichen die schnelle Durchführung von Untersuchungen, deren Interpretation - zumindest die qualitative - einfach bleibt. Sie haben allerdings folgende Schwachpunkte:

- Tragbare Sender sind nicht sehr leistungsstark, so daß die Untersuchungstiefe begrenzt bleibt; selbst in sehr günstigen Fällen überschreitet diese Tiefe kaum den halben Abstand zwischen Sender und Empfänger.
- Sind Sender und Empfänger nicht weit voneinander entfernt, so nimmt das primäre Feld mit $1/r^3$ ab, so daß jeder Fehler bei *der Positionierung große Meßfehler* bewirkt. Bei bewegtem Gelände muß man den Ergebnissen des Imaginärteils trauen, dieser reagiert weit weniger empfindlich auf die Topographie als der Realteil.
- Schließlich sind die von Gesteinen mit hoher magnetischer Suszeptibilität hervorgerufenen Anomalien sehr vielschichtig und schwer interpretierbar. Diese Anmerkung bezieht sich auf Anomalien, die mit Hilfe von verschiedenen elektromagnetischen Verfahren aufgenommen wurden.

2.8 Anwendungsbeispiele

Die elektromagnetischen Methoden sind für die Untersuchung von Formationen mit intergranularer Porosität gut zu gebrauchen, viel effektiver sind sie allerdings, wenn sie zur Suche nach Klüften oder wasserführenden Karsthohlräumen eingesetzt werden. Sie ergänzen somit sehr gut die Gleichstrom-Messungen, die insbesondere bei der gerade erwähnten Untersuchung der intergranularen Porosität angewendet werden.

2.8.1 Reservoire mit intergranularer Porosität

Am häufigsten begegnet man Reservoiren mit intergranularer Porosität in klastischen Sedimenten. Es kann sich um eine Reihe von Schichten handeln, die große Sedimentationsgebiete füllen, um Deltaablagerungen, sehr alte fluviatile Kanäle, periglaziale Formationen oder auch um Alterite.

Die spezifischen Widerstände dieser Formationen variieren in einem sehr weiten Bereich. Konglomerate, z.B. schlecht sortierte, sind in der Regel wenig porös und haben deshalb einen hohen elektrischen Widerstand; dasselbe gilt für gut zementierte Sandsteine. Im Gegensatz dazu sind Tone und impermeable, aber sehr poröse Schluffe sehr gute elektrische Leiter. Die klassischen Reservoirgesteine wie Kies, Sand oder wenig zementierter grober Sandstein zeigen oft mittlere spezifische Widerstände.

Diese geologischen und petrophysikalischen Eigenschaften sind für den systematischen Einsatz elektromagnetischer Methoden nicht sehr günstig.

Tatsächlich können trotz zahlreicher elektromagnetischer Verfahren Schichten mit mittleren Widerständen, die eigentlich die besten Reservoire darstellen, kaum unterschieden werden. Darüber hinaus begrenzt das Vorhandensein von gut leitenden Schichten im Untergrund die Untersuchungstiefe für Methoden, die mit Wechselstrom arbeiten.

Es sei daran erinnert, daß in einer elektrisch homogenen Schicht die Stärke des Wechselstroms konstanter Frequenz mit der Tiefe und invers zur Wurzel des spezifischen Widerstands des Erdbodens abnimmt. Dagegen wird in einer homogenen Schicht die Abnahme der Stärke des Gleichstroms mit der Tiefe nicht vom Wert des spezifischen Widerstands beeinflußt.

Trotz dieser Einschränkungen können elektromagnetische Messungen bei der Untersuchung intergranularer Porosität verwendet werden, insbesondere wenn die Erdoberfläche einen hohen elektrischen Widerstand hat und die Emission des Stromes in den Untergrund durch Elektroden sehr erschwert. VLF-Messungen sind unter bestimmten Bedingungen sehr effektiv, einfach und schnell durchzuführen: sie erfordern lediglich ein leichtes Gerät.

Abbildung 2.34 zeigt für einen günstigen Fall die gute Übereinstimmung zwischen den Isolinien gleichen spezifischen Widerstands, die auf einer Seite mit dem VLF-Verfahren und auf der anderen Seite mit einem klassischen Gleichstrom-Kartierungsverfahren ermittelt wurden.

Obwohl diese Isolinien gut übereinstimmen, sind die durch das VLF- bzw. das klassische Gleichstromkartierungsverfahren bestimmten spezifischen Widerstände nicht identisch; der Unterschied beruht auf den verschiedenen Untersuchungstiefen.

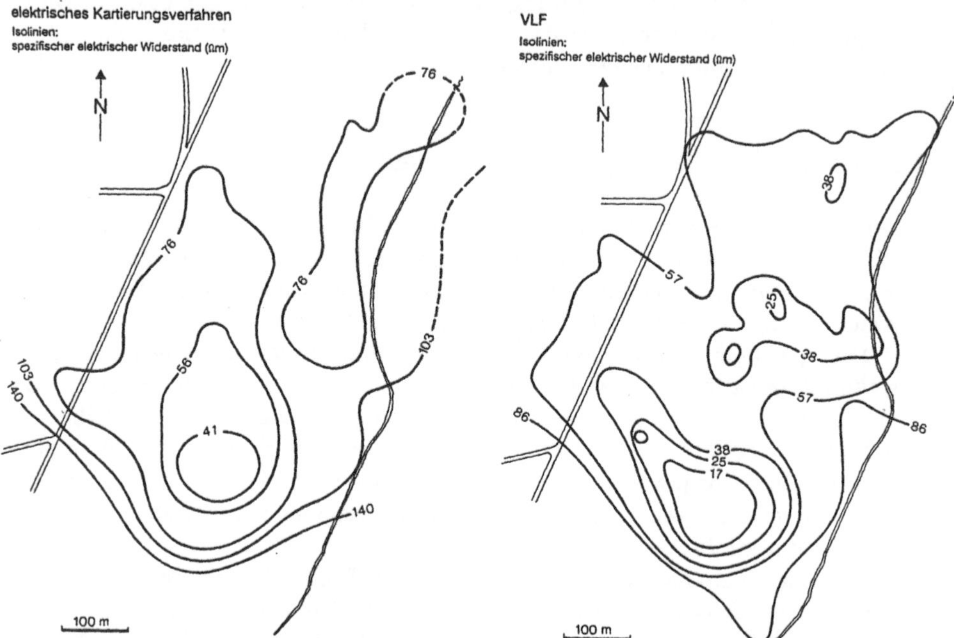

Abb. 2.34. Vergleich zweier Karten spezifischer elektrischer Widerstände desselben Gebietes; linke Karte: durch klassische Gleichstrom-Kartierungsverfahren ermittelte Werte; rechte Karte: durch VLF-Verfahren ermittelte Werte (nach Greenhouse u. Harris 1983)

Messungen mit der VLF-Methode sind viel schneller durchzuführen als mit dem klassischen Gleichstromverfahren. Im Gegensatz dazu ermöglicht das Gleichstromverfahren verschiedene Untersuchungstiefen; das VLF-Verfahren ist auf eine einzige Tiefe beschränkt. Die Geräte vom *Typ Slingram* mit beweglichem Sender verfügen über verschiedene Frequenzen und ermöglichen dadurch, diese Einschränkung prinzipiell zu überwinden. Währenddessen bleibt, wie wir gesehen haben, mit dieser Art von Gerät die Untersuchungstiefe meistens gering; aus diesem Grund wird die Methode im allgemeinen zur Untersuchung lateraler Variationen in der Nähe der Erdoberfläche verwendet. Kleine Abstandsveränderungen bei der Aufstellung von Sender und Empfänger bewirken sehr große Fehler. Diese stören wenig bei rein qualitativen Untersuchungen, wie z.B. der Lokalisierung elektrisch leitender Klüfte; sie werden katastrophal, sobald es darum geht, mit großer Genauigkeit den spezifischen Widerstand oder die Tiefe elektrisch leitender Klüfte oder wasserführender Schichten zu bestimmen.

Das *audiomagnetische Verfahren AMT* wird häufig bei der Untersuchung von wasserleitenden Schichten mit intergranularer Porosität verwendet. Dieses Verfahren kann sowohl bei elektrischen Sondierungen eingesetzt werden als

Die AMT-Sondierungen sind - wie bereits angedeutet - nicht sehr geeignet, Schichten mit wenig unterschiedlichen spezifischen Widerständen zu charakterisieren. Dagegen ermöglichen diese Sondierungen eine sehr gute Detektion elektrisch leitender Schichten sowie mächtiger Schichten mit hohem Widerstand.

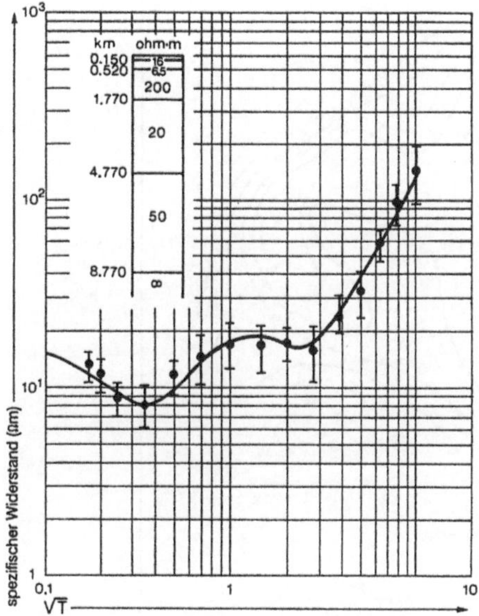

Abb. 2.35. AMT-Sondierung eines Untergrundes mit unendlich hohem Widerstand (nach Dupis 1971)

Durch diese Eigenschaften ist das AMT-Verfahren ein sehr wichtiges Hilfsmittel zur Untersuchung sedimentärer Becken, denn nicht selten sind diese im Liegenden durch mächtige ton- oder mergelhaltige Schichten, durch Sand oder durch mit Salzwasser gesättigten Sandstein begrenzt. In all diesen Fällen kann der leitfähige Untergrund sehr leicht durch AMT-Sondierungen ermittelt werden. Auch bei der Lokalisierung der unteren Grenze eines sedimentären Beckens, das sich über einem massiven Sockel mit hohem Widerstand befindet, sind AMT-Sondierungen sehr effektiv. Bis ca. 50 m Tiefe sind sie wenig bzw. fast überhaupt nicht anwendbar, aber unentbehrlich bei Untersuchungstiefen über 500 m.

Für AMT-Profile der scheinbaren spezifischen Widerstände gilt Analoges: sie ermöglichen es, schnell eine Untersuchung für große Tiefen durchzuführen.

Die in Abb. 2.36 dargestellte Karte wurde durch eine Auswahl scheinbarer spezifischer Widerstände für eine Frequenz von 7,5 Hz erstellt. Die gemessenen ρ_a-Werte kennzeichnen die ersten 200 bis 300 m des Untergrundes.

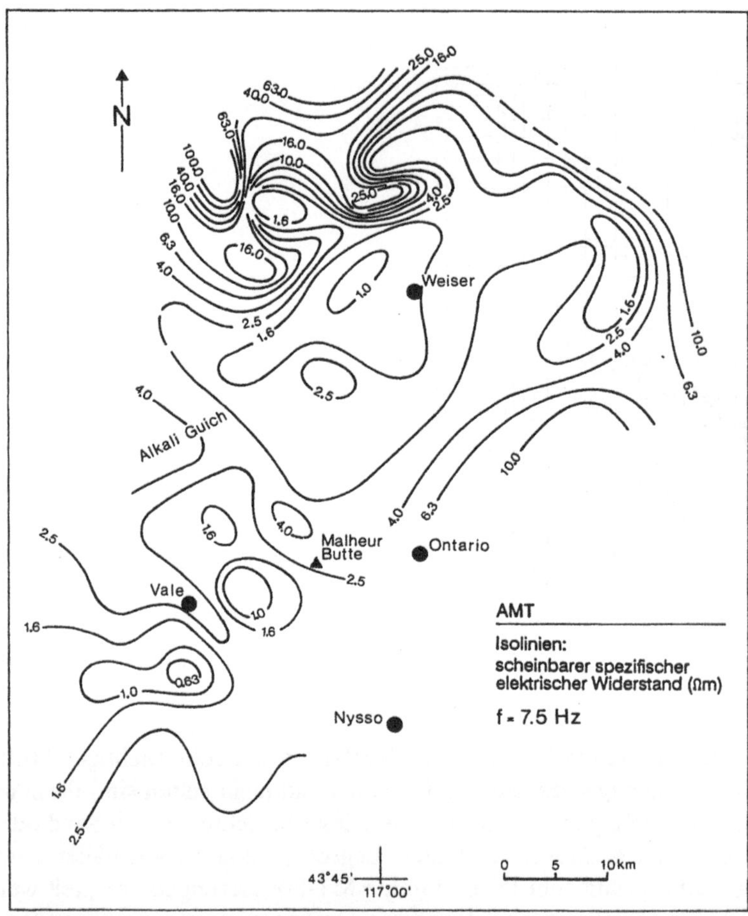

Abb. 2.36. Karte der mit AMT-Sondierungen ermittelten scheinbaren spezifischen Widerstände (nach Long u. Kaufmann 1980)

Man muß daran erinnern, daß die Untersuchungstiefe von den oberflächennahen spezifischen Widerständen abhängt. Aus diesem Grund kann die Mächtigkeit der Schicht, die durch ein AMT-Profil untersucht wird, extrem stark schwanken.

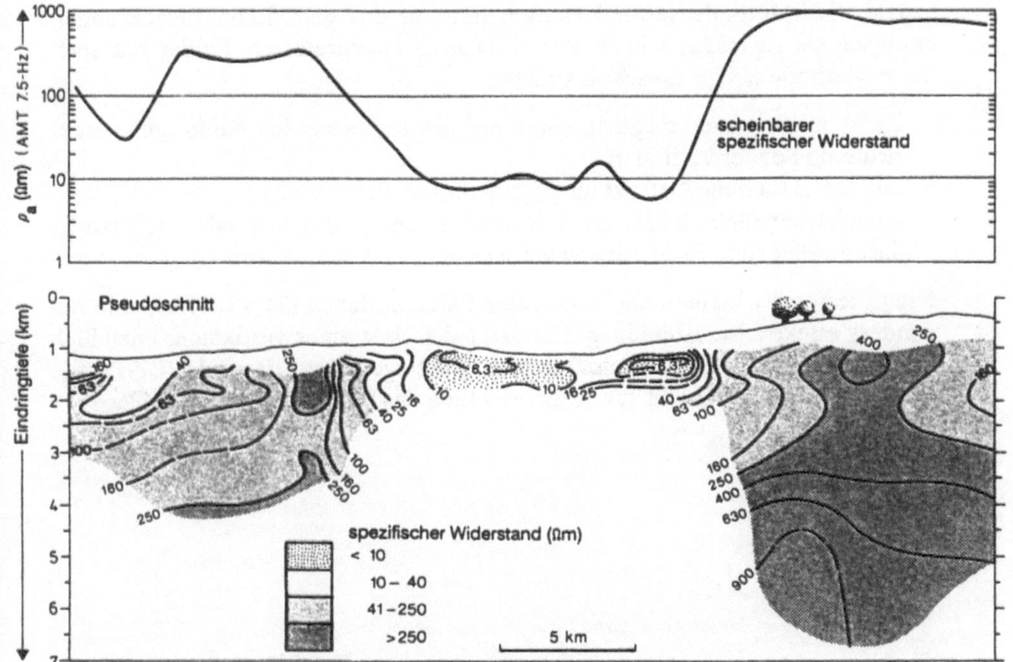

Abb. 2.37. Profil der durch AMT-Verfahren bestimmten scheinbaren spezifischen Widerstände, bemerkenswert sind die starken Tiefenvariationen (nach Jackson u. O'Donnell 1980)

2.8.2 Reservoire mit kluftartiger Porosität

Manche der elektromagnetischen Methoden lassen sich besonders gut bei der Suche nach wasserführenden Klüften einsetzen. Wir werden hier die Möglichkeiten zweier solcher Verfahren untersuchen: VLF und das Verfahren nach Slingram.

In kristallinen Bereichen sind die einzigen bedeutenden Reservoire aus isolierten oder untereinander verbundenen Klüften aufgebaut. Die Suche nach und der Abbau von solchen Reservoiren ist schwierig; Bohrungen und Brunnen sind nur produktiv, wenn sie an der besten Stelle angebracht sind; bei ihrer Positionierung genügen einige Meter Abweichung, und sie werden völlig unproduktiv.

Um eine entsprechend hohe Genauigkeit zu erlangen, benötigt man ein leichtes Gerät, um viele Messungen durchführen und die Anomalien perfekt einkreisen zu können - und dies alles ohne großen Zeitaufwand. Andererseits muß das verwendete Verfahren eine einfache, schnelle und möglichst eindeutige qualitative Interpretation gewährleisten.

Die VLF-Methode besitzt Eigenschaften, die den gestellten Anforderungen genügen; sie ist leicht, schnell und einfach zu interpretieren. Leider hat auch diese Methode einige Einschränkungen:

- Es ist nicht immer möglich, einen auf die zu suchenden Klüfte gut ausgerichteten Sender zu finden.
- Die Untersuchungstiefe ist im allgemeinen größer als 40 m.
- Oberflächennahe, leitfähige Schichten können teilweise oder vollständig darunterliegende Formationen verdecken.

Nichtsdestotrotz bleiben einige günstige Fälle, in denen die VLF-Methode besonders effektiv ist. Abbildung 2.38 zeigt die über einer vertikalen, unendlich leitfähigen Stuktur (ein Modell) erhaltenen Ergebnisse. Es sind VLF-Profile senkrecht und in Winkeln zur Streichrichtung des Störkörpers dargestellt.

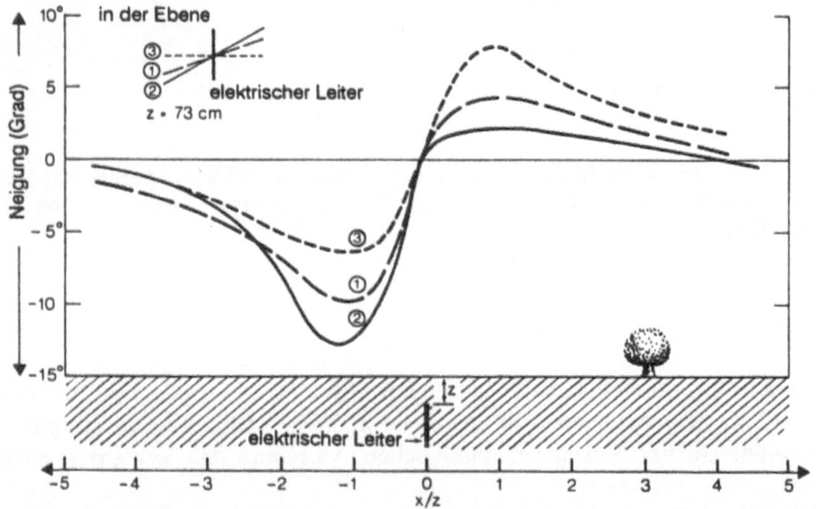

Abb. 2.38. Berechnete VLF-Profile, Schnitte senkrecht und schräg zur Streichrichtung des Störkörpers (nach Telford et al. 1976)

Es ist oft einfacher, die Profile von Winkelwerten in Profile der Gradienten oder der Neigung umzurechnen. Die Ergebnisse lassen sich dann viel leichter ablesen. Man kann zeigen, daß die Tiefenlage der Oberkante eines schmalen leitenden Körpers gleich oder geringer ist als der Abstand zwischen dem Extremum und dem Wert 0 des Gradienten.

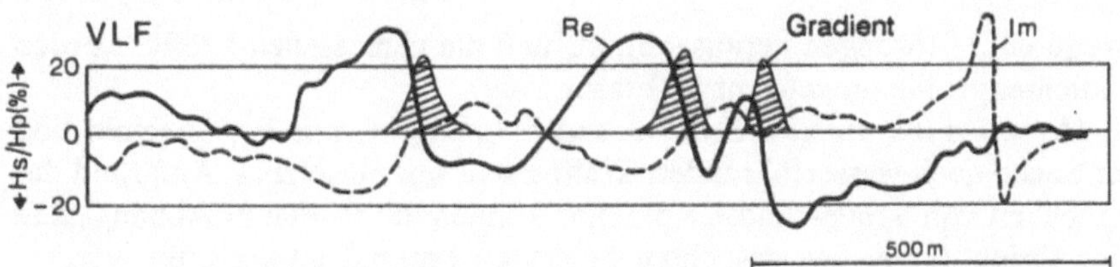

Abb. 2.39. Umformung eines VLF-Profils in Gradienten (nach Mares 1984)

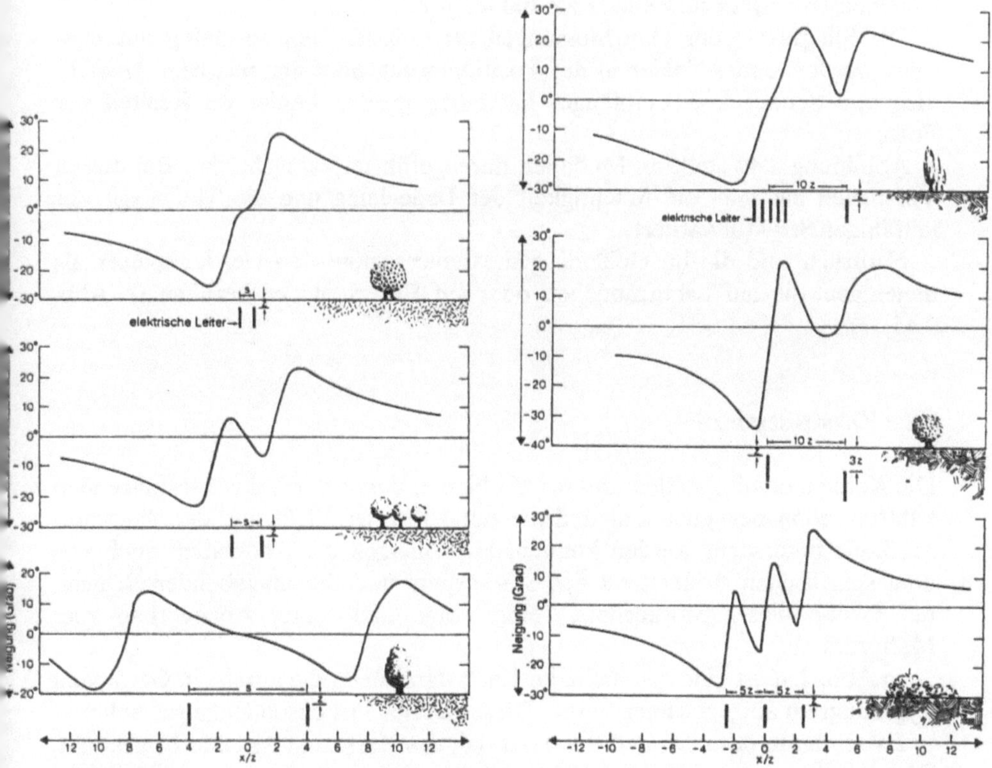

Abb. 2.40. Experimentelle VLF-Profile (Modelle) über mehrere leitfähige vertikale parallele Scheiben (nach Telford et al. 1976)

Enthält der Erdboden nicht eine, sondern mehrere vertikale leitende Schichten, wie z.B. wasserführende Klüfte, so können die einzelnen Anomalien sehr komplex werden. Dies ist in Abb. 2.40 dargestellt, die Telford et al. (1976) entnommen ist. Die in Abb. 2.41 und 2.42 dargestellten Beispiele entstammen Geländeaufzeichnungen. Sie zeigen einige der Schwierigkeiten, denen der Geophysiker begegnet.

In Abb. 2.43 ist eine Kurve mit Winkelmessungen dargestellt, die einem *Fraserschen Filter* unterworfen wurde. Durch dieses Filter wird ein Großteil hochfrequenter Störungen herausgefiltert, und die gemessenen Profile werden in Gradientenprofile umgeformt (s. Fraser 1969).

Die *Methoden mit mobilen Sendern und Empfängern vom Typ Slingram* sind bei der Suche nach wasserführenden Klüften sehr gut einsetzbar. Aufgrund der Beweglichkeit von Sender und Empfänger können die Profile in Abhängigkeit von der Orientierung der gesuchten Schichten optimal ausgerichtet werden. Zahlreiche Geräte verfügen über zwei oder mehr Sendefrequenzen, so daß sich die Untersuchungstiefe verändern läßt. Sie bleibt aber trotzdem gering, im allgemeinen beträgt sie weniger als 100 m.

Die Slingram- oder Gun-Messungen etc. müssen sehr sorgfältig durchgeführt werden. Jeder Fehler in der Positionierung oder der relativen Ausrichtung von Sender und Empfänger hat einen großen Fehler im Realteil zur Folge.

Abbildung 2.44 stellt an Modellen durchgeführte Versuche dar. Bei diesen Versuchen hat man die Mächtigkeit der Bedeckung und die Tiefenlage der leitfähigen Struktur variiert.

Natürlich sind die im Gelände gemessenen Anomalien viel komplexer als diejenigen, die auf Labormodellen oder auf Berechnungen beruhen (s. Abb. 2.45).

2.8.3 Karstreservoire

Die Karstreservoire stellen uns vor Probleme, denen wir bei wasserführenden Klüften schon begegnet sind und die mit Hilfe der VLF- und der Slingram-Methode untersucht werden können. Hier hängen die Anomalien noch von dem spezifischen Widerstand des Störkörpers und der umgebenden Schicht, der Größe dieses Störkörpers, seiner Lage und seiner Ausrichtung zum Meßprofil ab.

In Abb. 2.46 ist eine Anomalie im Karst dargestellt, die durch ein Gerät vom Typ Slingram aufgezeichnet wurde. Dieses Beispiel ist besonders anschaulich.

Es sei daran erinnert, daß das Material, das Karst und leitende Klüfte füllt, Wasser, aber auch tonhaltiges Material mit einem sehr geringen Widerstand sein kann.

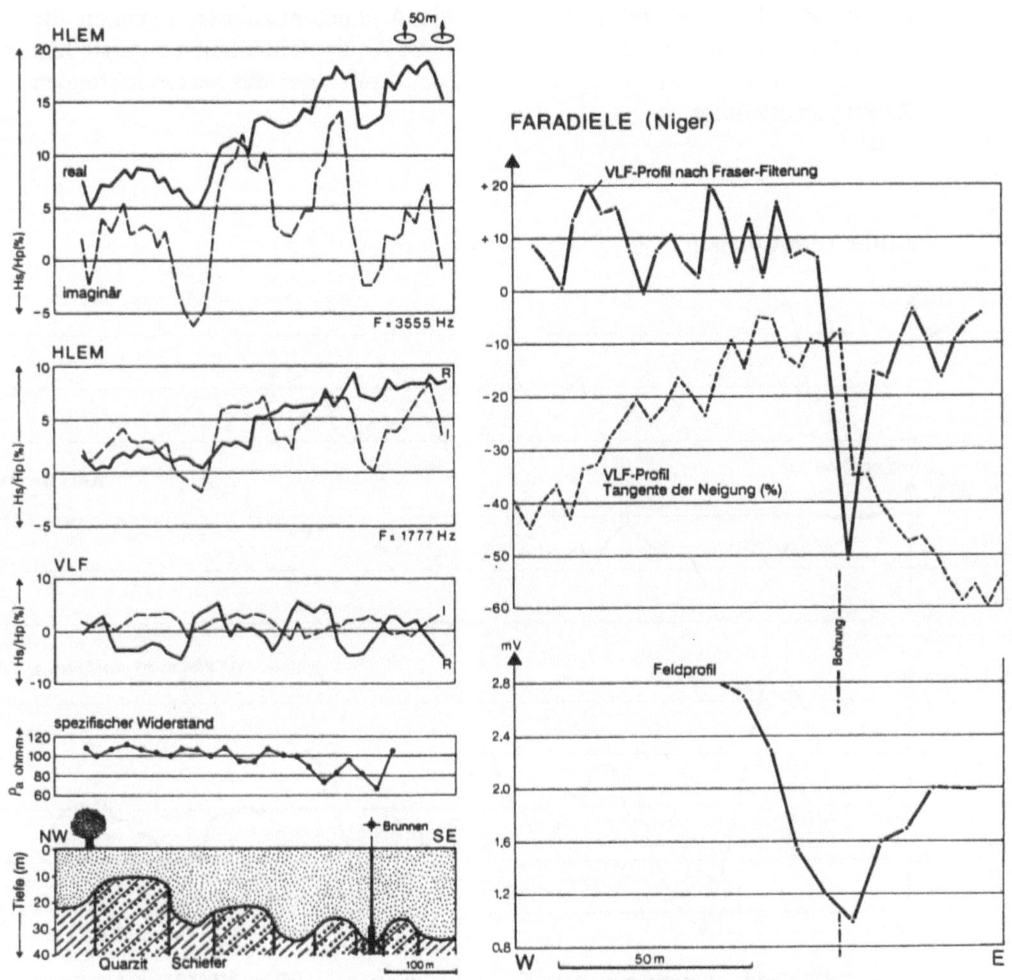

Abb. 2.41. VLF-, Slingram- und Gleichstrom-Profile im Gelände (nach Palacky et al. 1981)

Abb. 2.42. Vergleich eines VLF- und eines Feldprofils (Gleichstrom) des Geländes

2.9 Die Mise-à-la-Masse-Methode im Bereich von Klüften und karstartigen Aquiferen

Bei der klassischen Mise-à-la-Masse-Methode wird Gleichstrom direkt in eine elektrisch leitfähige Struktur geleitet (metallische Ader, Kluft oder wasserführender Karst); ist diese Struktur einmal an die Stromquelle angeschlossen, so wird sie praktisch zu einer Art Emissionselektrode, sofern sie bezüglich der

Umgebung elektrisch gut leitfähig ist; die Äquipotentiallinien zeichnen die Form der Struktur nach. Es genügt somit, die Äquipotentiallinien zu erstellen, um ungefähr die Erstreckung der Ader, der Kluft oder des wasserführenden Karstes zu erkennen.

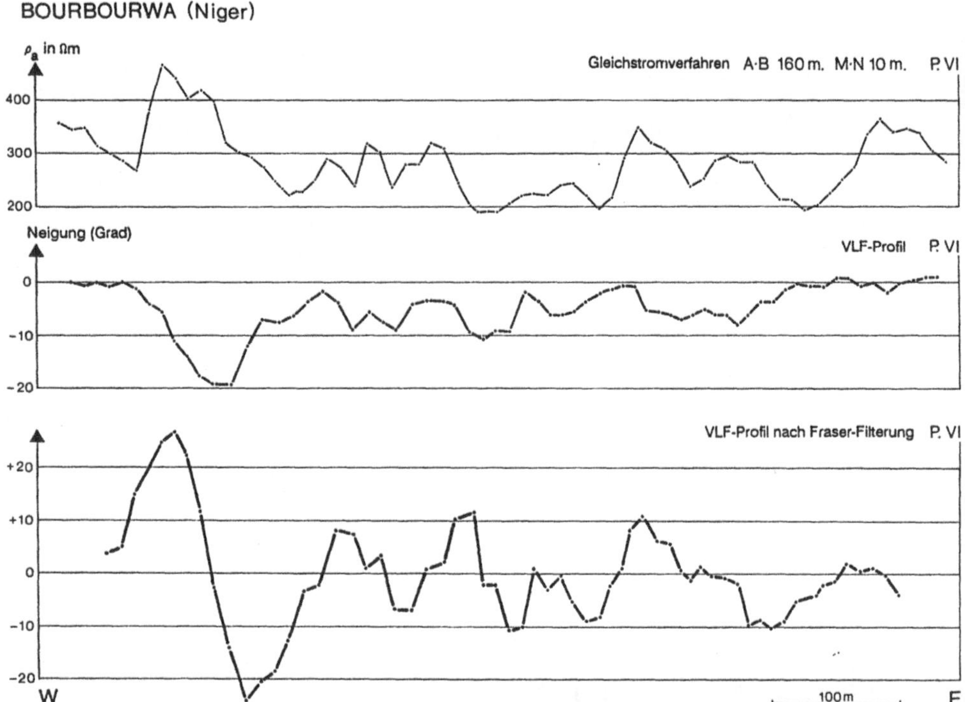

Abb. 2.43. Vergleich zwischen dem Gleichstromverfahren, dem VLF-Verfahren und dem mit Fraser-Filter geglätteten VLF-Verfahren

Der Einsatz dieser klassischen Methode unter Verwendung von Gleichstrom ist langwierig und schwierig, wenn die Erdoberfläche einen sehr hohen Widerstand hat. In relativ vielen Fällen ist es vorteilhafter, die im folgenden beschriebenen Methoden zu verwenden, die mit Wechselstrom arbeiten. Abbildung 2.47 zeigt ein Anwendungsbeispiel dafür.

Eine der Emissionselektroden wurde im Wasser einer Karsthöhle angebracht, die zweite weit entfernt auf der Oberfläche. Der verwendete Generator ermöglichte eine Stromerzeugung mit einer Frequenz von 16 kHz. Der Empfänger war ein handelsüblicher VLF-Empfänger. Die Anomalien zeichnen sehr genau die Lage der Höhle nach, wie sie bereits vorher durch Höhlenforscher bekannt war.

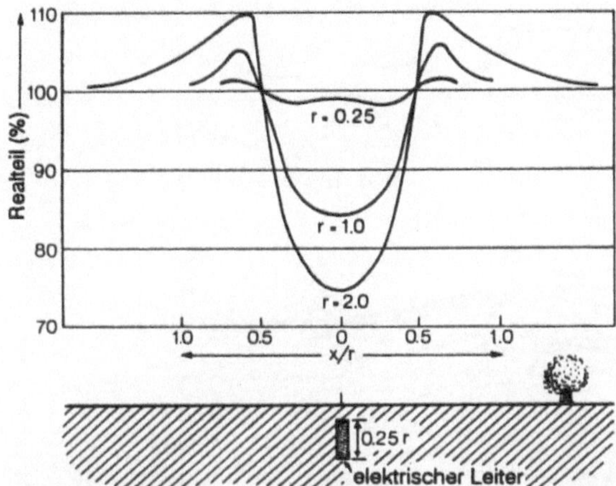

Abb. 2.44. Slingram-Profile über einer vertikalen Struktur unter Berücksichtigung verschiedener Tiefen (Modell) (nach Keller u. Frischknecht 1982)

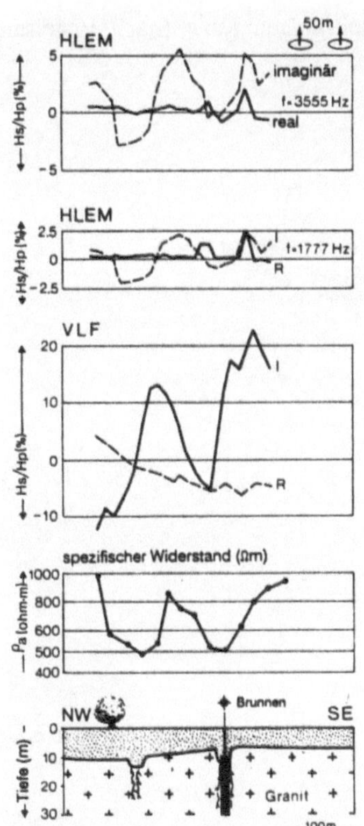

Abb. 2.45. Vergleich zwischen Slingram-, VLF- und Gleichstrom-Profilen über zwei vertikalen Klüften (nach Palacky et al. 1981)

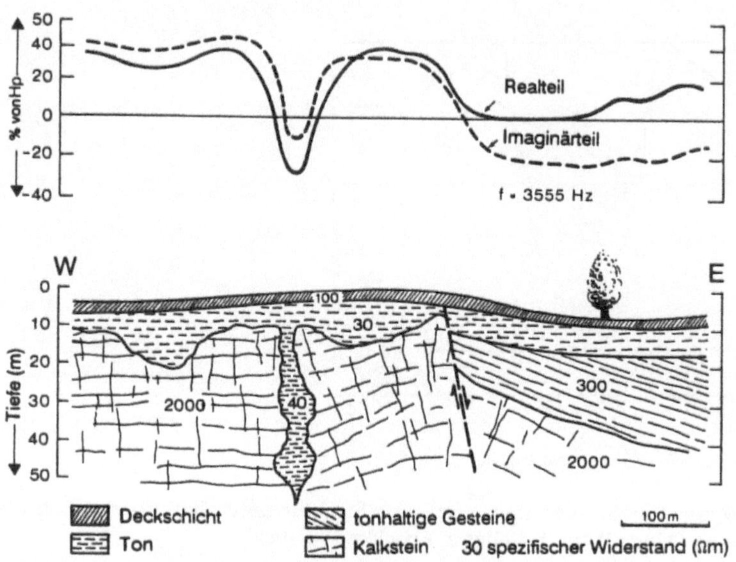

Abb. 2.46. Elektromagnetische Profile über einem leitfähigen Karst (nach Vogelsang 1987)

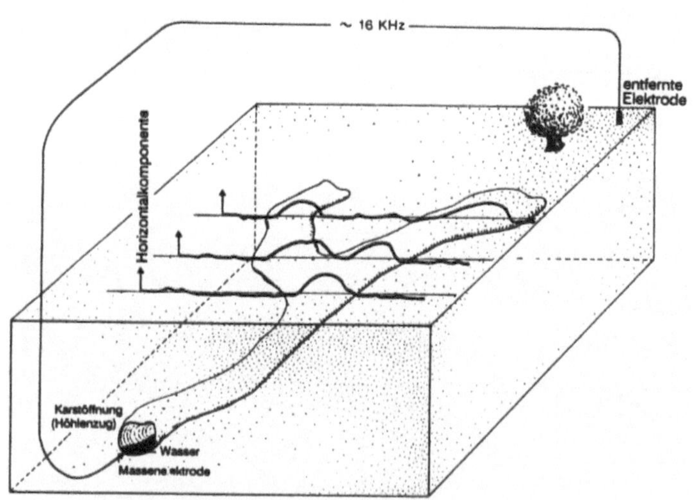

Abb. 2.47. Aufstellung der Mise-à-la-Masse-Vorrichtung über wasserführendem Karst (Detektion durch Induktion)

3 Gravimetrie

3.1 Einführung

Die Gravimetrie gilt als schwierig, kostspielig und nicht sehr produktiv; aus diesen Gründen wird sie für die Suche nach Wasser sehr selten angewandt.

Die klassische Gravimetrie, die ursprünglich von Geodäten entwickelt wurde und in zahlreichen Abhandlungen beschrieben wurde, stellt durch ihre Einschränkungen den Forscher oft vor Probleme. Wir stellen sie hier nur vor, um damit verschiedene, insbesondere hydrologische Probleme lösen zu können, bei denen es möglich ist, eine schnelle, einfache und leicht zu handhabende Gravimetrie durchzuführen.

3.2 Grundlagen

Die Newtonsche Anziehungskraft $F = Gm_1m_2/r^2$ übt auf jede Masse, die sich in der Nähe der Erdoberfläche befindet, eine Beschleunigung g aus, die als Gravitationsbeschleunigung oder auch einfach als Schwerkraft bezeichnet wird. Wäre die Erde im Weltraum vollständig isoliert, perfekt rund, unbeweglich und aus homogenen und konzentrischen Schichten aufgebaut, so hätte g überall denselben Wert. Da die Erde keine dieser Eigenschaften besitzt, ändert sich die Gravitationsbeschleunigung von einem Punkt zum anderen. Diese Variationen haben verschiedene geologische und nichtgeologische Ursachen.

3.3 Nichtgeologische Ursachen für Variationen von g

Abbildung 3.1 stellt einen Schnitt durch ein Gelände dar, das petrographisch perfekt homogen ist; dennoch sind die gemessenen Werte für die Gravitationsbeschleunigung an den Punkten P_1, P_2 und P_3 verschieden. Die Gründe für diese Unterschiede werden im folgenden beschrieben.

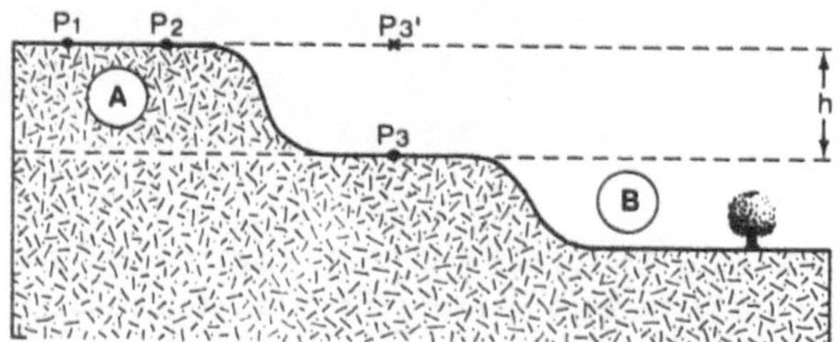

Abb. 3.1. Auswirkung der Höhe auf die Werte von g

Die relative Höhe (Freiluftkorrektur). Die Punkte P_1 und P_2 sind vom Gravitationszentrum der Erde weiter als P_3 entfernt, folglich ist dort die Gravitationsbeschleunigung geringer. Man kann zeigen, daß die Abnahme von g ungefähr den Wert $\Delta g = 0{,}308$ mgal/m hat, wenn man sich in der Luft von der Erde entfernt.

Um diese Änderung von g, die nichts mit geologischen Ursachen zu tun hat, zu eliminieren, muß man alle Messungen auf ein Bezugsniveau beziehen; deshalb genügt es, eine Größe Δg, die sich durch obige Formel leicht berechnen läßt, den gemessenen Werten hinzuzufügen oder sie abzuziehen.

Die Einheit der Beschleunigung ist gal bzw. cm/s^2; in der Geophysik verwendet man meistens mgal oder die gravimetrische Einheit (gu), die 1/10 mgal beträgt.

Die Masse zwischen Meßpunkt und Bezugsniveau (Plattenkorrektur). Mit Hilfe der Freiluftkorrektur kann der Punkt P_3 auf den Punkt P'_3 angehoben werden, d.h. auf dieselbe Höhe der Punkte P_1 und P_2 (s. Abb. 3.1). Dennoch ist es erforderlich, unter P'_3 eine Geländeschicht hinzuzufügen, damit die Werte der Gravitationsbeschleunigung an diesen drei Punkten miteinander verglichen werden können. Diese Geländeschicht muß mit der unterhalb von P_1 und P_2 identisch sein. Dadurch vergrößert sich der Wert von g am Punkt P'_3 um den Wert Δg.

$$\Delta g = 0{,}042\,h \cdot \rho \qquad\qquad \text{(Bouguer - Plattenkorrektur)}$$

wobei h die Mächtigkeit der Schicht in m und ρ die Dichte in g/cm^3 ist; Δg wird in mgal ausgedrückt.

Die Topographie (topographische Korrektur). Bei genauer Betrachtung der Abbildungen 3.1 und 3.2 wird man sofort feststellen, daß die bei P_3 gemessene Gravitationsbeschleunigung geringer ist, als man sie bei einer ebenen Topographie messen würde. In der Tat bewirkt die Anhöhe A in Punkt P_3 eine leichte Anziehung nach oben, die der Gravitationsbeschleunigung entgegenwirkt; auf der anderen Seite verursacht das Fehlen von Gestein in der Senke B eine Verringerung der Anziehung nach unten, die in P_3 wirkt und somit auch auf die in diesem Punkt gemessene Gravitationsbeschleunigung g.

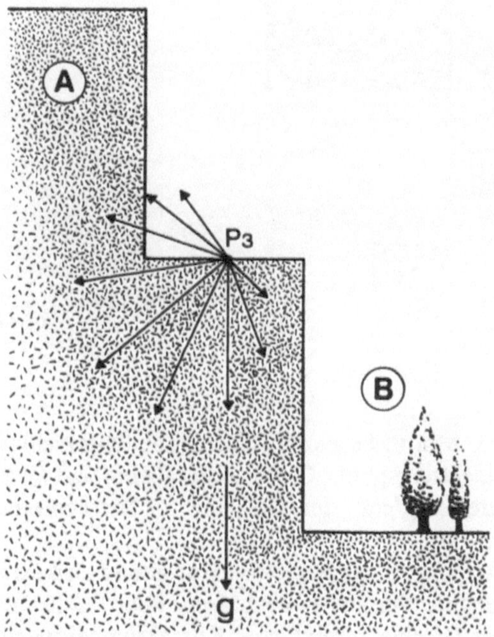

Abb. 3.2. Auswirkung eines unebenen Geländes auf den Wert von g

Dieser dritte Effekt, der keine geologische Ursache hat, muß durch topographische Korrekturen ausgeglichen werden. Diese können anhand verschiedener Verfahren mit Computern berechnet werden, die mehr oder weniger alle aus dem *Hayfordschen Ring* und den Tabellen von *Cassini* hergeleitet wurden.

Diese Korrekturen beruhen auf folgendem Prinzip: Das Gebiet, das den Meßpunkt umgibt, wird in verschiedene konzentrische Ringe aufgeteilt, die wiederum in verschiedene Bereiche unterteilt werden.

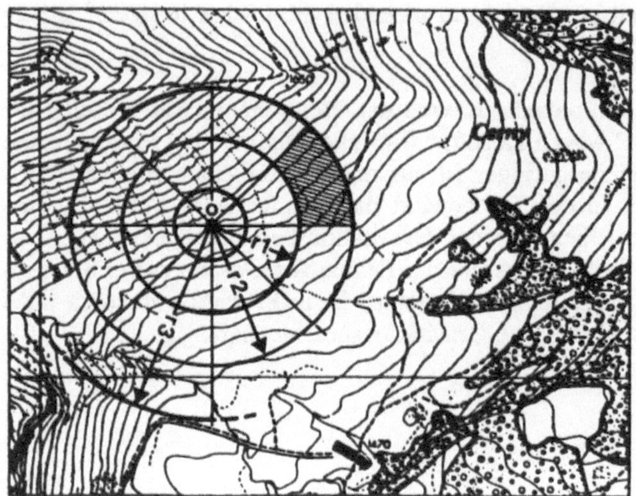

Abb. 3.3. Ring für die topographische Korrektur

Die Anziehung jedes Ringes beträgt:

$$\Delta g_{cor.} = G \cdot 2\pi \cdot \rho \left[r_2 - r_1 + \sqrt{r_1^2 + h^2} - \sqrt{r_2^2 + h^2} \right]$$

$$= 0{,}042 \cdot \rho \left[r_2 - r_1 + \sqrt{r_1^2 + h^2} - \sqrt{r_2^2 + h^2} \right]$$

$$(3.1)$$

wobei Δg in mgal ausgedrückt wird, h in m beschreibt den Höhenunterschied zwischen dem Ring und dem Beobachtungspunkt O. G ist die allgemeine Gravitationskonstante, ρ ist die Dichte in g/cm^3 der Gesteine im betrachteten Ring.

Es ist sehr mühsam, diese Auswirkungen der Reliefstruktur genau zu korrigieren (bei manchen Untersuchungen wurden Korrekturen über mehr als 160 km vorgenommen); häufig aber ist eine vereinfachte Korrektur bei wenig bewegtem Gelände in geringer Entfernung ausreichend und sehr leicht durchzuführen.

Die geographische Korrektur (Breitenkorrektur). Aufgrund der Abplattung der Erde und ihrer Rotation um die Erdachse nimmt der Wert von g von den Polen in Richtung Äquator ab. Diese Abnahme ist allerdings nicht linear. In unmittelbarer Nähe zu den Polen und zum Äquator ist sie sehr gering, ihren höchsten Wert erreicht sie bei einer Breite von ungefähr 45°. Sie beträgt zum Beispiel in der Schweiz (47°) ungefähr 1,3 mgal/km und im Sahelgebiet (Bamako, 13°) ungefähr 0,6 mgal/km. Bei Untersuchungen, die sich über Gebiete von zehn bis mehrere hundert Quadratkilometer ausdehnen, kann diese Änderung mit der Breite als linear betrachtet werden.

Stellung des Mondes und der Sonne (Gezeiten-Korrektur). Wie der Name Gezeiten schon sagt, ist die Auswirkung des Mondes und der Sonne auf der Erdoberfläche von der Zeit abhängig. Abbildung 3.4 vermittelt eine Vorstellung über die Größenordnung dieser zeitlichen Variationen. Mit Hilfe der Tabellen, die jedes Jahr von der European Association of Exploration Geophysicists veröffentlicht werden, läßt sich dieser Gezeiten-Effekt leicht vorhersagen und bei Bedarf von den Messungen abziehen.

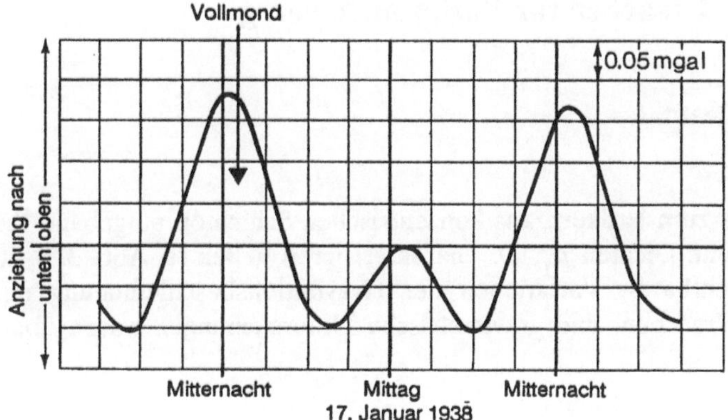

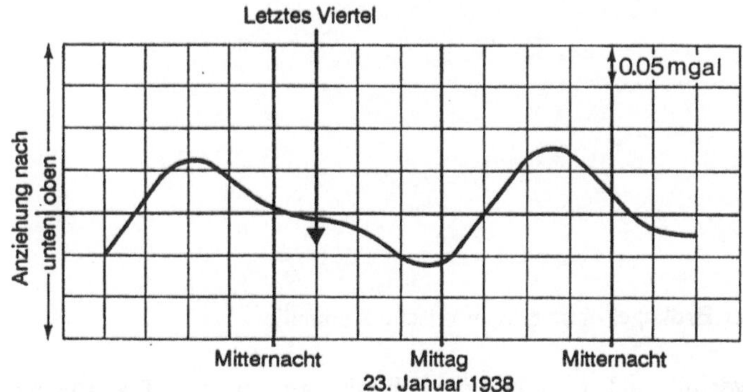

Abb. 3.4. Beispiel für Gezeiten-Variationen (nach Nettleton 1940)

Gerätedrift (Korrektur der Drift). Die verwendeten Gravimeter wurden für eine *relative* Messung von g konstruiert. Sie enthalten im allgemeinen eine Feder, deren Ausdehnung von Variationen von g abhängig ist. Leider verlängern sich diese Federn in Ruhelage gerade so, als ob die Gravitationsbeschleunigung zunehmen würde, obwohl sie sich eigentlich nicht verändert. In den günstigsten Fällen entspricht diese Drift für ein *Lacoste-Romberg*-Gravimeter einer scheinbaren Zunahme von g zwischen 0 und 0,01 mgal/h. In ungünstigen Fällen kann diese Drift 0,05 und sogar 0,1 mgal/h erreichen.

Bei gravimetrischen Untersuchungen müssen also alle die genannten Variationen von g mit nichtgeologischen Ursachen berücksichtigt werden. Hierfür gibt es verschiedene Methoden; die einen sind genauer, die anderen schneller durchzuführen. Der Geophysiker muß von Fall zu Fall entscheiden, bis zu welchem Grad er bei den gesuchten Schichten und entsprechend der geologischen und topographischen Umgebung Ungenauigkeiten tolerieren kann.

3.4 Geologische Ursachen für Variationen von g

3.4.1 Modell und Realität

Wäre die Erde bis zum Erdkern aus konzentrischen Schichten aufgebaut, die sich durch homogene Dichten ρ_1, ρ_2 charakterisieren ließen (s. Abb. 3.5), so hätten die beobachtbaren Variationen der Gravitationsbeschleunigung nur nichtgeologische Ursachen, und gravimetrische Untersuchungen wären überflüssig.

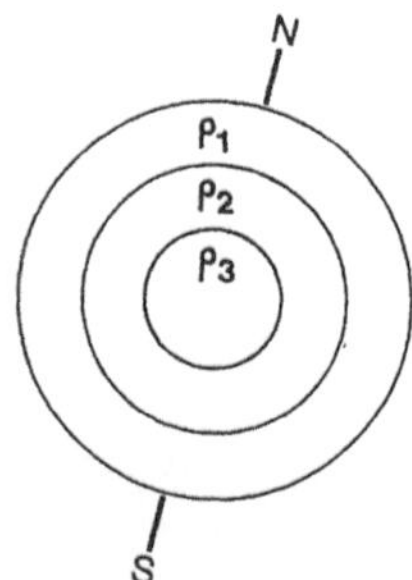

Abb. 3.5. Modell einer Erdkugel ohne gravimetrische Anomalie

Glücklicherweise verhält sich dies in Wirklichkeit ganz anders: Die Flächen, die die verschiedenen petrographischen Formationen mit unterschiedlichen Dichten voneinander trennen, wurden durch Erosion, durch die Tektonik und durch magmatische Einbrüche verformt. Sie sind alles andere als parallel. Deshalb trifft man auf sehr verschiedene Gesteine, wenn man den Erdboden in einer konstanten Tiefe durchläuft. In dem Maße, in dem diese sich in ihren Dichten unterscheiden, variiert die an der Erdoberfläche gemessene Gravitationsbeschleunigung. Abbildung 3.6 stellt einen solchen Sachverhalt dar; Abb. 3.6a verdeutlicht, wie sich die Gesamtheit der geologischen Formationen, die in Abb. 3.6b schematisch dargestellt sind, auf die an der Erdoberfläche gemessene Gravitationsbeschleunigung auswirken. Man muß hierbei anmerken, daß die *Anomalien* aus den Variationen der Gravitationsbeschleunigung bezüglich eines Normwertes, der noch definiert werden muß, gebildet werden. Man spricht von positiven Anomalien, wenn sie sich durch eine Vergrößerung von g bemerkbar machen und folglich durch einen Massenzuwachs im Erdboden verursacht werden; man spricht von negativen Anomalien, wenn sie auf Massenverringerungen beruhen.

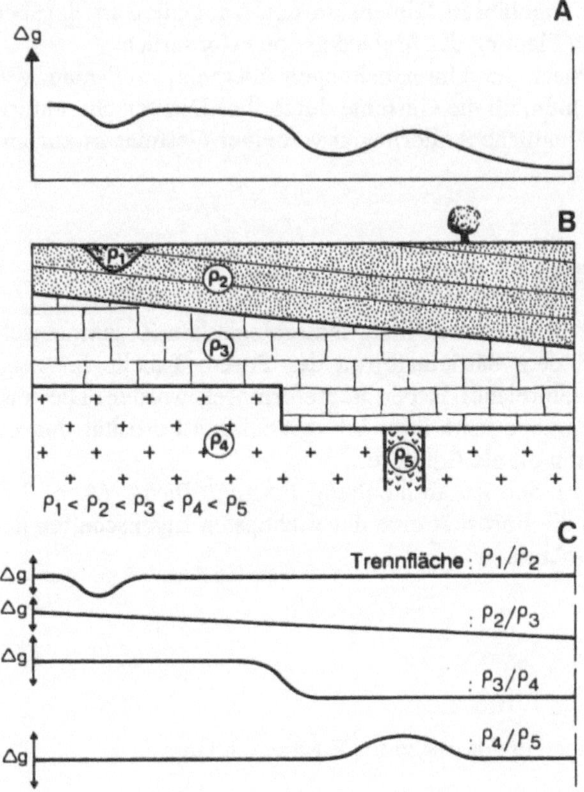

Abb. 3.6 a-c. Variationen von g durch die Summation von geologischen Ursachen

Abbildung 3.6c stellt ein sehr wichtiges Phänomen dar: Die auf der Erdoberfläche gemessene Gravitationsbeschleunigung enthält, nachdem sämtliche Variationen nichtgeologischen Ursprungs abgezogen worden sind, die *Summe der Beiträge jeder Formation im Erdboden*. Im allgemeinen ist bei einer Untersuchung für den Geophysiker nicht die Summe, sondern lediglich der eine oder andere Term von Interesse, z.B. von Klüften in einem tiefen Sockel oder von quartären Erosionskanälen. Man muß deshalb die *Ergebnisse filtern*, damit nur diejenigen weiterverwertet werden, die auf den gesuchten Strukturen beruhen.

Diese Phase der gravimetrischen Untersuchungen ist wahrscheinlich die schwierigste (s. Abschnitt 3.5.3). Glücklicherweise weisen die gesuchten Strukturen, insbesondere bei der Wassersuche, sehr gut erkennbare gravimetrische Eigenschaften auf, die die Auswahl der entsprechenden Anomalien erleichtern.

Für eine solche Filterung muß man, wir wir später sehen werden, a priori eine gute Vorstellung vom Verhalten der an diese Strukturen gekoppelten Anomalien haben.

Diese Vorkenntnis der ungefähren Dimension der Anomalien ist darüber hinaus für eine erfolgreiche Planung der Meßexkursion erforderlich.

Bevor man zu dieser Phase der Untersuchungen übergeht, muß man, wie wir gesehen haben, überprüfen, ob die Gesteine durch ihre Dichten charakterisierbar sind und ob diese deutliche Änderungen von einer Gesteinsart zur anderen besitzen.

3.4.2 Die Dichte der Gesteine

Die Dichten der Gesteine variieren mit ihrer mineralogischen Zusammensetzung, ihrer Porosität und dem Sättigungsgrad der Poren. Tabelle 3.1 zeigt Dichtewerte, die anhand zahlreicher Experimente ermittelt wurden. Die ausgewählten Gesteine dienen angesichts ihrer intergranularen Porosität und einer hohen Anzahl an Klüften oft als Aquifere.

In der Hydrogeologie ist der Zusammenhang *Porosität-Dichte* (Abb. 3.7) von großer Bedeutung, da die Porosität eine der wichtigsten Eigenschaften der Reservoire ist. Man kann schreiben:

$$\phi = \frac{\rho_m - \rho_r}{\rho_m} \tag{3.2}$$

Für ein nicht gesättigtes Gestein gilt folgender Zusammenhang:

$$\phi = \frac{\rho_m - \rho_r}{\rho_m - \rho_{\text{Wasser}} \cdot \text{Sättigung}} \tag{3.3}$$

wobei ρ_r die Dichte des Gesteins, ρ_m die Dichte des oder der Minerale, aus denen das Gestein zusammengesetzt ist, und ϕ die Porosität ist. Die Sättigung wird in Prozent ausgedrückt.

Tabelle 3.1. Dichtewerte einiger Gesteine, die Reservoire bilden können

Gesteinsart	Dichte-Bereich (g/cm^3)
Granit	2,5 - 2,7
Basalt	2,7 - 3,3
Quarzit	2,6 - 2,7
Glimmerschiefer	2,5 - 2,9
Gneis	2,7 - 2,8
Amphibolit	2,8 - 3,2
Kohle	1,0 - 1,5
Kreide	1,9 - 2,7
Sandstein	1,8 - 2,7
Kalk	2,6 - 2,7
Dolomit	2,4 - 3,0
Sand	1,4 - 2,0
Kies	1,8 - 2,0
Moräne	1,8 - 2,2
tropischer Alterit	1,6 - 2,0
Ton	1,6 - 2,2

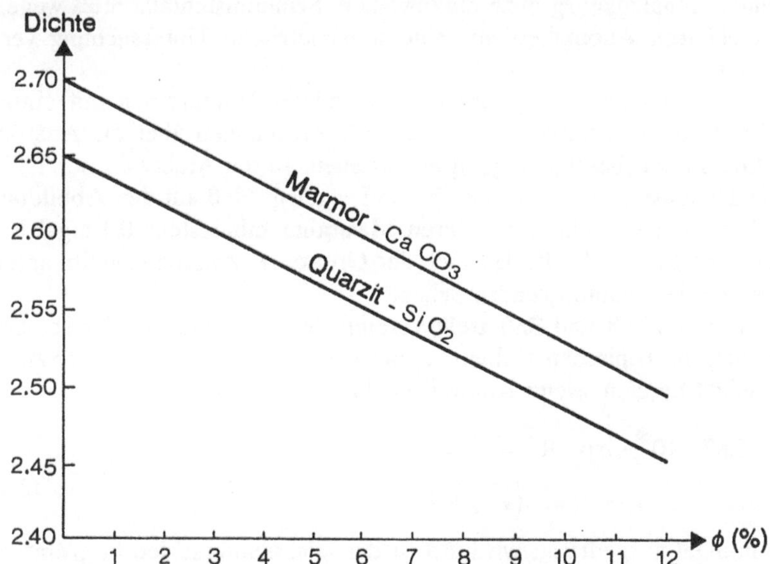

Abb. 3.7. Zusammenhang zwischen Dichte und Porosität

Aus diesen Beobachtungen folgt, daß mögliche Reservoire, die häufig poröser als das umgebende Gestein sind, durch geringe Dichten erkennbar sind und folglich örtliche Abnahmen der Gravitationsbeschleunigung, also negative Anomalien, bewirken.

3.5 Durchführung und Korrektur der Messungen

Wir werden zunächst die Durchführung der Korrektur und anschließend die Bearbeitung und Interpretation der Messungen erörtern. Hierbei werden wir uns bemühen, die Vorgehensweise der *klassischen Gravimetrie* und der *vereinfachten Gravimetrie* darzulegen, allerdings mit Schwerpunkt auf der letzteren, die einer schnellen Suche nach Aquiferen besser angepaßt ist.

3.5.1 Die Vorbereitungsphase

Diese Phase ist wichtig und muß jeder gravimetrischen Untersuchung vorangehen, unabhängig davon, ob es sich um eine klassische oder eine vereinfachte Gravimetrie handelt. Unter Berücksichtigung der örtlichen geologischen Gegebenheiten gewinnt man in dieser Phase eine Vorstellung von der Art, Form und Ausdehnung der Aquifere, die sich im Untersuchungsgebiet befinden könnten. Davon ausgehend können durch einfache Berechnungen die Größenordnung und der Verlauf der gesuchten gravimetrischen Anomalien bestimmt werden. Es ist somit möglich, die Meßvorrichtung, ihre Anordnung und die einzuhaltende Genauigkeitsgrenze auszuwählen. Schlimmstenfalls muß wegen der vorhersehbaren Anomalien auf eine gravimetrische Untersuchung verzichtet werden.

Die folgenden Beispiele verknüpfen verschiedene Aquifertypen mit einfachen Modellen, die es ermöglichen, schnelle Berechnungen über die Auswirkung der Gravitationsbeschleunigung aufzustellen. In der Mehrzahl der Fälle wurden die Dimensionen der Reservoire so festgelegt, daß auf den Abbildungen eine Anomalie erhalten wird, deren Maximum mindestens 0,1 mgal beträgt; dieser Wert ist in der Praxis auch der Grenzwert zwischen signifikanten Anomalien und dem Hintergrundrauschen.

Die Kugel (Abb. 3.8 und 3.9) stellt vereinfacht eine Senke im Karst oder auch, vor allem in tropischen Gebieten, eine Absenkung dar, die bei der Alteration im Schnittbereich zweier Klüfte entsteht.

$$\Delta g = \frac{4}{3}\pi \cdot 6{,}67 \cdot 10^{-3} \cdot \Delta\rho \cdot R^3 \frac{h}{\left(x^2 + h^2\right)^{\frac{3}{2}}} \tag{3.4}$$

wobei Δg in mgal ausgedrückt wird. $\Delta\rho$ ist der Dichteunterschied in g/cm^3, R der Radius der Kugel in m, x die Entfernung zum Punkt P in m und h die Tiefenlage der Kugel in m.

Durch genaue Betrachtung obiger Formel kann man feststellen, daß die Anomalie flacher und breiter wird, wenn der Störkörper tiefer unter der Erdoberfläche liegt. Diese Gesetzmäßigkeit läßt sich mit wenigen Ausnahmen auf fast alle Modelle übertragen. Man kann darüber hinaus auch feststellen, daß für die Kugel der Abstand x gleich h ist, wenn gilt: $\Delta g = 0{,}38 \cdot \Delta g_{max}$.

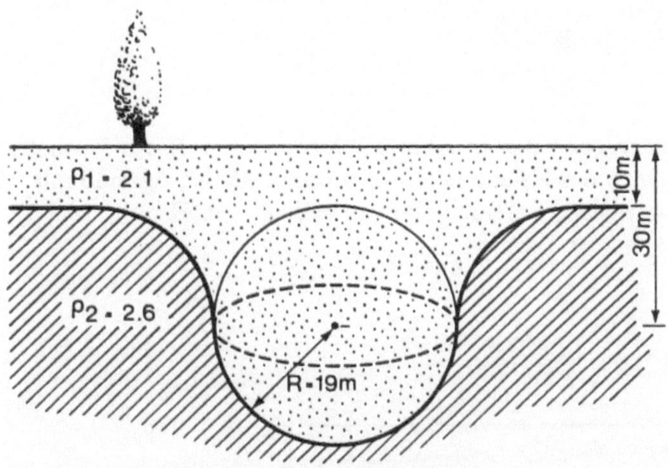

Abb. 3.8. Kugel als Näherung einer Absenkung im Untergund

Für die Berechnung der Anomalie wurde der Graben vereinfacht durch eine Kugel dargestellt.

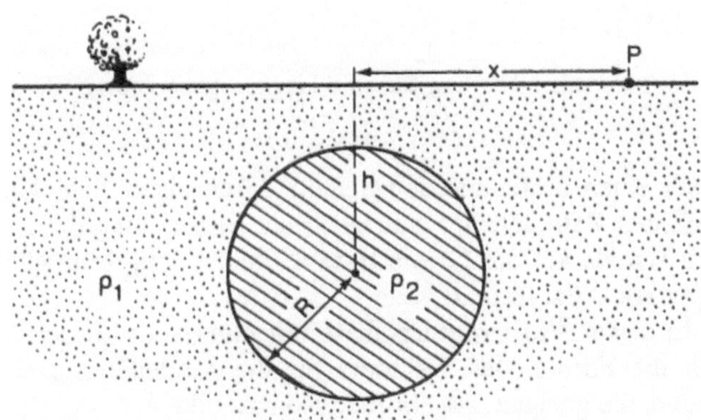

Abb. 3.9. Schwerewirkung einer Kugel als Störkörper

Der horizontale Zylinder ermöglicht eine mehr oder weniger gute Simulation zahlreicher Aquifere, insbesondere von Paläokanälen unter alluvialen Ebenen, sehr alten Kanälen unter Gletschern, von alterierten Rinnen, die Kluftzonen markieren, und von Schichten, die von einer kompakten, nichthorizontalen Schichtung umgeben sind.

Die allgemeine Formel für diesen horizontalen Zylinder (in m, mgal und g/cm^3) ist folgende:

$$\Delta g = 2\pi \cdot 6{,}67 \cdot 10^{-3} \cdot \Delta\rho \cdot R^2 \frac{h}{x^2 + h^2} \tag{3.5}$$

Die Notationen entsprechen den in Abb. 3.9 verwendeten. Diese Formel ist gültig, sofern die Länge des Zylinders (L) mindestens 4R ist; Δg muß mit 0,9 multipliziert werden, wenn L = 2R und mit 0,6, wenn L = 0,5R ist.

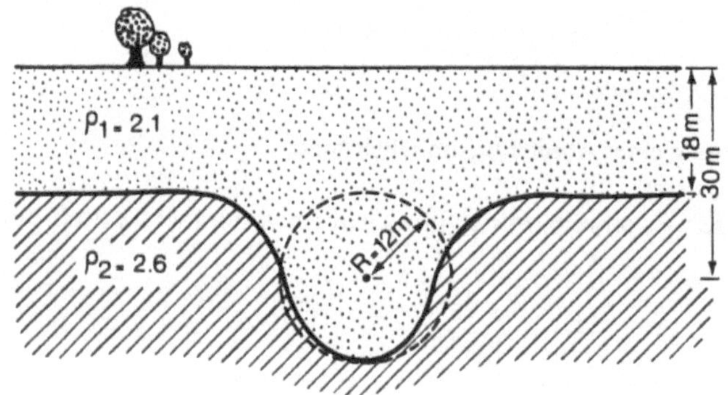

Abb. 3.10. Horizontaler Zylinder als Näherung für eine langgezogene geologische Absenkung

Abbildung 3.10 stellt einen schematischen Schnitt durch einen Paläokanal dar. Der Schnitt durch den Zylinder, der sehr grob die Berechnung der Auswirkung eines solchen Kanals auf die Gravitationsbeschleunigung ermöglicht, ist in der Abbildung punktiert dargestellt.

Begnügt man sich in dieser Vorbereitungsphase mit einer sehr groben Näherung, so kann man die Formel des Zylinders für die Modellierung einer Schicht weiterverwenden, die geeignet ist, ein Reservoir zu bilden.

Das *vertikale Prisma mit unendlicher horizontaler Ausdehnung* dient zur Simulation zahlreicher Strukturen wie z.B. Klüfte oder vertikale Schichten, mehr oder weniger geradlinige ausgedehnte Karstgebiete. Durch eine Aneinanderlagerung von Prismen verschiedener Größen können V- oder U-Formen gebildet werden, die bestimmten Erosionskanälen oder auch in die Tiefe ausgedehnten Kluftzonen entsprechen.

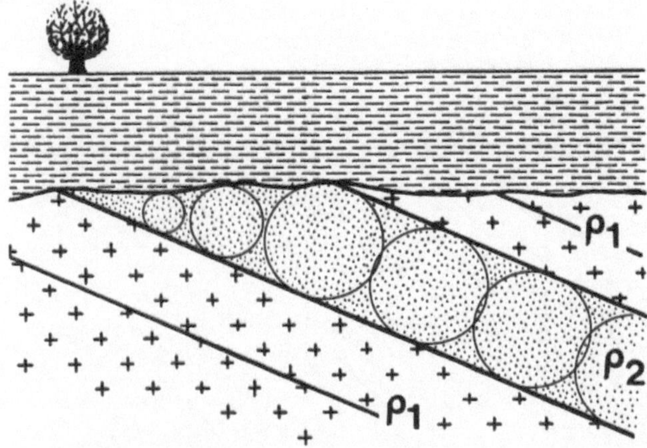

Abb. 3.11. Horizontale parallele Zylinder als erste Näherung für den obersten Bereich einer Schicht

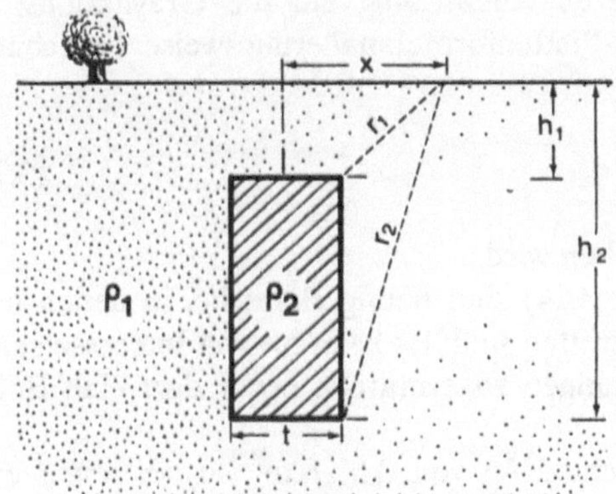

Abb. 3.12. Gravimetrie. Auswirkung eines vertikalen Prismas

$$\Delta g = 13{,}3 \cdot 10^{-3}\, \Delta\rho t \cdot \left[\log \frac{1 + \dfrac{h_2^{\,2}}{x^2}}{1 + \dfrac{h_1^{\,2}}{x^2}} \right] \tag{3.6}$$

wobei Δg in mgal, t, x und h in m und $\Delta\rho$ in g/cm^3 angegeben werden.

Abbildung 3.13 stellt sehr vereinfacht einen senkrechten Schnitt durch eine Kluftzone mit einer Porosität von ungefähr 10 % dar. Die Größen wurden so gewählt, daß die maximale gravimetrische Anomalie ungefähr 0,1 mgal beträgt.

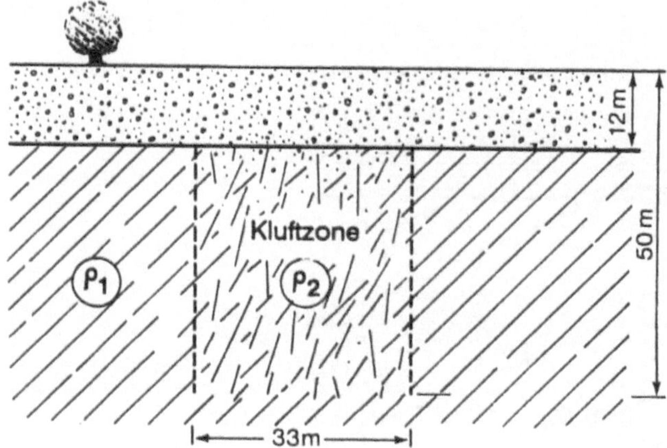

Abb. 3.13. Von Klüften durchzogener Bereich (shear zone)

Wird das vertikale Prisma im Vergleich zu seiner Höhe sehr breit, so nähert es sich einer horizontalen Schicht, deren Auswirkung auf die Gravitationsbeschleunigung anhand der Bouguer-Plattenformel näherungsweise berechnet werden kann:

$$\Delta g \quad = \quad 0{,}042\,\rho\,(h_2 - h_1) \tag{3.7}$$

wobei Δg in mgal und h in m angegeben wird.

Vertikale Verwerfungen (s. Abb. 3.14) sind häufig Bereiche, in denen bedeutende Wasserzirkulationen anzutreffen sind. Es kann oft von Interesse sein, Lage und Ausmaße dieser Verwerfungen zu ermitteln, bevor dort eine Bohrung abgeteuft wird.

Nimmt man einen Dichteunterschied Δg von $0{,}5\,\mathrm{g/cm^3}$ an, so reicht ein vertikaler Versatz von 5 m aus, um eine Anomalie von 0,1 mgal zu erzeugen.

Eine *geneigte Ebene* (s. Abb. 3.15) kann häufig eine undurchlässige Schicht für verschiedene Aquifere bilden. Als Beispiel seien Deltaablagerungen auf einem kompakten Untergrund oder auch vulkanischer Tuff über ausgeflossener Lava erwähnt. Bevor man solche Formationen sondiert, muß man eine Vorstellung über die Tiefe haben, bis zu der gebohrt werden muß.

$$\Delta h \quad = \quad \frac{\Delta g}{42 \cdot 10^{-3} \cdot \Delta \rho} \tag{3.8}$$

wobei Δg in mgal, Δh in m und $\Delta \rho$ in $\mathrm{g/cm^3}$ ausgedrückt wird. Die Auswirkung *horizontal ausgedehnter Körper beliebigen Querschnitts* auf die Gravitationsbeschleunigung kann mit sehr großer Genauigkeit mit Hilfe eines *Jungschen Diagramms* bestimmt werden (Abb. 3.16). Dieses Diagramm besteht aus einem Gitternetz, das einen vertikalen Bereich im Erdboden bedeckt; es ist so zusammengesetzt, daß jedes seiner Segmente dieselbe Auswirkung auf die Gravitationsbeschleunigung am Punkt O erzeugt.

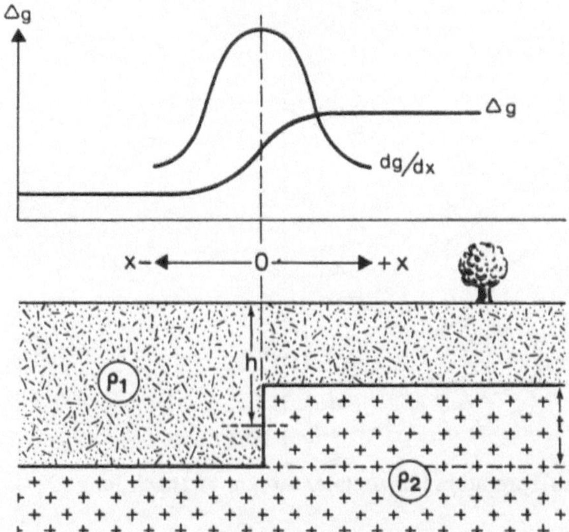

Abb. 3.14. Gravimetrische Auswirkung einer vertikalen Verwerfung

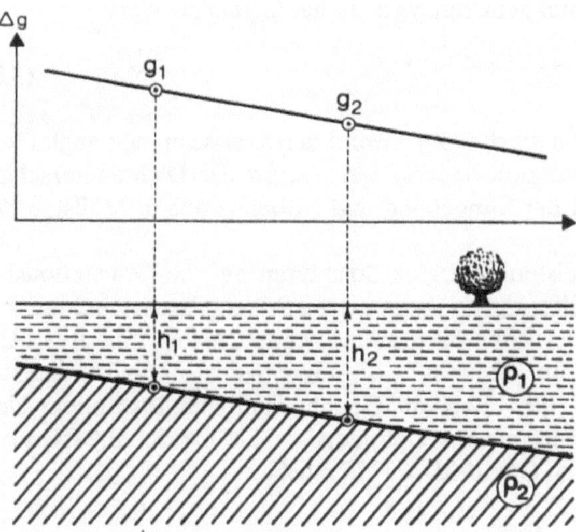

Abb. 3.15. Gravimetrische Auswirkung einer geneigten Ebene

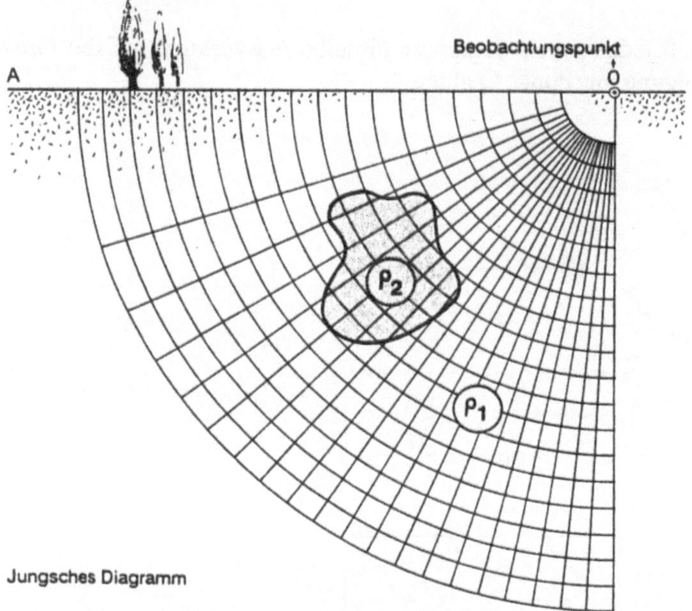

Abb. 3.16. Diagramm für die Interpretation horizontaler Strukturen (nach Jung 1927)

Bei der Anwendung dieses Diagramms muß zuerst ein Schnitt des Untergrundes erstellt werden, der den langgestreckten Körper beinhaltet, dessen Einfluß auf die Gravitationsbeschleunigung berechnet werden soll. Hiernach wird Punkt O auf jeden der Punkte gesetzt, an denen Δg bestimmt werden soll, wobei die Gerade AO horizontal gehalten wird. Δg hat folgenden Wert:

$$\Delta g = 6{,}67 \cdot 10^{-3} \cdot \Delta\rho \cdot n \cdot M \qquad (3.9)$$

wobei Δg in mgal angegeben wird, n die Anzahl der Kreissegmente angibt, die vom Querschnitt des Störkörpers bedeckt werden, $\Delta\rho$ der Dichteunterschied zwischen dem Körper und der Umgebung und M der gewählte Maßstab der Zeichnung ist.

Die Auswirkung der meisten gezeigten Strukturen auf die Gravitationsbeschleunigung kann mit Hilfe kleiner programmierbarer Taschenrechner berechnet werden. Die erforderlichen Programme wurden von der Society of Exploration Geophysicists im "Manual of Geophysical Hand-Calculator Programs" (Campbell et al. 1981) und vom Geophysikalischen Institut der Universität Lausanne in "Interprétation géophysique rapide-logiciel BASIC pour micro-ordinateur" (Robert u. Gex 1985) veröffentlicht.

3.5.2 Die Durchführung der Messungen

In dieser Phase der gravimetrischen Untersuchungen muß fortan zwischen der klassischen und der vereinfachten Methode unterschieden werden. Deshalb werden sukzessive diese beiden Verfahrensweisen genau definiert.

Eine *klassische gravimetrische Untersuchung* beruht auf der Bestimmung der *Bouguer-Anomalie*. Diese Anomalie ist als Differenz zwischen dem gemessenen und dem theoretischen Wert von g am selben Ort definiert:

Bouguer-Anomalie = g (gemessen) - g (theoretisch)

Man kann g theoretisch an einem gegebenen Ort durch die Ausführung einiger der oben aufgezählten Korrekturen (s. Abschnitt 3.3) auf g_0 erhalten. g_0 läßt sich durch die "internationale Formel" (1930) an jedem Punkt des Erdellipsoides mit der Höhe 0 berechnen.

$$g_0 = 978{,}0490 \cdot (1 + 0{,}0052884 \sin^2\lambda + 0{,}0000059 \sin^2 2\lambda) \tag{3.10}$$

wobei g_0 der theoretische Wert von g in gal ist (auf der Höhe 0), λ die Breite des Punktes und 978,0490 = g auf der Höhe 0 am Äquator.

Wendet man die Korrekturen auf den berechneten Wert von g_0 an, so führt dies zu der Höhe und den topographischen Untergrundbedingungen des gemessenen g. Die Bouguer-Anomalie wird nur von geologischen Ursachen hervorgerufen; hierbei wird vorausgesetzt, daß alle Variationen von g nichtgeologischen Ursprungs vorher durch möglichst genaue Korrekturen eliminiert wurden.

Wurde die Karte oder das Profil der Bouguer-Anomalie erstellt, so sind in der nächsten Phase die Anomalien nachzuweisen, die mit den zu untersuchenden Strukturen zusammenhängen. Man muß hierbei Filterverfahren verwenden. Damit werden alle Anomalien eliminiert, die nicht von den gesuchten Strukturen, in unserem Fall von wasserleitenden Formationen, herrühren können.

Bei der *vereinfachten Untersuchung* wird die Arbeit des Geophysikers erleichtert, indem drei Beobachtungen berücksichtigt werden:

1. Aus der Definition der Bouguer-Amomalie geht hervor, daß diese nur dann berechnet werden kann, wenn man über einen oder mehrere Punkte (Basispunkt in dem zu untersuchenden Gebiet) verfügt, deren Werte der Gravitationsbeschleunigung, der Breite und der Höhe über dem Meeresspiegel (Höhe des Referenzellipsoides) sehr genau und absolut bekannt sind. In manchen Ländern liegen nur wenige solcher Basispunkte vor, und die Berechnung der Bouguer-Anomalie kann dadurch sehr erschwert werden.

2. Wie bereits ausgeführt wurde, sind alle Korrekturen exakt auszuführen, um Bouguer-Anomalien ohne nichtgeologische Variationen zu erhalten. Insbesondere müssen die Auswirkungen der Topographie (s. Topographie-Korrktur, Abschnitt 3.3) über große Entfernungen eliminiert werden. Man findet allerdings nicht immer gute topographische Karten mit genauen Höhenangaben. Dies stellt ein weiteres Hindernis für die genaue Ermittlung der Bouguer-Anomalie dar.

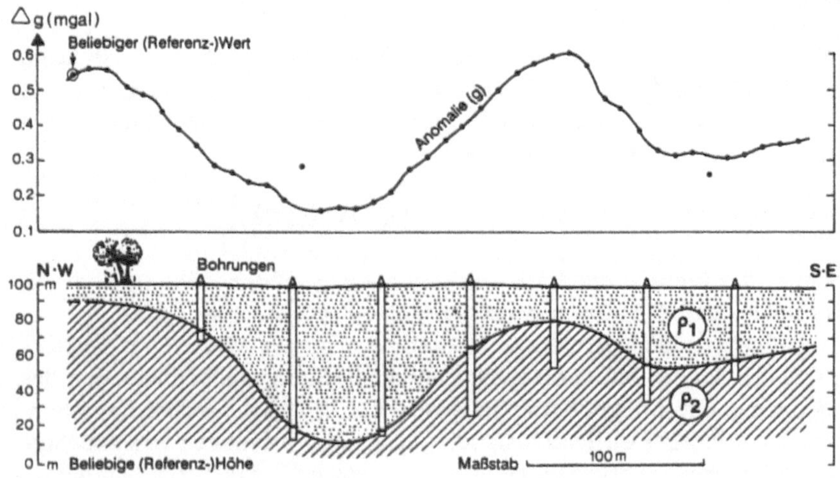

Abb. 3.17. Beispiel für eine vereinfachte Gravimetrie. Die Bezugswerte für h und g wurden willkürlich gewählt

Es ist einleuchtend, daß die ersten beiden Schwierigkeiten überwunden werden können, wenn man sich mit vereinfachten topographischen Korrekturen begnügt und sich im Meßgebiet einen Bezugspunkt aussucht, dem man eine völlig willkürliche Breite und Höhe sowie einen willkürlichen Wert für die absolute Gravitationsbeschleunigung zuordnet. Diese vereinfachte Vorgehensweise verändert die Definition der Anomalie selbst: sie ist nicht mehr die Differenz zwischen einem gemessenen und einem gerechneten Wert für g, sondern die Differenz zwischen einem gemessenen, aufsummierten, korrigierten g und einem beliebig gewählten Bezugspunkt.

3. Die dritte Beobachtung betrifft die Filterung der Anomalien; mit ihr können sämtliche Anomalien beseitigt werden, die, obgleich geologischen Ursprungs, nicht von den gesuchten Strukturen erzeugt wurden. In der Tat bilden die meisten Filterverfahren eine Auslese aus den Anomalien unter Berücksichtigung ihrer Wellenlänge. Diese Methoden können prinzipiell genauso gut für die Eliminierung von Anomalien nichtgeologischen Ursprungs wie auch von Anomalien geologischen Ursprungs verwendet werden. Die

einzige Bedingung, die hierbei beachtet werden muß, ist die, daß sich die Wellenlängen der eliminierten deutlich von denen der gesuchten Anomalie unterscheiden.

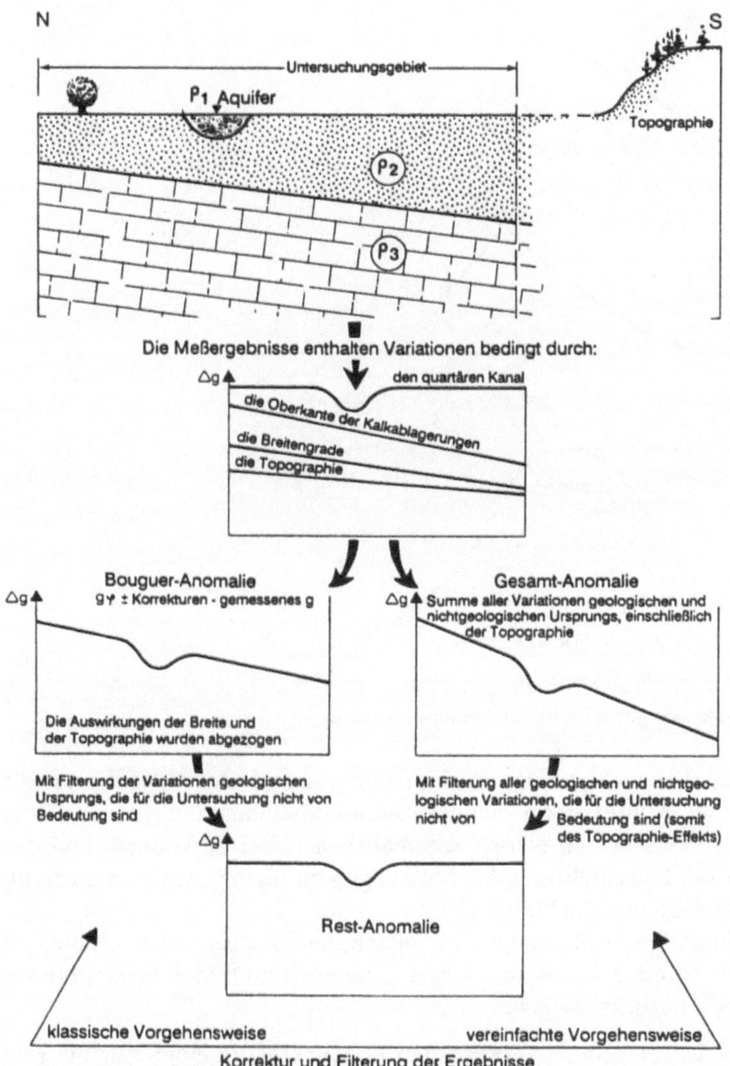

Abb. 3.18. Korrektur und Filterung auf klassischem und auf vereinfachtem Weg

Die Möglichkeit, die in Abb. 3.18 qualitativ dargestellt ist, erleichtert die unangenehme Korrekturarbeit sehr. Wir werden sehen, daß leider nicht alle Korrekturen durch diesen Kniff erfaßt werden können. Somit wird man sich bemühen, nachdem man die Art der gesuchten Anomalien mittels spezieller

Untersuchung bestimmt hat, alle Anomalien herauszufiltern, die keine gewünschte Eigenschaft widerspiegeln, unabhängig davon, ob sie geologischen
oder nichtgeologischen Ursprungs sind.

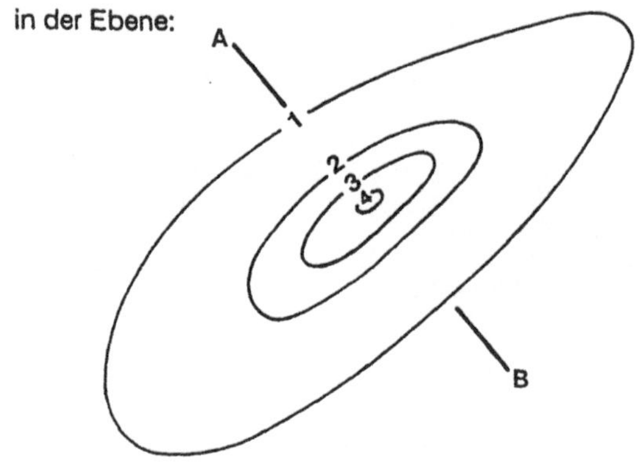

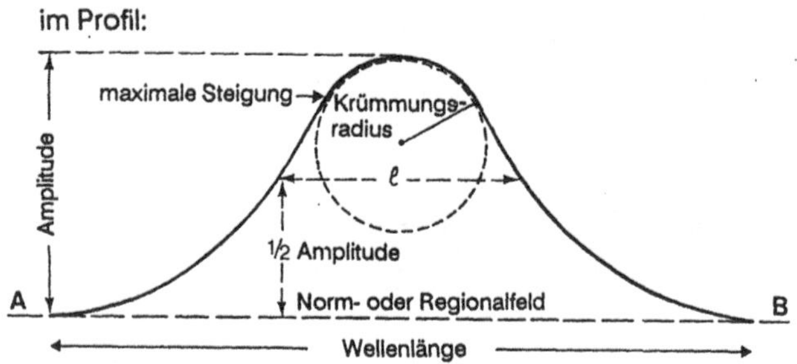

Abb. 3.19. Charakteristische Parameter einer Anomalie

Von den Anomalien nichtgeologischen Ursprungs müssen nur diejenigen korrigiert werden, die in ihrer Form den gesuchten Anomalien ähnlich sind. Es ist
wichtig, den Verlauf der gesuchten Anomalien a priori zu kennen, und dies
nicht nur, um die Durchführung der Messungen zu planen, sondern auch, um
die Korrekturarbeit zu erleichtern.

Die *Durchführung* der Messungen ist einfach, unabhängig davon, ob man auf
klassische oder vereinfachte Weise vorgeht; dennoch muß man bestimmte wesentliche Punkte berücksichtigen:

- Die bei der Untersuchung verwendeten Gravimeter erlauben nur die relative Messung von g.
- Die Genauigkeit der besten Gravimeter (Lacoste-Romberg) liegt in der
Größenordnung von 0,01 mgal (ohne hierbei die Mikrogravimeter in Betracht zu ziehen).
- Die Drift der Geräte liegt im allgemeinen unterhalb von 0,05 mgal/h.
- Die Gezeiten-Variation kann maximal 0,05 mgal/h erreichen.

- Eine Höhendifferenz von 3 cm in der freien Luft hat eine Änderung von g von ungefähr 0,01 mgal zur Folge; der Bouguer-Platteneffekt wirkt dem entgegen und vermindert diese Änderung um ein Drittel, wenn die Dichte ungefähr 2,5 g/cm^3 beträgt.
- Eine Veränderung von 0,01 mgal kann von einer meridionalen Verschiebung zwischen 7 und 20 m entlang des Breitengrades hervorgerufen werden.
- Topographische Ungleichmäßigkeiten beeinflussen die Ergebnisse um so mehr, je näher sie sich bei der Meßstation befinden.
- Die Filterung der Ergebnisse und folglich auch die genaue Beschreibung der interessierenden Anomalien sind leichter durchzuführen, wenn die Messungen in ungefähr gleichen Abständen im Untersuchungsgebiet vorgenommen wurden, oder auch, wenn sie über geradlinigen, zueinander parallelen und senkrecht zur Streichrichtung der untersuchten Strukturen angeordneten Profilen ausgeführt wurden.
- Die einzige Art, auf die man eine Normierung und eine angemessene Filterung erreichen kann, ist die Ausdehnung der Untersuchung über das Anomaliengebiet hinaus.

Die beobachteten zeitlichen Änderungen von g an einem Bezugspunkt beruhen gleichzeitig auf dem Gezeiten-Effekt und der Drift der Geräte; um diese Variationen zu korrigieren, kann man häufig am Bezugspunkt messen. Es empfiehlt sich, die Zyklen der Werte für den Gezeiten-Effekt aus den in jährlichen Ausgaben durch die SEG veröffentlichten Tabellen abzuleiten (European Association of Exploration Geophysicists: Tidal Gravity Corrections). Man kann so die Drift der Geräte separat betrachten und die Zuverlässigkeit der Messungen genau kontrollieren.

Um diese absoluten Werte der Gravitationsbeschleunigung zu ermitteln, muß man einen Punkt als Bezugspunkt wählen, dessen Breite, Höhe und Gravitationsbeschleunigung g absolut bekannt sind. Ist ein solcher Basispunkt nicht zu finden, so muß man einen willkürlich wählen.

Die Variationen von g mit der Lage der Meßstationen, die hauptsächlich abhängig von deren Höhe sind, erfordern eine sehr genaue topographische Aufnahme. Man hält die störenden Auswirkungen topographischer Ungebenheiten in unmittelbarer Nähe zur Meßstation möglichst gering, wenn man diese möglichst weit davon entfernt einrichtet. Zur Berechnung der Korrektur des nahegelegenen Reliefs muß eine vollständige topographische Karte im Radius von mindestens 20 m um den Meßpunkt herum aufgezeichnet werden.

Überdies sollte auf einem geradlinigen Profil die Anzahl der Messungen verdoppelt werden, indem man z.B. den Abstand von 80 auf 40 m halbiert, was lediglich einen geringen Mehraufwand an Zeit zur Folge hat. Dieser wird aber bei weitem durch Erleichterungen in den Endstadien der Auswertung aufgewogen.

3.5.3 Korrektur und Filterung der Meßergebnisse

Wir haben bereits gesehen, daß manchmal bestimmte Korrekturen zugunsten der Filterung vernachlässigt werden können. Der Geophysiker muß hierbei beurteilen, welche Freiheiten entsprechend der Art der Aufzeichnungen und der Eigenschaften der gesuchten Anomalien in Frage kommen.

Untersuchungen, die eine möglichst genaue Durchführung der Korrekturen erfordern, vermitteln ein sehr genaues Bild der Gravitationsbeschleunigung über weit ausgedehnte Gebiete. Die erstellten Karten - im allgemeinen Bouguer-Anomaliekarten - können für verschiedene Zwecke verwendet werden: strukturelle Untersuchungen, Aufstellung isostatischer Modelle, Erdölsuche etc.

Diese Art der Untersuchung mit Hilfe von Stationen, die über die ganze untersuchte Oberfläche verteilt sind, erfordert einen großen Zeitaufwand bis zur Fertigstellung der Karte.

Die zweite Art der Vermessung ist eng an eine spezifische, z.B. hydrologische oder mineralogische Fragestellung gebunden. Im Idealfall ist jede neue Phase einer solchen Untersuchung aufgrund der *Ergebnisse der vorhergehenden Untersuchung genau vorherzubestimmen*. Dazu ist es erforderlich, alle möglichen Vereinfachungen beim Bearbeiten sämtlicher Phasen der Untersuchung vorzunehmen, selbst wenn man sich vorläufig mit ungenauen Ergebnissen begnügen muß. In jedem Fall muß man gute Vereinfachungen auswählen.

Angenommen, die zu suchenden Anomalien seien wenig ausgedehnt und wiesen einen geringen Krümmungsradius auf. In diesem Fall kann man sich durch Filterung sämtlicher Anomalien mit großem Krümmungsradius, geologischen oder auch nichtgeologischen Ursprungs, zahlreiche Korrekturen ersparen; nur die Anomalien nichtgeologischen Ursprungs mit einem kleinen Krümmungsradius müssen korrigiert werden.

Man kann sich sehr gut den umgekehrten Sachverhalt vorstellen: die gesuchten Strukturen sind an große Wellenlängen gebunden. In diesem Fall müssen die Korrekturen der niederfrequenten Variationen von g sehr vorsichtig durchgeführt werden, hochfrequente Variationen können durch Filterung entfernt werden.

An diesem Punkt läßt sich die Art der Anomalie genauer festlegen, die bei großem oder kleinem Krümmungsradius den verschiedenen nichtgeologischen Ursachen für Variationen der Gravitationsbeschleunigung entspricht.

- Die *Gezeiten-Variation* liegt unterhalb von 0,05 mgal/h. Sie muß bei Präzisionsuntersuchungen korrigiert werden (s. SEG-Tabellen).
- Die *Drift der Meßgeräte* liegt im allgemeinen unterhalb von 0,05 mgal/h und muß ebenfalls in allen Fällen anhand einer Bestimmung am Basispunkt abgeschätzt werden. Diese Messung ist eine ausgezeichnete Kontrolle für die Qualität der Aufzeichnungen. Entsprechend der gewünschten Genauigkeit wird dann diese Drift korrigiert oder auch nicht.

- Die *Höhenkorrektur* kann maximal 0,01 mgal pro 3 cm betragen und muß in allen Fällen durchgeführt werden.
- Die *Bouguer-Plattenkorrektur* liegt in der Größenordnung 0,01 mgal pro 10 cm und muß in jedem Fall durchgeführt werden.
- Die *Breitenkorrektur* kann ungefähr 0,01 mgal pro 20 m betragen. Diese Variation kann über einige Kilometer hinweg als linear betrachtet werden (s. Abb. 3.21).

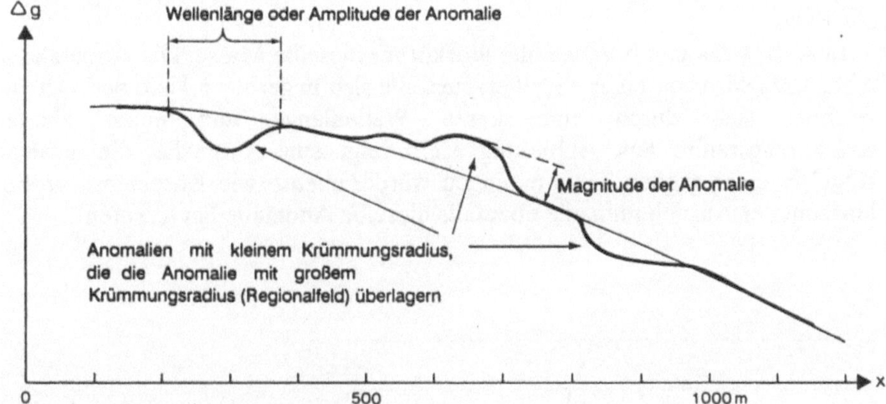

Abb. 3.20. Anomalien und Regionaltrend

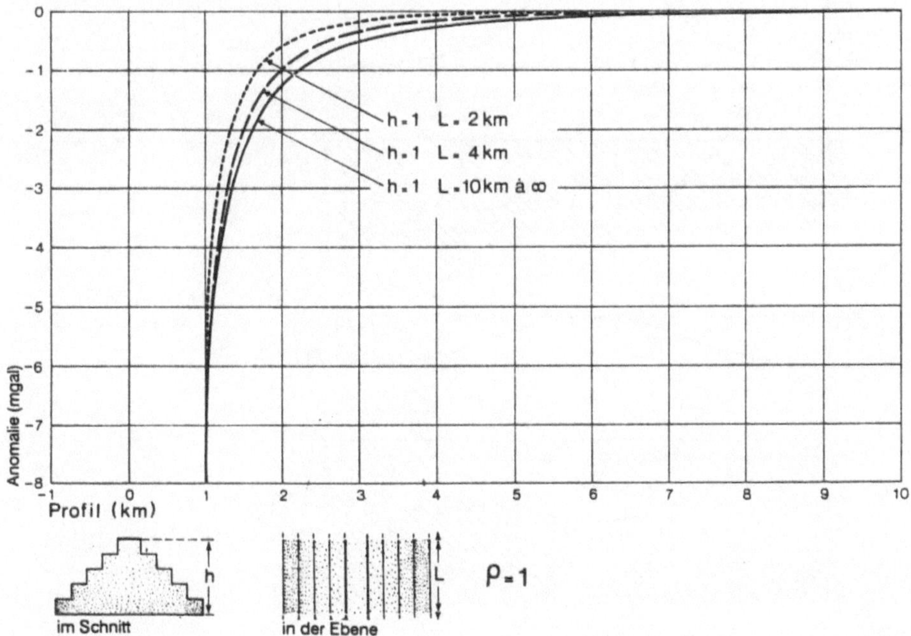

Abb. 3.21. Beispiele für von der Topographie erzeugte Anomalien

Man stellt fest, daß die Variationen der Gravitationsbeschleunigung nichtgeologischen Ursprungs nach ihren Wellenlängen und ihren Krümmungsradien unterteilt werden können. Aus diesem Grund kann die Eliminierung dieser Variationen mit Hilfe von Korrekturen oder Filterungen erfolgen. Dasselbe gilt für Variationen geologischen Ursprungs. Rechnung und Erfahrungen zeigen, daß Anomalien mit großen Wellenlängen (große Krümmungsradien) auf Strukturen beruhen, die lateral sehr weit ausgedehnt sind, sowie auch auf Störkörpern, die sich in großer Tiefe befinden. Abbildung 3.22 zeigt einige mögliche Fälle.

In Abb. 3.22a und b haben alle Störkörper dieselbe Masse. Die Anomalie in Abb. 3.22a wird von einer Kugel erzeugt, die sich in geringer Tiefe befindet: sie zeichnet sich durch eine kurze Wellenlänge und einen kleinen Krümmungsradius aus. Abbildung 3.22b zeigt eine Anomalie, die dieselbe Kugel in einer großen Tiefe erzeugen würde, ebenso wie Körper mit großer horizontaler Ausdehnung, die ebenfalls dieselbe Anomalie hervorrufen.

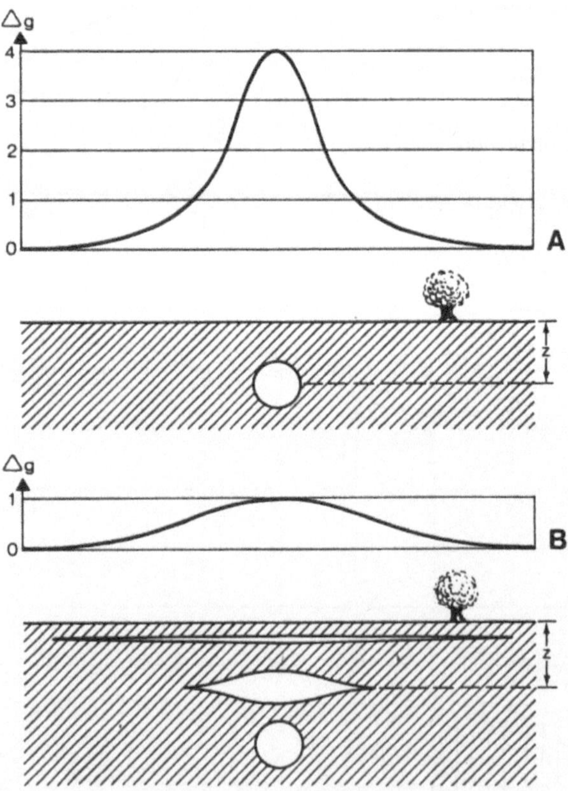

Abb. 3.22 a,b. Auswirkung der Form und der Tiefe von Störkörpern auf die Eigenschaft der Anomalien

Die Mehrzahl der gesuchten Aquifere liegt nicht weit von der Oberfläche entfernt. Zahlreiche von ihnen sind wenig ausgedehnt (alterierte Zonen eines Sockels, Karst etc.), andere sind lang, aber schmal (Erosionskanäle, Klüfte, Verwerfungen, subvertikale poröse Schichten, Gänge und Dikes). Diese Aquifere können Anomalien mit kurzer Wellenlänge und geringem Krümmungsradius erzeugen; sie können durch Filterung und Eliminierung niederfrequenter Variationen hervorgehoben werden.

Manche potentiellen Reservoire folgen allerdings nicht dieser Gesetzmäßigkeit. Sie sind sehr weit ausgedehnt, wie die weiten Senken, die Deltaablagerungen und schließlich die subhorizontalen porösen Schichten, die sich jeder gravimetrischen Untersuchung entziehen.

Die *Filterung* oder die Auslese aus verschiedenen Anomalietypen kann anhand sehr unterschiedlicher Verfahren erfolgen. In allen Fällen geht es darum, aus der Karte oder dem Profil einen oder mehrere Regionaltrends und eine oder mehrere Restanomalien zu entnehmen. Die Regionaltrends zeigen niederfrequente Variationen, während die hochfrequenten Restanomalien deutlich hervortreten. Diese letzteren erhält man, indem man von den Werten der Karten oder des Regionaltrends die Originalwerte abzieht.

Die für die Filterung verwendeten Verfahren bewegen sich zwischen zwei Extremen: auf der einen Seite handelt es sich um rein mathematische Verfahren, auf der anderen Seite um manuelle. Die ersteren erfordern im allgemeinen Hilfsmittel aus der Informatik; sie müssen sehr genau gehandhabt und objektiv bewertet werden; sie berücksichtigen lediglich die Werte von g, die an der jeweiligen Meßstation aufgezeichnet werden. Manuelle Verfahren sind manchmal nicht so genau und nicht so objektiv, aber sie haben den Vorteil, daß sie ohne große Schwierigkeiten nichtgravimetrische Informationen, geologische oder z.B. morphologische Daten, einbeziehen können.

Zu den mathematischen Filterverfahren gehört beispielsweise die Berechnung der zweiten Ableitung $\delta^2 g/\delta z^2$. Diese drückt unmittelbar die Krümmung der Anomalien aus und hebt somit diejenigen hervor, die oberflächennah sind. Ein weiteres, sehr häufig verwendetes mathematisches Hilfsmittel ist die *Fourier-Analyse*, die es ermöglicht, regionale und lokale Anomalien voneinander zu trennen.

Unter den manuellen Methoden ist das extremste Beispiel das der *Glättung* der Kurven in einer Karte oder in einem Profil, das lediglich die Handhabung und die Beurteilung des Interpreten erfordert. Dieses sehr schnell durchzuführende Verfahren beinhaltet eine bestimmte Subjektivität, die nicht immer fehl am Platz ist. Indem man die somit ermittelten Regionaltrends von den Werten der gravimetrischen Karte abzieht, erhält man sehr leicht die Restanomalien.

In Abb. 3.23 wurde die Subtraktion nicht Punkt für Punkt durchgeführt, dennoch zeichnet sich im Verlauf der Restanomalien ein Paläokanal ab.

Man muß zum Schluß ein sehr einfaches Filterverfahren erwähnen, das im Grenzbereich zwischen dem mathematischen und dem manuellen Verfahren liegt. Es handelt sich um das Verfahren der *gleitenden Mittelung*, das oft sehr wirkungsvoll ist. Wir nehmen dafür an, daß wir über Werte von g an den Punkten a, b, c, d etc. verfügen.

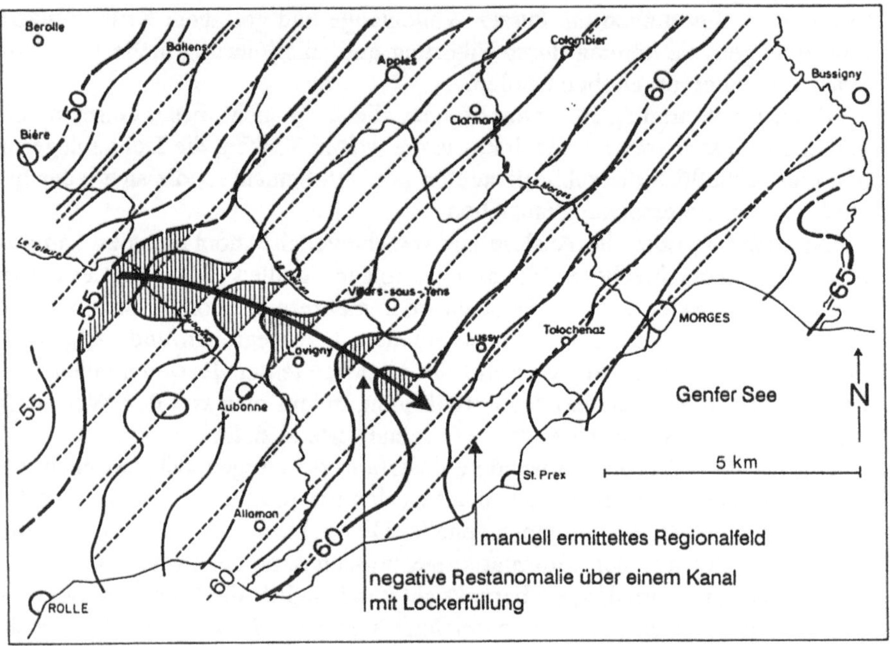

Abb. 3.23. Von Hand ermittelte Regionaltrends

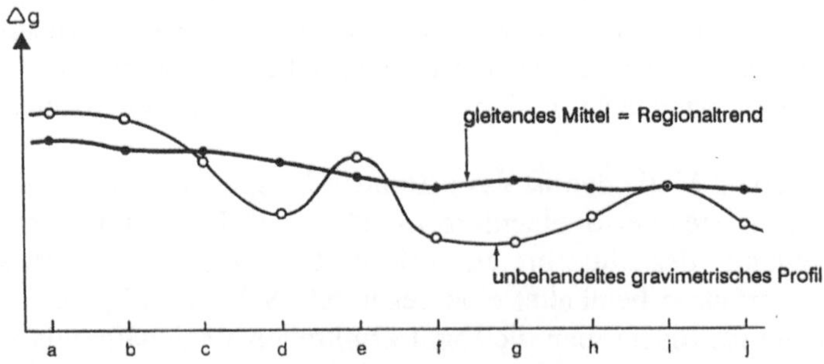

Abb. 3.24. Verfahren der gleitenden Mittelung

Um eine gleitende Mittelung durchzuführen, genügt es, z.B. bei fünf Termen, den Mittelwert der Werte von a bis e zu bilden und ihn im Mittelpunkt von a-e am Punkt c aufzutragen; danach wird das Verfahren von b bis f weitergeführt, der Mittelwert in Punkt d aufgetragen usw. In diesem Beispiel wird über jeweils fünf Terme gemittelt. Man könnte auch über drei oder sieben oder elf oder auch n Terme mitteln.

Die Kurve, die die Mittelwerte verbindet, bildet den Regionaltrend. Die Neigung und die Krümmung des ursprünglichen Profils werden gedämpft widergegeben; diese Dämpfung ist um so stärker, je mehr Werte des ursprünglichen Profils für die gleitende Mittelung verwendet werden.

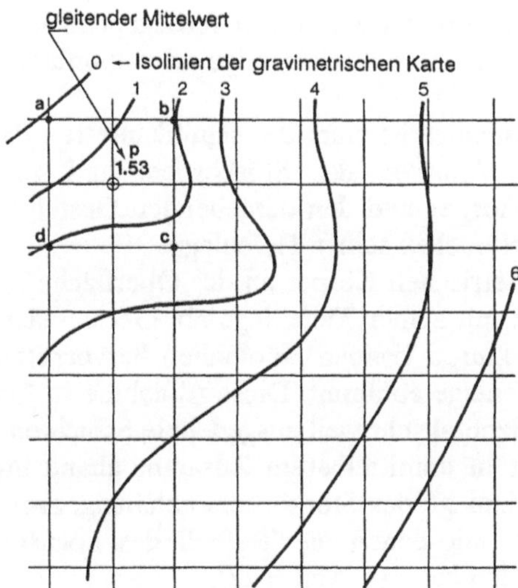

Abb. 3.25. Ergebnisse der gleitenden Mittelung, aufgetragen in einer Karte

Mit verschiedenen Vorgehensweisen läßt sich ein Regionaltrend aus einer Karte mit Hilfe der gleitenden Mittelung erhalten. Hier werden wir nur eine als Beispiel erwähnen. Man zeichnet auf der Karte ein Quadrat, das das Gebiet umschließt, in dem ein Regionaltrend gebildet werden soll. Danach berechnet man folgendermaßen die Durchschnittswerte:

$$\frac{a + b + c + d + 2p}{6} = \text{harmonischer Mittelwert in } p \tag{3.11}$$

Der so erhaltene Mittelwert wird im Mittelpunkt p des Vierecks aufgetragen, das durch die addierten Werte gebildet wird (s. Abb. 3.25). So fährt man sukzessive auf der ganzen Karte fort. Mit den neuen aufgetragenen Werten läßt sich eine Regionalkarte erstellen. Diese ist um so stärker gemittelt, je stärker die Variationen der Originalkarte und je größer die Maschen des gewählten Gitternetzes sind. Es ergibt sich die Karte der Restanomalien durch Subtraktion der Regionalkarte von der Originalkarte.

3.6 Interpretation der Ergebnisse

Die unmittelbare Interpretation einiger Eigenschaften gravimetrischer Anomalien liefert sehr schnell verschiedene qualitative und semiquantitative Informationen über die Art und die Lage des Störkörpers (s. Abb. 3.19).

Die *Form und die Ausrichtung* der Anomalie spiegelt, in der Ebene betrachtet, mehr oder weniger die Form und die Ausrichtung des Störkörpers wider, sofern sich dieser in geringer Tiefe befindet. Die von tieferliegenden Körpern hervorgerufenen Isanomalen haben meist kreisförmige oder zumindest eiförmige Gestalt.

Die Amplitude gravimetrischer Anomalien ist einer der signifikantesten Parameter. Sie ist porportional zum Volumen des Störkörpers und zum Dichteunterschied zwischen dem Störkörper und den umgebenden Gesteinen und im allgemeinen umgekehrt proportional zu seiner Tiefenlage.

Die Amplitude der von einem isometrischen Körper an der Oberfläche erzeugten Anomalie nimmt quadratisch mit seiner Tiefenlage ab. Geringmächtige und horizontal ausgedehnte Strukturen können Anomalien hervorrufen, deren Amplitude linear mit ihrer Tiefenlage abnimmt. Diese Abnahme ist fast gleich Null für horizontal oder subhorizontal sehr weit ausgedehnte Schichten.

Der *Gradient einer Anomalie* steht in unmittelbarem Zusammenhang mit ihrer Krümmung und ist von der Tiefenlage des Störkörpers abhängig. *Smith* (1959) schlug folgende Formeln vor, mit denen die Tiefe h des höchsten Punktes des Störkörpers ermittelt werden kann (s. Abb. 3.22).

Für einen isometrischen Körper gilt:

$$h < 0{,}086 \, \frac{\Delta g_{max}}{\Delta g'_{max}} = \frac{\text{maximale Amplitude}}{\text{maximaler Gradient der Kurve}} \quad \text{(in m und mgal)} \quad (3.12)$$

Für einen in horizontaler Richtung ausgedehnten Körper gilt:

$$h < 0{,}065 \, \frac{\Delta g_{max}}{\Delta g'_{max}} \qquad \text{(in m und mgal)} \qquad (3.13)$$

Für eine Verwerfung oder eine Flexur gilt:

$$h < 0{,}032 \, \frac{\Delta g_{max}}{\Delta g'_{max}} \qquad \text{(in m und mgal)} \qquad (3.14)$$

Manchmal kann eine genaue Angabe der größten Amplitude schwierig sein; in solchen Fällen kann man jeden beliebigen Punkt der Anomalie verwenden (zur Sicherheit möglichst viele).

Für einen isometrischen Körper lautet die Formel:

$$h < 0{,}15 \ \frac{\Delta g_{(x)}}{\Delta g'_{(x)}} \qquad \text{(in m und mgal)} \qquad (3.15)$$

In dieser ersten Näherung einer semiquantitativen Interpretation gilt, daß für eine Kugel und für einen mehr oder weniger ausgedehnten isometrischen Körper die Tiefenlage im Schwerpunkt gleich dem Anstand zwischen dem Punkt, an dem Δg maximal ist, und dem Punkt, an dem nur noch 38 % des Maximalwertes vorliegen, ist. Für einen unendlich langen horizontalen Zylinder ist der horizontale Abstand zwischen dem Punkt, an dem Δg maximal ist, und dem Punkt, an dem Δg die Hälfte des maximalen Wertes aufweist, ungefähr gleich h.

Eine interessante direkte Interpretationsmöglichkeit wurde von *Hammer* (1945) vorgeschlagen. Die Analyse einer gravimetrischen Anomalie ermöglicht es, die Masse des Störkörpers oder, genauer gesagt, den Massenüberschuß oder das Massendefizit abzuschätzen, das durch diesen Körper hervorgerufen wird. Die Form des Körpers und die Tiefe, in der er sich befindet, beeinflussen nicht diese Abschätzung.

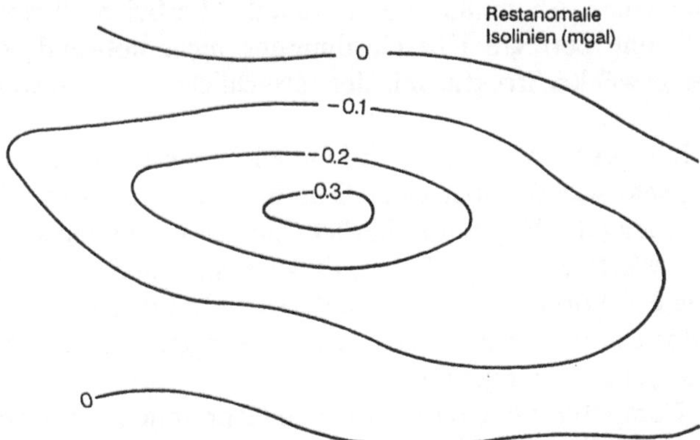

Abb. 3.26. Kartographie einer Anomalie, die zur Berechnung der Störmasse geeignet ist (nach Hammer 1945)

Hammer zeigte, daß die gesamte Störmasse, die dem Volumen des Störkörpers multipliziert mit der Dichtedifferenz zwischen dem Körper und den umgebenden Gesteinen entspricht, folgenden Wert hat:

$$M_a = V \cdot \Delta\rho = 23,9 \cdot \sum (\Delta g \cdot \Delta S) \tag{3.16}$$

M_a in t und Δg in mgal, wobei V das Volumen des Störkörpers, $\Delta\rho$ der Dichteunterschied, ΔS ein Element an der Oberfläche ist, das von der Anomalie bedeckt wird, z.B. der Raum zwischen zwei aufeinanderfolgenden Isolinien. Δg ist der Mittelwert der Anomalie für jedes auf der Oberfläche gewählte Element.

Die tatsächliche Masse des Störkörpers kann unter Verwendung folgender Gleichung berechnet werden:

$$M = 23,9 \, \frac{\rho_2}{\rho_2 - \rho_1} \cdot \sum (\Delta g \cdot \Delta S) \tag{3.17}$$

Diese Gleichungen sind zur Abschätzung metallhaltiger Ablagerungen in der Hydrologie sehr hilfreich. In den meisten Fällen ist die Mineralzusammensetzung und somit die Dichte der Minerale in den Aquifergesteinen sehr ähnlich wie in den umgebenden Gesteinen; wird das Massendefizit eines Reservoirs abgeschätzt, so erfolgt dadurch eine Abschätzung des gesamten darin enthaltenen Volumens der Hohlräume (gesättigt oder ungesättigt). Folglich wird dadurch die gesamte Porosität der Masse berechnet.

Für genauere Interpretationen muß man zu einem indirekten Verfahren übergehen, bei dem man sich eine Struktur vorstellt, die eine Anomalie erzeugt, die der im Gelände gemessenen entspricht.

Mit Hilfe von Computern ist es möglich, Schritt für Schritt ein Schweremodell der vorgestellten Struktur zu erstellen, so daß schließlich die berechnete Anomalie mit der gemessenen Anomalie übereinstimmt. Hierbei muß noch angemerkt werden, daß eine perfekte Übereinstimmung nicht notwendigerweise bedeutet, daß die gewählte Struktur mit der tatsächlichen übereinstimmen muß (s. Abb. 3.22).

Beim Entwurf eines Interpretationsmodells und um allgemein Interpretationen zu erleichtern, ist es sehr wichtig, über zusätzliche Informationen zu verfügen, die bei der Untersuchung der Ergebnisse berücksichtigt werden und somit zahlreiche hypothetische Werte ersetzen können. Es kann sich hierbei um die Tiefe der Oberkante von Störkörpern handeln, die durch Bohrungen bestimmt wird, oder die Dichte der Formation oder auch um Messungen, die über anstehenden Gesteinsformationen durchgeführt wurden.

Sind leistungsfähige Computer für eine indirekte Interpretation nicht verfügbar, so kommt man ebenfalls mit kleinen programmierbaren Taschenrechnern (s. Abschnitt 3.5.1) oder auch mit dem *Jungschen Diagramm* weiter (s. Abb. 3.16). Es sei daran erinnert, daß sehr vage Hypothesen die umfangreichsten Berechnungen erfordern. In der Tat muß man, damit die Werte der Anomalie, mit denen man arbeitet, als gesichert betrachtet werden, folgende Annahmen machen: Die Messungen müssen exakt durchgeführt und mit richtigen Dichtewerten korrigiert worden sein, das Regionalfeld (Bezugsfeld) muß sehr gut ausgewählt worden sein, der gewählte Dichteunterschied muß für die Interpretation zutreffen, die umgebenden Gesteine und die Störkörper müssen eine bestimmte Homogenität besitzen etc. Dies sind hohe Anforderungen.

3.7 Die vereinfachte gravimetrische Prospektion geringmächtiger Aquifere

Die Durchführung einer vereinfachten gravimetrischen Untersuchung verläuft in verschiedenen Arbeitsphasen, die sich wie folgt zusammenfassen lassen:

1. Vorhersage der Form und ungefähren Größe der Anomalie von Aquiferen. Grundlage ist eine Vorstellung von den örtlichen geologischen Verhältnissen.
2. Erstellen eines Gitternetzes oder eines Profils verschiedener Stationen, so daß die vorhersagbaren Anomalien durch mehrere Messungen bestimmt werden können. Festlegen von Randinformationen für verschiedene Profile, anstehende Gesteinsformationen, Bohrungen etc.
3. Lokalisierung der Meßpunkte im Gelände; die Genauigkeit des Nivellements sollte mit der erwünschten Präzision für die gravimetrische Aufnahme übereinstimmen.
4. Abschätzen der Bedeutung von Korrekturen nahegelegener Geländestrukturen (in einem Radius von 20 m um jede Station). Durch genaue Betrachtung der Karten oder, sofern diese nicht vorhanden sind, der umgebenden Topographie, müssen mögliche Auswirkungen des Geländes in unmittelbarer Entfernung abgeschätzt werden. Man muß sicher sein, daß die Geländekorrekturen klein oder ungefähr konstant sind.
5. Durchführung der gravimetrischen Messungen und Wiederholungsmessungen an der Basis, die bliebig gewählt und numeriert werden kann. Die Anzahl der Wiederholungsmessungen hängt von der gewünschten Genauigkeit und von der Qualität des Gravimeters ab.
6. Durchführung der Gezeiten-Korrektur, sofern dies die gewünschte Genauigkeit erfordert. Danach sollte die Qualität der Wiederholungsmessungen untersucht werden, wobei die Werte der aufeinanderfolgenden Basismessungen verglichen werden.
7. Durchführung der Höhenkorrektur und anschließend der Bouguer-Plattenkorrektur mit einer Dichte, die abhängig von der örtlichen Geologie gewählt wird. Ist der Wert der verwendeten Dichte für diese Korrektur gut ausgewählt worden, so bleibt der Zusammenhang zwischen den Werten von g und der Topographie schwach oder nur zufällig. Weicht die gewählte Dichte sehr von der tatsächlichen Dichte ab, kann ein sehr genauer Zusammenhang zwischen der Höhe und der Gravitationsbeschleunigung

beobachtet werden; eine zu geringe Dichte bewirkt eine künstliche Vergrößerung der Gravitationsbeschleunigung, eine zu hohe Dichte eine Verringerung.

8. Filterung der Ergebnisse, indem zuerst von Hand ein Regionaltrend eingezeichnet wird, wobei die gravimetrischen Werte und eine Kenntnis der geologischen Gegebenheiten berücksichtigt werden. Durch Subtraktion des Regionaltrends von der Karte oder den Profilen werden die Restanomalien erkennbar. Ist es erforderlich, so können andere Regionalanteile mittels gleitender Mittelung aufgezeichnet werden.

9. Qualitative und anschließend semiquantitative Interpretation der Anomalien. Untersuchung, ob die Schlußfolgerungen mit der örtlichen bekannten Geologie übereinstimmen.

10. Vorschlag für eine oder mehrere Bohrungen.

11. Verbesserung der Interpretation unter Mitberücksichtigung der aus den Bohrungen gewonnenen Ergebnisse.

Die Messung und die Analyse der Ergebnisse müssen immer zusammen erfolgen. Dies ist möglich, wenn im Gelände topographische und geologische Karten sowie kleine programmierbare Taschenrechner zur Verfügung stehen - ein erstes Modell kann dann erstellt werden.

3.8 Anwendungsbeispiele

Um einige Möglichkeiten der angewandten Gravimetrie in der Hydrogeologie aufzuzeigen, werden im folgenden einige Profile dargestellt, die bei Untersuchungen in Afrika und in der Schweiz gemessen wurden.

Faragouran, Süd-Mali. In diesem Fall bestand das Problem darin, die alterierten Schichten ausfindig zu machen, die sich bis in eine Tiefe von mehr als 50 m oberhalb einer Granitschicht befinden. An der Unterseite der mächtigsten Stelle sind alterierte Zonen manchmal wasserleitend, sie überlagern oft von Klüften stark durchzogene Gesteine, die Reservoire bilden können.

Die Untersuchung in Gafati/Niger ist der in Faragouran sehr ähnlich, obwohl die Alterationszonen dort geringmächtiger sind; das Wasser befindet sich in Klüften (s. Abb. 3.28).

Mollens, Kanton Waadt, Schweiz. Die gravimetrischen Messungen wurden in diesem Fall zur Aufzeichnung des Verlaufs einer wasserführenden Kluft angewendet, die von einer mächtigen quartären Schicht bedeckt war (s. Abb. 3.29).

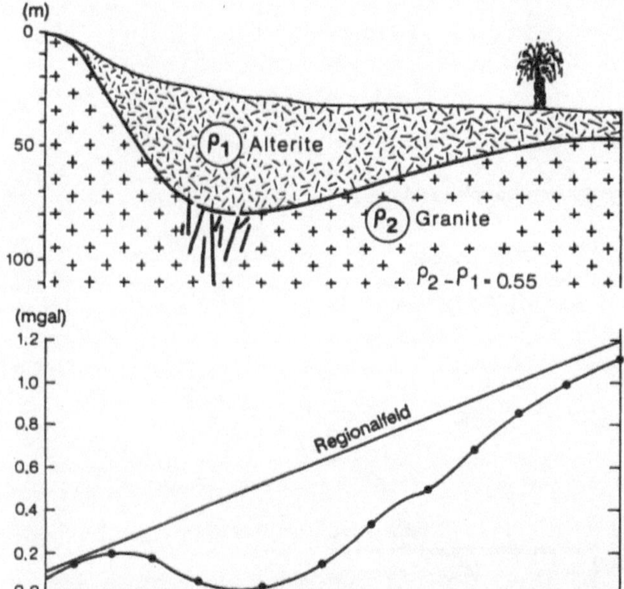

Abb. 3.27. Anomalie über mächtigen Alterationszonen in den Tropen

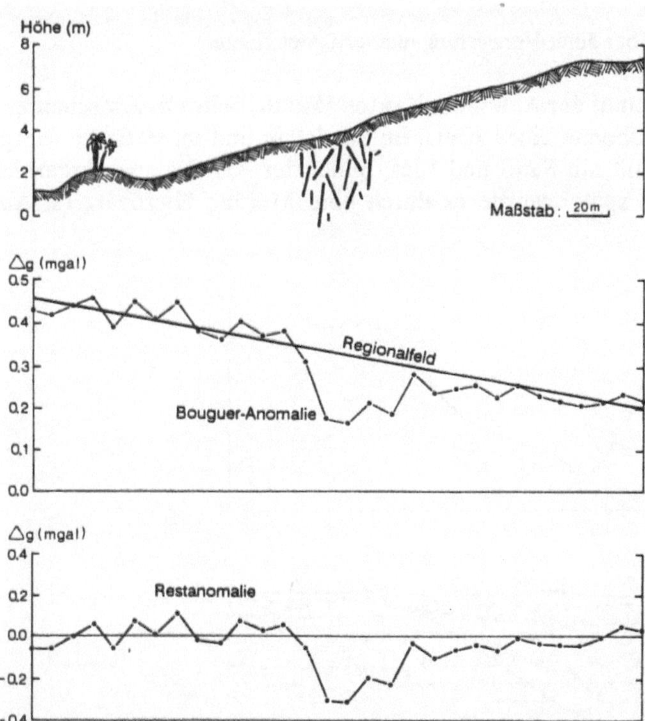

Abb. 3.28. Anomalie über geringmächtigen tropischen Alterationszonen, die ein von Klüften durchzogenes Gebiet überlagern

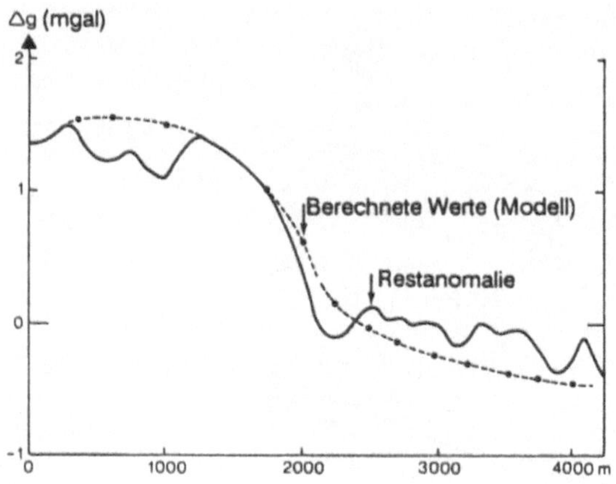

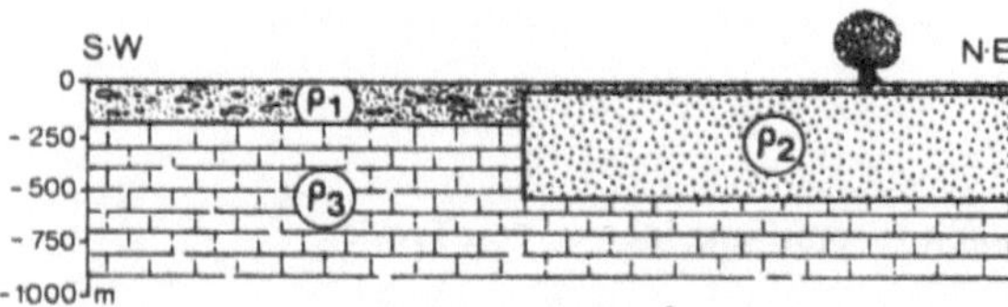

Abb. 3.29. Anomalie über einer Verwerfung mit vertikaler Kante

Aufgefüllter Paläokanal der Aubonne, Kanton Waadt, Schweiz. Zwischen zwei Eiszeiten hat die Aubonne einen Kanal im Sandstein und im tertiären Mergel ausgehöhlt. Aufgefüllt mit Sand und Kies, bildet der Kanal einen ausgezeichneten Aquifer; erst später wurde er durch eine Moräne überdeckt (s. Abb. 3.30).

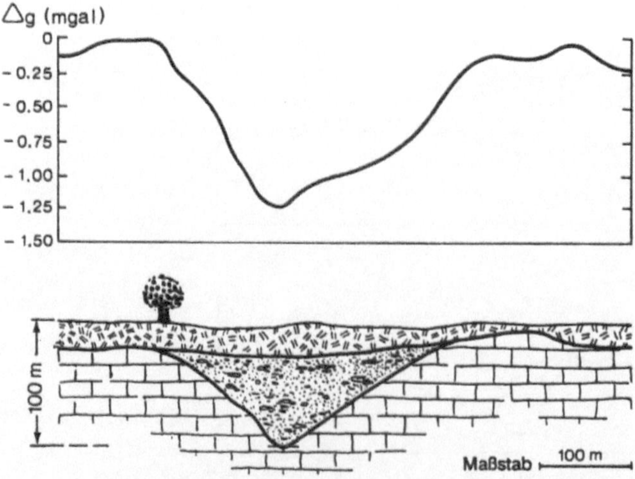

Abb. 3.30. Anomalie über einem mit Ablagerungen aufgefüllten Paläokanal

**Untersuchung eines mit feinen porösen und permeablen Sedimenten aufge-
füllten paläozoischen Sees.**

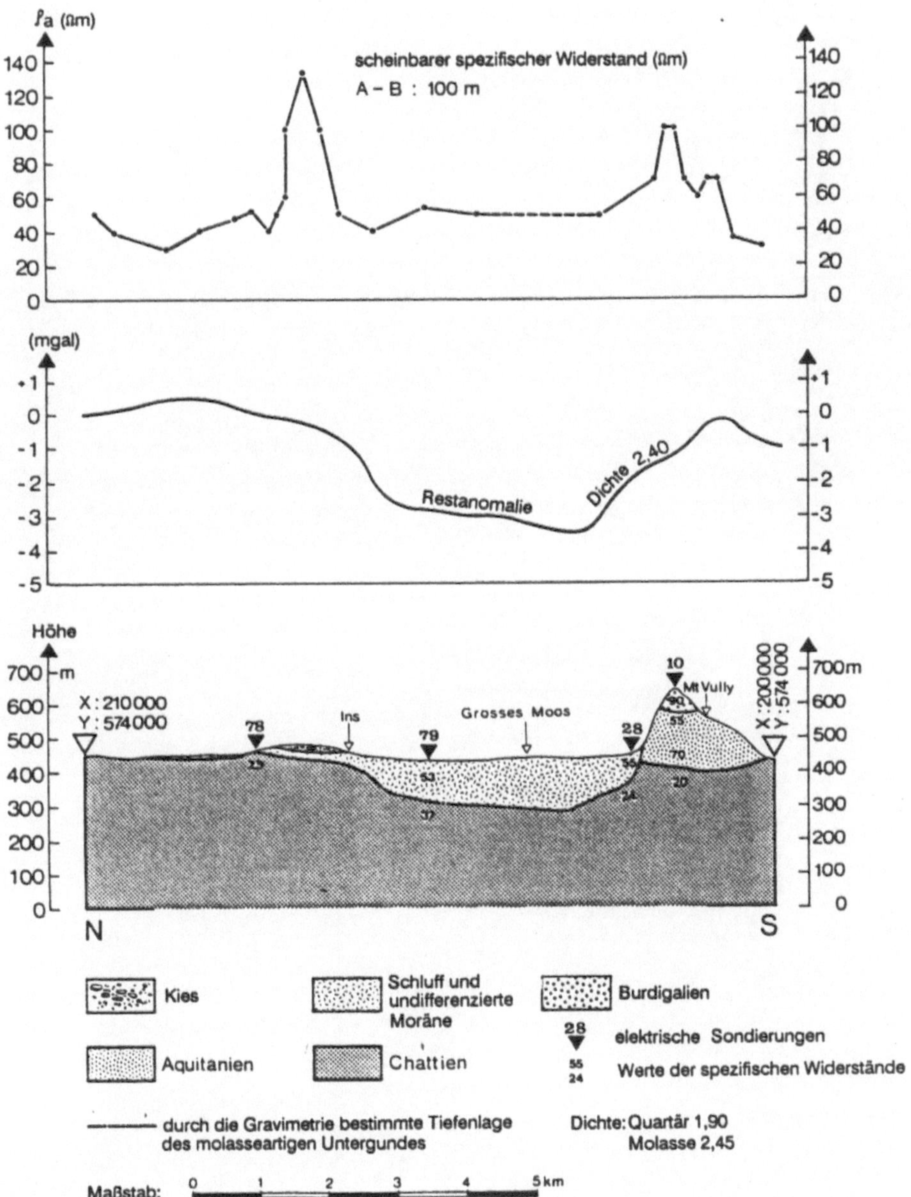

Abb. 3.31. Anomalie über einem mit porösen Ablagerungen aufgefüllten See

4 Anwendung seismischer Methoden in der Hydrogeologie

4.1 Einführung

Die Reflexionsseismik und vor allem die Refraktionsseismik werden in der Hydrogeologie häufig eingesetzt. Diese Methoden untersuchen die elastischen Eigenschaften der Gesteine. Unter günstigen Voraussetzungen lassen sich poröse bzw. geklüftete von kompakten sowie gesättigte von ungesättigten Gesteinen unterscheiden.

Die Messungen beruhen in erster Linie auf zwei Parametern: dem Weg der seismischen Welle durch den Untergrund und der Fortpflanzungsgeschwindigkeit der Welle in den verschiedenen Gesteinsformationen. Wenn diese Wege und Geschwindigkeiten bekannt sind, ist es möglich, einen großen Teil der Aquifere zu lokalisieren, ihre räumliche Ausdehnung festzustellen und manchmal auch die Porosität zu bestimmen.

In der Hydrogeologie liefert die Seismik häufig Informationen ähnlicher Art und gleicher Genauigkeit wie die Geoelektrik. Man kann also theoretisch in vielen Fällen die Geoelektrik und die Seismik gleichwertig einsetzen. Wegen der Kosten für die Geräte und vor allem wegen der Notwendigkeit, für tiefer in den Untergrund reichende seismische Untersuchungen Sprengungen zu verwenden, bevorzugt man im allgemeinen die geoelektrischen Methoden. Allerdings können mit der Seismik manchmal Probleme gelöst werden, die sich aufgrund zu geringer Unterschiede der spezifischen Widerstände durch elektrische Methoden nicht lösen lassen.

4.2 Allgemeine Anmerkungen

Man unterscheidet drei Arten von Wellen, die den Untergrund oder die Erdoberfläche nach einer Erschütterung, Explosion oder einem Stoß durchlaufen: 1. Kompressionswellen, 2. Scherwellen und 3. Oberflächenwellen.

Kompressionswellen besitzen die größten Geschwindigkeiten. Auf den folgenden Seiten soll ausschließlich auf die Kompressionswellen eingegangen werden. Diese Wellen verhalten sich nach den Gesetzen der Optik und sind Reflexionen und Brechungen unterworfen. Um die Seismik anwenden zu können, müssen verschiedene Voraussetzungen erfüllt sein:

– Die Geschwindigkeit der Schallwellen muß sich von einer Formation zur nächsten unterscheiden.
– Bei jeder Messung, die an der Erdoberfläche durchgeführt wird, muß das durch eine Erschütterung erzeugte Signal meßbar sein. Ein Teil der direkten Wellen bleibt nahe an der Erdoberfläche. Die gebrochenen Wellen kehren nach einem Durchlaufen der Grenzschicht wieder an die Erdoberfläche zurück (s. Abb. 4.1 und 4.2).
– Die Grenzschicht wird durch ihr Reflexionsvermögen gekennzeichnet, das in erster Linie vom Geschwindigkeitskontrast zwischen den benachbarten Schichten abhängt.
– Die Eigenschaften der Grenzschicht hängen ebenfalls vom Geschwindigkeitskontrast ab. Darüber hinaus muß die Geschwindigkeit in der Schicht im Liegenden mit der Teufe zunehmen, damit die gebrochenen Wellen an die Erdoberfläche zurückkehren.

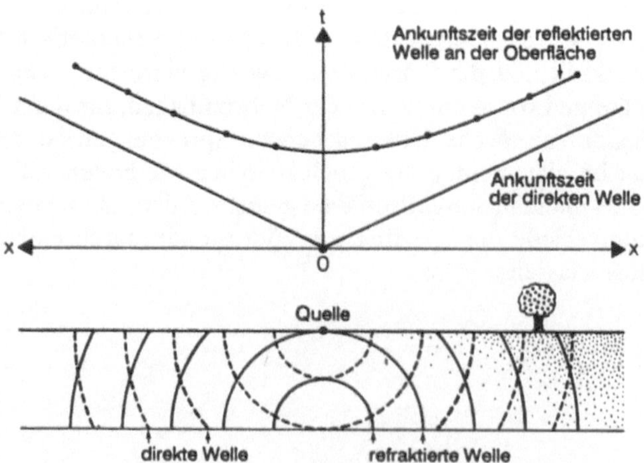

Abb. 4.1. Direkte und reflektierte seismische Welle

Die Refraktion und die Reflexion unter kleinem Winkel erlauben es häufig, Aquifere zu lokalisieren und die räumliche Ausdehnung undurchlässiger Schichten im Hangenden und im Liegenden des Aquifers zu bestimmen. In günstigen Fällen erlauben diese Methoden, vor allem die Refraktion, die Eigenschaften der untersuchten Formation genauer zu bestimmen, vor allem im Hinblick auf ihre Porosität sowie die Klüftung und den Sättigungsgrad des Gesteins.

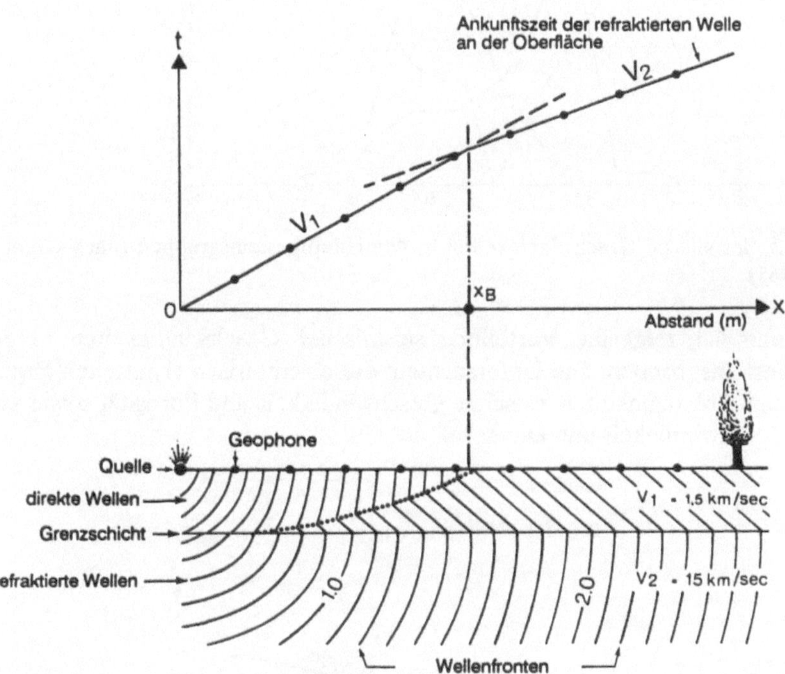

Abb. 4.2. Direkte und gebrochene seismische Welle

4.2.1 Ausbreitungsgeschwindigkeiten der seismischen Wellen in verschiedenen Gesteinen

Refraktionen und Reflexionen sind immer mit plötzlichen oder allmählichen Änderungen in der Beschaffenheit des Untergrundes verbunden, die zu Veränderungen in den Ausbreitungsgeschwindigkeiten seismischer Wellen führen.

Die Erfahrung zeigt, daß diese Geschwindigkeiten von der Festigkeit des durchlaufenen Gesteins, von seiner Porosität, dem Sättigungsgrad des Porenraumes und, untergeordnet, von der mineralogischen Zusammensetzung abhängen.

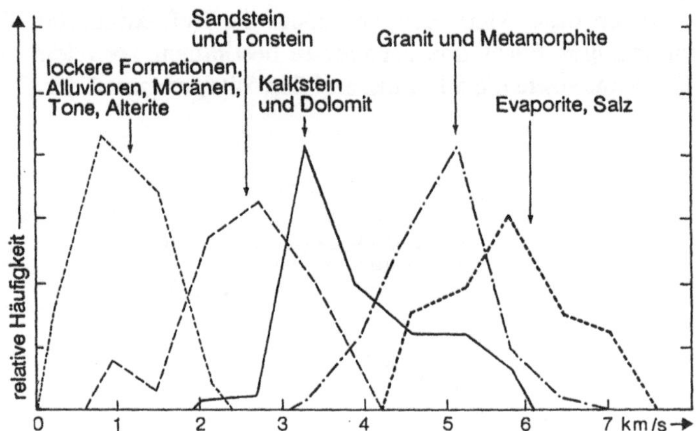

Abb. 4.3. Seismische Geschwindigkeiten in den Hauptgesteinsgruppen (nach Grant u. West 1965)

Abbildung 4.3 zeigt die Verteilung seismischer Geschwindigkeiten in den Hauptgesteinsgruppen. Die Untersuchung dieser empirisch ermittelten Ergebnisse zeigt Abhängigkeiten zwischen Geschwindigkeit und Porosität sowie zwischen Geschwindigkeit und Dichte.

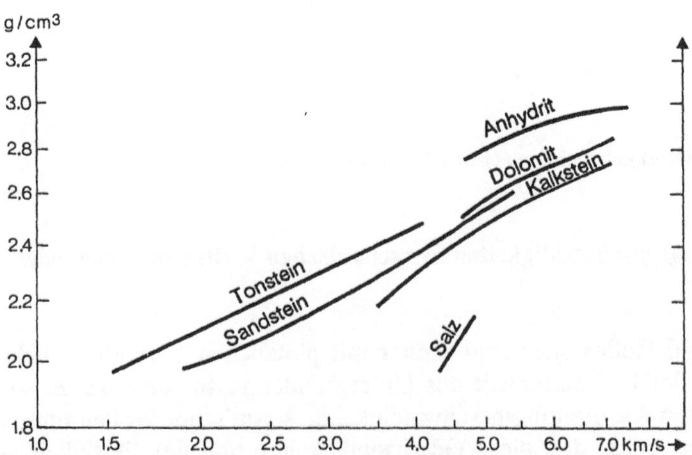

Abb. 4.4. Zusammenhang zwischen seismischer Geschwindigkeit und Gesteinsdichte (nach Gardner et al. 1974)

Der Zusammenhang zwischen seismischen Geschwindigkeiten und Porositäten
ist in Gleichung 4.1 wiedergegeben:

$$\frac{1}{V} = A + B\,\Phi \tag{4.1}$$

wobei Φ die Porosität darstellt, A und B Faktoren in Abhängigkeit von der Lithologie und der Eindringtiefe in den Untergrund sind und V die
Ausbreitungsgeschwindigkeit der Welle im Gestein. Porositäten und Dichten
zeigen eine deutliche Korrelation. Es überrascht nicht, daß sich die
seismischen Geschwindigkeiten mit der Dichte ändern. Diese Abhängigkeit ist
in den Abbildungen 4.4 und 4.5 dargestellt.

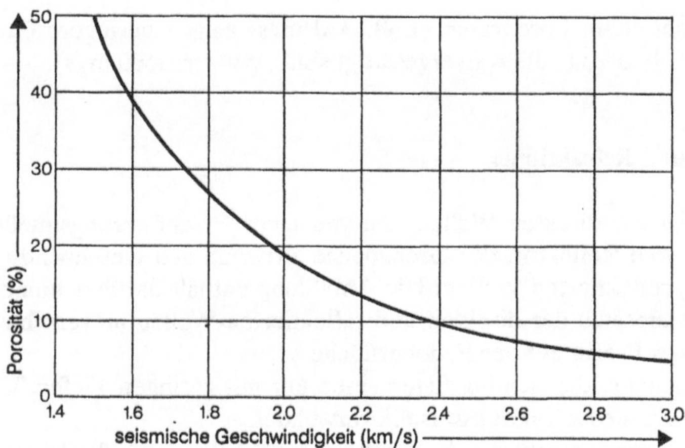

Abb. 4.5. Zusammenhang zwischen seismischer Geschwindigkeit und Porosität in
Sandsteinen

Bei der Vorbereitung einer seismischen Meßreihe muß man den vorhandenen
Formationen im voraus seismische Geschwindigkeiten zuordnen, die nicht zu
stark von der Realität abweichen.

Die folgende Aufstellung, in der die Gesteine in 6 Hauptklassen unterteilt
sind, soll diese Vorbereitung und die geologische Interpretation erleichtern.
Die hier dargestellte Unterteilung hat keine absolute Gültigkeit, es werden lediglich die Petrographie, die Porosität, die Klüftung sowie Alterationsgrad und
Sättigungsgrad berücksichtigt.

1. Klasse: Kompakte Gesteine, Porosität kleiner als 3 %, keine Klüfte, keine
   Alteration: Granit, Gneis, massiver Dolomit, massiver Kalkstein, Marmor,
   Quarzit, Basalt etc.   4000-6000 m/s

2. Klasse: Die gleichen Gesteine wie in Klasse 1, aber von Klüften durchzogen, Porosität zwischen 3 und 10 %, wenig oder keine Alteration

3000-4000 m/s

3. Klasse: Poröse Gesteine, Porosität größer als 5 %, keine Klüfte, keine Alteration: Kalkstein, Kreide, Sandstein etc.

2500-4000 m/s

4. Klasse: Die gleichen Gesteine wie in Klasse 3, aber von Klüften durchzogen, Porosität größer als 8 %, wenig oder keine Alteration

2000-3500 m/s

5. Klasse: Alterierte Gesteine, die Ausbreitungsgeschwindigkeiten variieren entsprechend dem Alterationsgrad stark und liegen immer unterhalb der Geschwindigkeiten der nichtalterierten Gesteine.

6. Klasse: Lockergesteine, die entweder von vornherein nicht verfestigt sind oder durch eine tiefreichende Alteration aufgelockert sind (vor allem feldspathaltige Gesteine): Kiese, Sande, Silte, Tuffe, Moränen, Alterite

300-2500 m/s

Gesteine mit luftgefülltem Porenraum (Luft: 330 m/s) zeigen geringere Geschwindigkeiten als Gesteine, die wassergesättigt sind (Wasser: 1500 m/s).

4.2.2 Reflexionen und Refraktionen

Abbildung 4.1 zeigt die direkten Wellen, die von einer Erschütterungsquelle ausgehen und die vom Reflektor, der Grenzfläche zwischen den Geschwindigkeiten V_1 und V_2, reflektierten Wellen. Die Abbildung enthält darüber hinaus die Kurve der Ersteinsätze der direkten und reflektierten Wellen an verschiedenen Punkten eines Profils auf der Erdoberfläche.

In der Hydrogeologie, die sich im allgemeinen nur mit geringen Tiefen befaßt, wird sehr häufig die Refraktionsseismik verwendet.

Abbildung 4.2 veranschaulicht die Ausbreitung des Schalls im Erdboden anhand direkter und refraktierter Wellen. Das gewählte Modell ist besonders einfach: die *Grenzschicht*, d. h. die Grenzfläche zwischen Gesteinen mit verschiedenen Ausbreitungsgeschwindigkeiten $V_1 < V_2$, verläuft in diesem Fall parallel zur Erdoberfläche. In Abb. 4.2 kann man die aufeinanderfolgenden Grenzen erkennen, die im Untergrund das vom Schall durchlaufene von dem noch nicht vom Schall durchlaufenen Gebiet trennen. Diese Grenzen verändern ihre Form in dem Maße, in dem man sich von der *Quelle* entfernt.

Auf der Erdoberfläche können diese Modifikationen mit Hilfe von *Geophonen* erfaßt werden, die die Ankunft des Schalls aufzeichnen. Sie werden mit zunehmendem Abstand von der Quelle aufgestellt; in Abbildung 4.6 entspricht jede der 12 *Spuren* einem von einem Geophon empfangenen Signal.

Von der Quelle zum Knickpunkt X_B kommen die direkten Wellen als erste am Empfänger an; auf der anderen Seite von X_B erreichen die refraktierten Wellen zuerst die Geophone (s. Abb. 4.6).

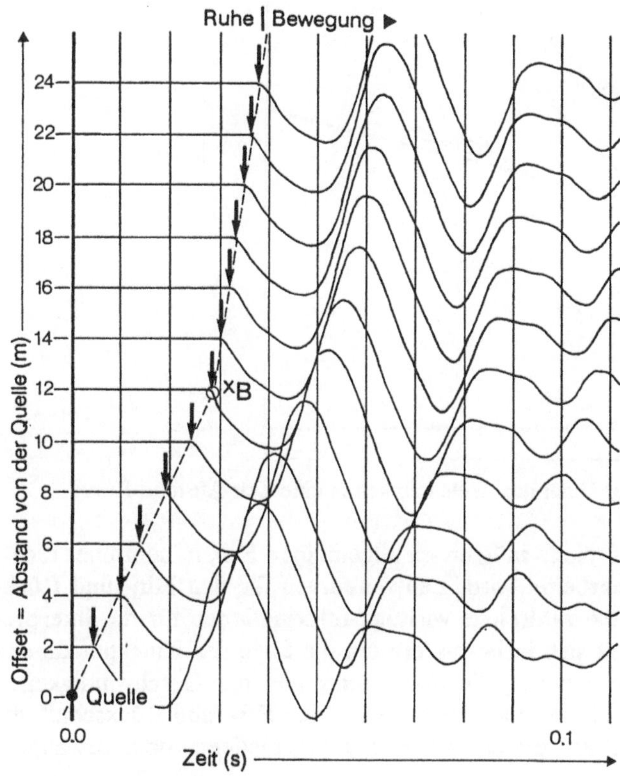

Abb. 4.6. Aufzeichnung der Ersteinsätze verschiedener direkter und gebrochener Wellen an der Erdoberfläche

Wenn die Geophone und die Quelle in einer Geraden angeordnet sind, kann die Ankunftszeit der ersten Bewegung an den aufeinanderfolgenden Geophonen in Abhängigkeit vom Abstand sehr leicht aufgetragen werden; man erhält so eine Zeit-Abstand-Kurve (die Zeit wird auf der Ordinate, der Abstand auf der Abszisse aufgetragen). Sie wird als Laufzeitkurve bezeichnet, in der die Aufzeichnungen, die im Gelände erstellt wurden, dargestellt sind.

Wir werden sehen, daß es mit Hilfe der Zeit- und Abstandsmessungen auf der Oberfläche möglich ist, sich ein Bild über den Verlauf der Wellen im Erdboden zu machen und daraus hilfreiche Schlußfolgerungen abzuleiten.

Darüber hinaus unterscheiden sich bei nichtparallelen Schichten die Laufzeitkurven, die in beiden Richtungen des Profils gewonnen werden, deutlich voneinander. Die gesamte Laufzeit ist für beide Richtungen gleich; zahlreiche Eigenschaften, insbesondere die scheinbaren Geschwindigkeiten, sind für beide Laufzeitkurven verschieden.

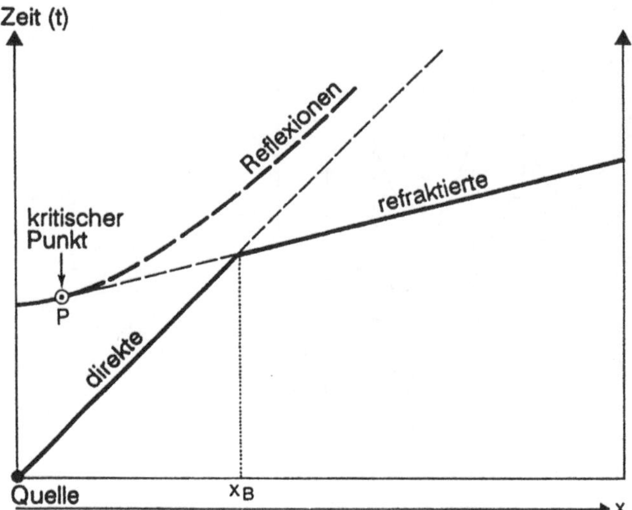

Abb. 4.7. Übertragung der Geländeaufzeichnungen in eine Zeit-Abstand-Kurve

Wegen dieser Unterschiede müssen im allgemeinen Fall, in dem über nicht-parallelen Schichten gearbeitet wird, Laufzeitkurven für den Hin- und Rückschuß erstellt werden, die zahlreiche wichtige Informationen für die Interpretation liefern. Es handelt sich insbesondere um die Lage des Knickpunkts und die Werte für die Interceptzeit, die *delay times* und die Geschwindigkeiten (x/t). Abbildung 4.8 zeigt eine Laufzeitkurve für den Hin- und Rückschuß, die über einer geneigten Schicht erstellt wurde. Die veschiedenen oben erwähnten Punkte sind erkennbar.

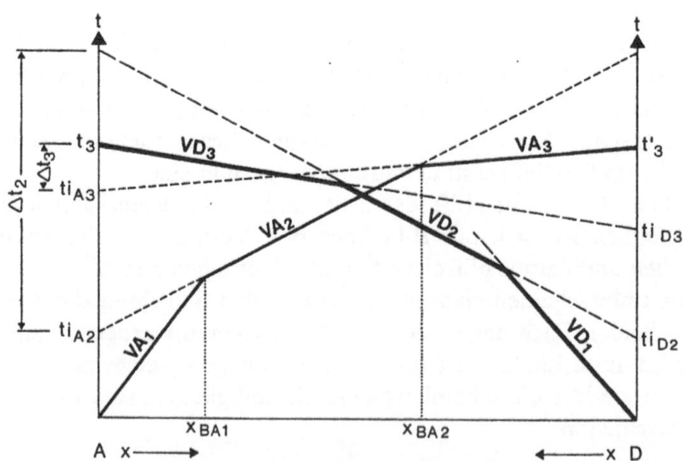

Abb. 4.8. Laufzeitkurve für den Hin- und den Rückschuß bei geneigten Grenzschichten

- V_{A2}, V_{A3} und V_{D2}, V_{D3} sind die scheinbaren Geschwindigkeiten, die sich im allgemeinen Fall bei geneigten Schichten von den tatsächlichen Ausbreitungsgeschwindigkeiten der durchlaufenen Schichten unterscheiden. Darüber hinaus unterscheiden sich die scheinbaren Geschwindigkeiten des Hin- und des Rückschusses für dieselbe Schicht, wenn die Grenzschicht nicht parallel zur Erdoberfläche verläuft.
- Die Interceptzeiten t_i werden durch die Schnittpunkte der Laufzeitkurve mit der Zeitordinate durch $X = 0$ gebildet. Die entsprechenden Interceptzeiten, die derselben Schicht entsprechen, unterscheiden sich, wenn die Schichten nicht parallel sind.
- Dies gilt auch für die Achsenabschnitte der entsprechenden Knickpunkte X_B.
- Die *delay times* δt_2, δt_3 usw. sind die Zeitdifferenzen der Erschütterungen, die von den Punkten A und D aus die gleiche Formation (V_2, V_3 etc.) durchlaufen haben und von dem gleichen Geophon aufgezeichnet wurden. Die Bereiche, in denen die *delay times* abgelesen werden können, sind in Abb. 4.9 schraffiert dargestellt.

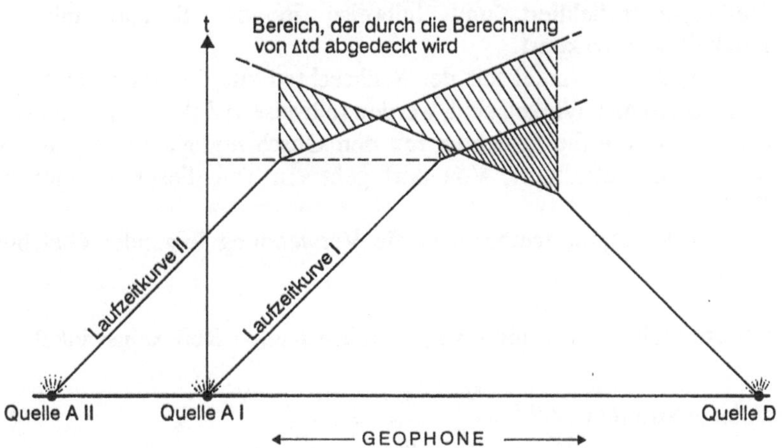

Abb. 4.9. Abschnitte der Laufzeitkurve, die die Verwendung der *delay time* ermöglichen

Werden die oben erwähnten Bedingungen erfüllt, kann man unter Verwendung der Gesetze der Optik die Parameter der Laufzeitkurve für eine quantitative Interpretation verwenden.

Die Anwendung der optischen Gesetzmäßigkeiten wird sehr erleichtert, wenn man die Wellen, von denen wir bis jetzt gesprochen haben, durch *Strahlen* ersetzt, die in allen Punkten senkrecht zur Welle verlaufen.

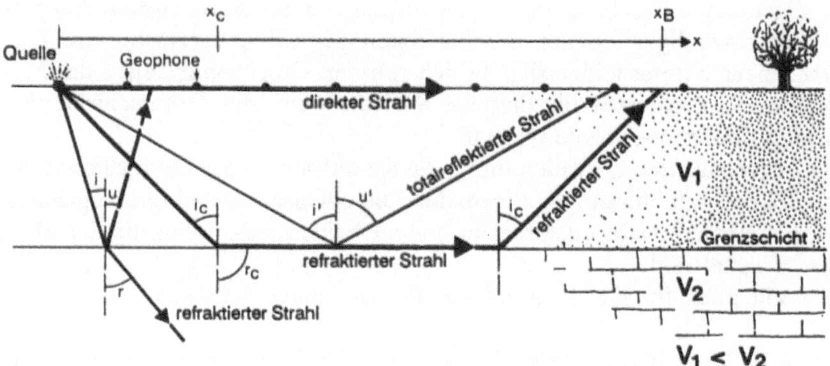

Abb. 4.10. Durch Strahlen veranschaulichter Verlauf einer seismischen Welle

Die direkten Strahlen breiten sich von der Quelle in alle Richtungen aus. Die Strahlen, deren Winkel mit der Senkrechten zur Ebene zwischen V_1 und V_2 größer als i_c sind, werden totalreflektiert. Die Strahlen, die mit der Senkrechten zur Grenzschicht V_1/V_2 einen kleineren Winkel als i_c bilden, werden teilweise reflektiert und teilweise in die Schicht mit der Geschwindigkeit V_2 refraktiert.

Die Strahlen, deren Winkel mit der Senkrechten zur Grenzschicht V_1/V_2 gleich i_c, dem kritischen Winkel, sind, werden teilweise reflektiert und teilweise entlang der Ebene, die die Schichten mit den Geschwindigkeiten V_1 und V_2 voneinander trennt, refraktiert. Von dort geht ein Teil dieser Strahlen zur Erdoberfläche zurück.

Die Gesetze der Optik ermöglichen die Verwendung folgender Gleichungen:

Für reflektierte Stahlen: $i = u$ und $i' = u'$, Einfallswinkel = Reflexionswinkel

Für refraktierte Strahlen:
$$\frac{\sin i}{\sin r} = \frac{V_1}{V_2} \; ; \; \frac{\sin i_c}{\sin r_c} = \frac{\sin i_c}{1} = \frac{V_1}{V_2} . \tag{4.2}$$

Die auf der Erdoberfläche beobachteten aufeinanderfolgenden Ereignisse, die auf eine von der Quelle erzeugte Erschütterung folgen, können in der Zeit-Abstand-Kurve (s. Abb. 4.7) dargestellt werden.

Der ideale Verlauf der Graphik in Abb. 4.7 ermöglicht es, die Ankunftszeit der direkten, refraktierten und reflektierten Wellen an der Erdoberfläche zu beobachten. Man stellt fest, daß die reflektierten Wellen immer nach der direkten Welle auftreffen. Die Gerade, die die Ankunftszeit dieser Wellen kennzeichnet, ist eine Asymptote an die Kurve, die von den Laufzeiten der reflektierten Wellen gebildet wird. Man kann weiterhin sehen, daß am kritischen

Punkt P die reflektierten Wellen zur gleichen Zeit wie die refraktierten Wellen ankommen; die Amplitude der reflektierten Welle hat dort ihren höchsten Wert; es gibt zwischen P und der Quelle keine refraktierte Welle.

Diese Eigenschaften der Signale erklären zum Teil, warum die Refraktionsseismik in der Hydrogeologie, die in der Regel oberflächennahe Bereiche untersucht, häufiger eingesetzt wird als die Reflexionsseismik.

In der Tat ist es bei der Aufzeichnung im Gelände einfacher, die ersten Ankunftszeiten zu ermitteln, als die letzten. Auf der anderen Seite lassen sich aus den Meßwerten der Refraktionen sehr einfach die Ausbreitungsgeschwindigkeiten herleiten. Die Geschwindigkeiten enthalten qualitative und semiquantitative Informationen über bestimmte Gesteinseigenschaften, z. B. Porosität, Festigkeit, Klüftung, Sättigungsgrad. Schließlich liefert die Refraktionsseismik selbst dann wertvolle Informationen über laterale Variationen, wenn die Schichten sehr steil stehen.

4.3 Die Messungen

4.3.1 Die Vorbereitung einer refraktionsseismischen Untersuchung

Bei der Interpretation der Refraktionsseismik wird das Laufzeitdiagramm analysiert. Es ist somit unerläßlich, die Messungen so durchzuführen, daß alle zur Interpretation erforderlichen Informationen in den Laufzeitkurven erscheinen. Insbesondere muß folgendes bestimmt werden (s. Abb. 4.8):

- die Steigungen $\delta t/\delta x$ der aufeinanderfolgenden Abschnitte der Laufzeitkurve, um daraus die Geschwindigkeiten abzuleiten
- die Lage X_B des Knickpunktes
- der Wert der Interceptzeit t_i
- der Wert der *delay times* δt_d. Wir werden sehen, daß es in dem Fall, in dem die Grenzschicht unterschiedliches Einfallen besitzt, sehr nützlich sein kann, nicht nur an beiden Enden der Anordnung die *delay times* zu bestimmen, sondern auch an mehreren Geophonorten.

Um ohne große Schwierigkeiten zu diesen Ergebnissen zu kommen, muß man Quellen und Geophone auf geradlinigen Profilen anordnen. Jeder Abschnitt der Laufzeitkurve muß durch mindestens drei Ankunftszeiten aufeinanderfolgender Geophone definiert sein. Aus diesem Grund ist es einleuchtend, daß die relative Lage der Geophone und der Quellen zueinander nicht gleichgültig ist. Bevor man die Anordnung im Gelände aufbaut und die Geophone und Quellen anbringt, kann man versuchen, die ungefähre Länge der verschiedenen

Abschnitte der Laufzeitkurve sowie die Lage des Knickpunktes X_B abzuschätzen, die für die vorgesehende Untersuchung von Bedeutung sind.

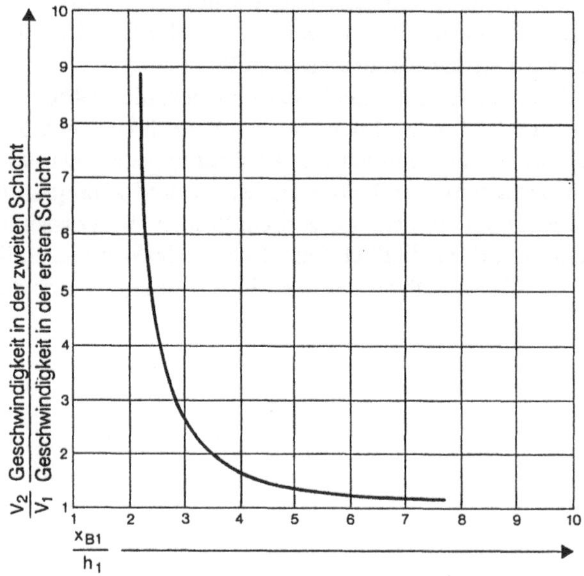

Abb. 4.11. Lage des Knickpunktes (X_B) in Abhängigkeit von h_1 und von V_2/V_1

Nach den ersten Versuchen können, je nach Ergebnis, die Geophone und Quellen entlang des Kabels zusammen- oder auseinandergeschoben werden. Wir müssen daran erinnern, daß das Kabel, das die Geophone mit dem Aufzeichnungsgerät verbindet, ein mehradriges Kabel ist.

Abbildung 4.9 zeigt, wie es - sofern erforderlich - möglich ist, das Refraktionssegment mittels einer festen Anordnung zu verlängern, indem man die Quelle von AI nach AII verschiebt.

Diese Vorgehensweise erlaubt es, die Zone auszuweiten, in der sich die von den Quellen A und D ausgehenden Wellen überdecken, und somit die Anzahl der Geophone zu vervielfachen, an denen die Berechnung der *delay times* δt_d zur Interpretation ermöglicht wird.

Die Meßanordnungen müssen selbstverständlich dem Ziel der Untersuchungen entsprechen. Die folgenden Beispiele stellen einige dieser Möglichkeiten dar.

Fall 1. Das wesentliche Ziel der Untersuchung besteht darin, die Mächtigkeit der obersten Schichten des Untergrundes sowie die seismische Geschwindigkeit der Schicht zu bestimmten. Für dieses Beispiel kann man annehmen, daß die Geschwindigkeiten der übereinanderliegenden, lateral homogenen Schichten mit der Teufe zunehmen:

$$V_1 < V_2 < V_3.$$

Unabhängig davon, ob die Schichten zur Oberfläche parallel oder nicht parallel sind, werden die Messungen zuerst auf einem geradlinigen Profil mit Hin- und Rückschuß durchgeführt (Quellen A und D). Die somit erhaltene Laufzeitkurve muß ein Ablesen der Steigungen $\delta t/\delta x$, der Interceptzeiten t_i, der Achsenabschnitte der Knickpunkte X_B und, wenn möglich, die Berechnung der *delay time* δt_d ermöglichen.

Fall 2. Das wesentliche Ziel dieser Untersuchung besteht darin, den Wert und den Azimut des Einfallens der Grenzfläche zu bestimmen, die die Schichten voneinander trennt. In diesem Fall müssen zwei Profile erstellt werden, die sich derart überschneiden, daß das tatsächliche Einfallen der Grenzschicht und ihr Azimut bestimmt werden kann. Ein einziges Profil kann lediglich das scheinbare Einfallen in eine Richtung liefern.

Fall 3. Das Ziel dieser Untersuchung besteht darin, die lateralen Variationen zu untersuchen: dieses Problem stellt sich sehr oft bei der Suche nach Aquiferen, die durch Klüfte oder subvertikale Gänge gebildet werden.

Diese Untersuchung kann sehr gut sowohl durch das Anbringen geradliniger Profile als auch durch fächerförmig angebrachte Sprengungen durchgeführt werden.

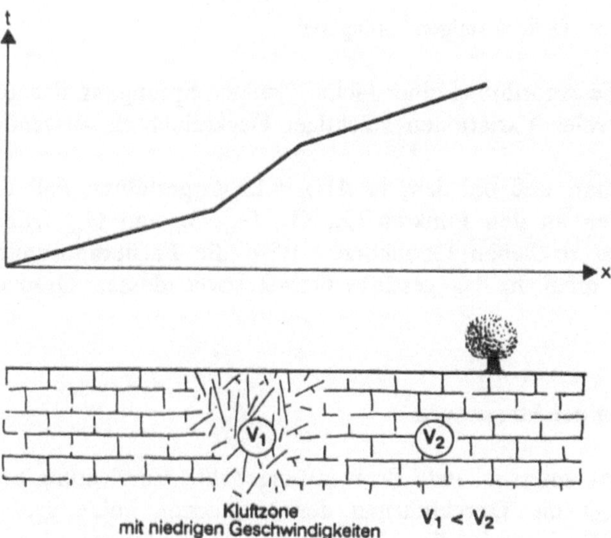

Abb. 4.12. Beispiel für laterale Variationen der Ausbreitungsgeschwindigkeiten über einer Kluftzone

Abbildung 4.12 zeigt ein geradliniges Profil senkrecht zu einem von Klüften durchzogenen Bereich (senkrecht zur Bildebene ausgedehnt). Die durch diese Laufzeitkurve erhaltene Anomalie dient im allgemeinen nur einer qualitativen oder semiquantitativen Interpretation; mit ihr kann zumindest die Lage der Kluftzone bestimmt werden.

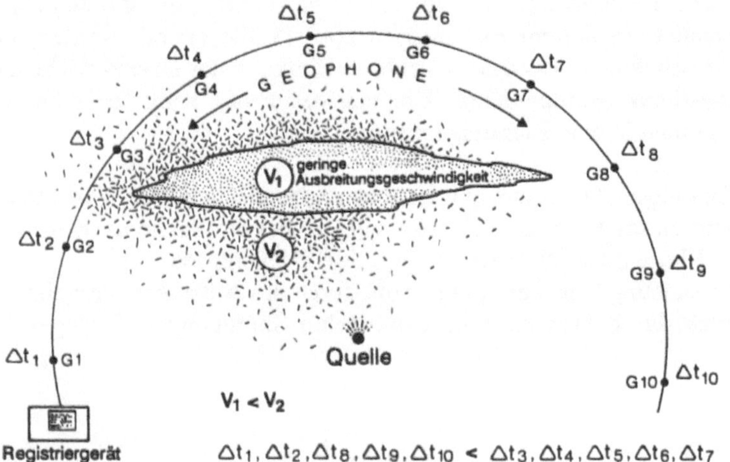

$$V_1 < V_2$$
$$\Delta t_1, \Delta t_2, \Delta t_8, \Delta t_9, \Delta t_{10} < \Delta t_3, \Delta t_4, \Delta t_5, \Delta t_6, \Delta t_7$$

Abb. 4.13. Anordnung einer fächerförmigen Sprengung

Abbildung 4.13 stellt die Anordnung einer fächerförmigen Sprengung dar, die zur Untersuchung lateraler Variationen mächtiger Deckschichten verwendet wird.

Man sieht unmittelbar, daß bei dem in Abb. 4.13 dargestellten Fall die Ersteinsätze der Wellen an den Punkten G_1, G_2, G_8, G_9 und G_{10} früher ankommen als an den restlichen Geophonen. Wird die Fächeranordnung verschoben, so ist es möglich, das gestörte Gebiet sowie dessen Grenzen ausfindig zu machen.

4.3.2 Die Durchführung der Messungen

Nachdem die an das zu untersuchende Problem angepaßte Vorrichtung ausgesucht wurde, bereitet die Durchführung der Messungen keine großen Schwierigkeiten mehr. Dagegen ist die Auswahl einer passenden seismischen Quelle nicht immer einfach. Es gibt eine sehr große Vielzahl seismischer Quellen: das Fallen schwerer Gewichte, der Schlag eines Hammers etc. Diese Vorgänge sind jedoch nur in Einzelfällen von Bedeutung. Die im allgemeinen verwendeten Vorrichtungen beruhen auf Schlägen einer Masse auf eine Platte sowie auf Sprengungen.

Die Verwendung einer Masse hat verschiedene Vorteile: Das preisgünstige Material läßt sich leicht transportieren. Moderne Geräte ermöglichen es im allgemeinen, die bei jedem Stoß aufgezeichneten Impulse zu stapeln, bis ein sehr gut erkennbares Signal vorliegt.

Der Nachteil bei der Verwendung einer Masse liegt darin, daß nur sehr wenig Energie umgesetzt wird und somit die Untersuchungstiefe gering bleibt. Diese Tiefe überschreitet, je nach Untergrund, im allgemeinen sehr selten 20 m.

Sprengungen dagegen lassen sich sehr schnell anwenden, die umgesetzte Energie und somit auch die Untersuchungstiefe sind groß. Leider hängt die Anwendung von Sprengungen von verschiedenen Genehmigungen ab. Sie können Schäden verursachen und dürfen aus Sicherheitsgründen nur von einem Fachmann durchgeführt werden.

Um einen maximalen Effekt der geringen Sprengladungen, die bei der Refraktionsseismik im allgemeinen verwendet werden, zu erhalten, müssen diese in einem engen Loch angebracht werden, das z. B. mit einer Brechstange ausgehoben wird. Dieses Loch muß darüber hinaus gut abgedichtet werden, damit ein zu starker Energieverlust nach oben in die Luft vermieden wird.

Seit kurzem wird mit Erfolg eine Quelle benutzt, die bestimmte Vorteile der Sprengvorrichtungen hat, ohne allerdings die damit verbundenen Nachteile aufzuweisen. Es handelt sich um "Kanonen", Rohre von ungefähr 30 mm Durchmesser, die mit einer Schlagvorrichtung ausgestattet sind. Der untere Bereich besteht aus einer großkalibrigen Kartusche (z. B. 35 mm); sie wird in ein Loch eingerammt, das sich in einer Tiefe von 30 - 50 cm befindet und mit Wasser aufgefüllt ist. Der Schlagvorgang ist nicht sehr gefährlich und vermeidet größere Schäden.

Für die Interpretation anhand einer Bewertung der Ersteinsätze müssen diese gut erkennbar sein. Sie sind um so deutlicher, je größer die an die Geophone angelangte Energie ist und je kleiner die Wellenlängen sind. In der Tat erscheinen Wellen von großen Wellenlängen in der Aufzeichnung als sehr "weich". Ihre Herkunft ist nicht genau bestimmbar. Um diese Schwierigkeit zu vermeiden, muß man starke Sprengsätze verwenden, wobei die Auffüllung des Bohrlochs sorgfältig durchgeführt werden muß (s. Abb. 4.6 und 4.14) und das Loch bei Bedarf durch die Zugabe von Wasser abgedichtet werden muß.

Die Erfahrung zeigt, daß im Untergrund die sehr kurzen Wellenlängen stark gedämpft werden; dies um so mehr, je mehr Luft in der Schicht erhalten ist und je geringer die Festigkeit ist. Man stellt darüber hinaus fest, daß eine Vergrößerung der Sprengladung eine Verschiebung des Frequenzspektrums in Richtung langer Wellenlängen bewirkt. In ungünstigen Fällen können sich diese Faktoren aufsummieren, und die kürzesten Wellenlängen werden vollständig ausgelöscht. Eine genaue Kontrolle wird schwierig oder sogar unmöglich.

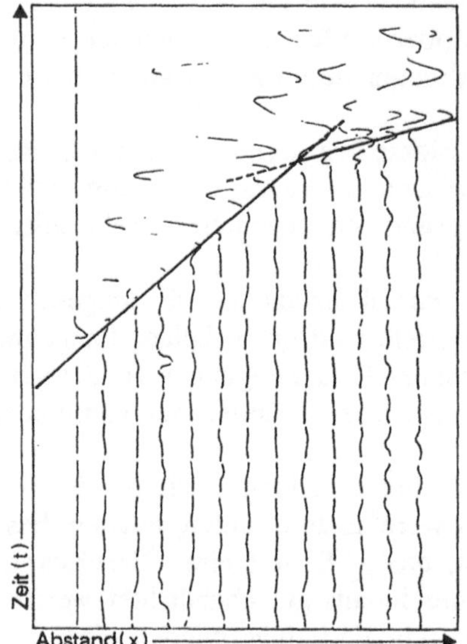

Abb. 4.14. Beispiel für die Aufzeichnung der Ankunftszeiten des Schalls (Ersteinsätze)

4.3.3 Die Auswertung und Korrektur der Messungen

Die Auswertung der Messungen besteht hauptsächlich darin, die ersten Ankunftszeiten der seismischen Wellen auf dem Aufzeichnungsgerät zu bestimmen. Man muß hierbei sehr genau aufpassen, daß nur die Impulse verwendet
werden, die zu derselben Phase gehören. Manchmal können in der
Aufzeichnung Ersteinsätze mit einer Phasenverschiebung beobachtet werden.
Diese Verschiebung kann mindestens eine halbe Periode betragen. Wird zur
Aufstellung der Laufzeitkurve die Gesamtheit aller Spuren verwendet, so kann
dies einen beträchtlichen Fehler zur Folge haben.
  Steigt ein Gelände nicht zu stark an, so erfordert die Refraktionsseismik
wenige oder fast gar keine Korrekturen. Lediglich die Untersuchungen, die
eine sehr hohe Genauigkeit aufweisen sollen, sprich diejenigen, deren Interpretation auf der Verwendung der *delay times* beruht, setzen ein sorgfältiges
Nivellement aller Geophone und Sprengpunkte voraus.

4.4 Interpretation der Ergebnisse

4.4.1 Eine einzige Grenzschicht parallel zur Erdoberfläche mit $V_1 < V_2$

Jede Interpretation erfolgt anhand der Untersuchung der Zeit-Abstand-Graphik, der Laufzeitkurve. Die Anwendung der optischen Gesetze ermöglicht die Aufstellung und Auswertung der Gleichung der Laufzeit, um die charakteristischen Geschwindigkeiten der übereinanderliegenden Schichten und die Mächtigkeit der ersten Schicht zu bestimmen.

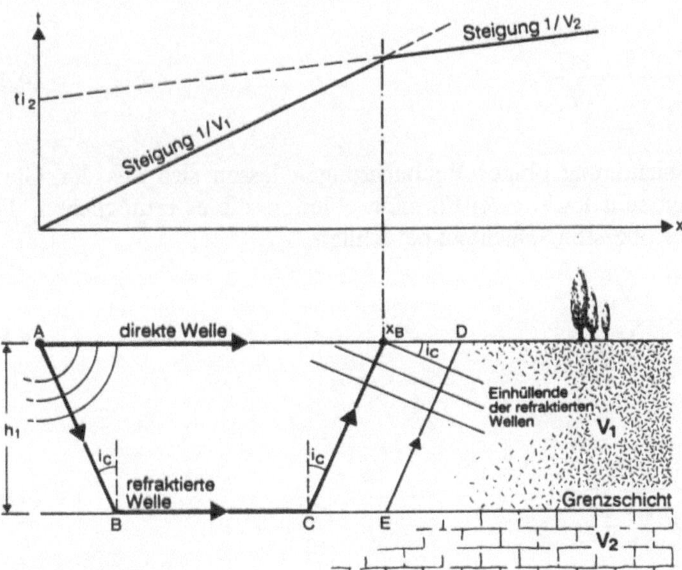

Abb. 4.15. Seismische Strahlen und Laufzeitkurve für den Fall einer einzigen, parallel zur Erdoberfläche liegenden Grenzschicht

Die gesamte Laufzeit zwischen A und D beträgt

$$T = \frac{AB + ED}{V_1} + \frac{BE}{V_2} \tag{4.3}$$

Um aus dieser Gleichung die erforderlichen Informationen zu gewinnen, muß man beachten, daß

- der Verlauf der Strahlen von A nach D der gleiche ist wie in umgekehrter Richtung von D nach A. Diese Gleichheit drückt sich durch die gleichen Laufzeiten für den Hin- und Rückschuß aus: sie muß in Geländeaufzeichnungen und in der Laufzeitkurve erscheinen;
- die direkten Strahlen, die auf die Grenzschicht V_1-V_2 unter dem kritischen Winkel i_c auftreffen, werden entlang der Grenzschicht gebrochen. Der Winkel beträgt $\sin i_c = V_1/V_2$ (Snelliussches Gesetz);
- die Einhüllende der refraktierten Wellen (senkrecht zu den Strahlen), die in Richtung von X_B aufsteigt, breitet sich mit der Geschwindigkeit V_1 aus, wogegen die scheinbare Geschwindigkeit an der Erdoberfläche den Wert V_2 hat und die Steigung des zweiten Abschnittes der Laufzeitkurve gleich $1/V_2^2$ ist.

Am Knickpunkt der Laufzeitkurve treffen die direkten und refraktierten Wellen zum selben Zeitpunkt ein.

$$t_{x_B} = \frac{Ax_B}{V_1} = \frac{AB + Cx_B}{V_1} + \frac{BC}{V_2} \tag{4.4}$$

Unter Mitberücksichtigung obiger Beobachtungen lassen sich aus der Gleichung der Laufzeit sehr leicht zwei Formeln ableiten, die es ermöglichen, die Mächtigkeit h_1 der obersten Schicht zu berechnen.

$$h_1 = x_B \cdot \frac{1}{2} \sqrt{\frac{V_2 - V_1}{V_2 + V_1}} \tag{4.5}$$

und

$$h_1 = t_{i2} \cdot V_1 \cdot \frac{1}{2} \cdot \frac{V_2}{\sqrt{V_2^2 - V_1^2}} \tag{4.6}$$

wobei X_B die Abszisse des Knickpunktes und t_{i2} die Interceptzeit ist. V_1 und V_2 ergeben sich aus dem Kehrwert der Steigungen der Laufzeitkurvenabschnitte, h_1 hat keine lokale Bedeutung, es handelt sich um die durchschnittliche Mächtigkeit zwischen den Punkten B und C aus Abbildung 4.15.

Die Berechnung von h_1 kann durch Verwendung kleiner programmierbarer Taschenrechner oder bereits berechneter Diagramme sehr erleichtert werden.

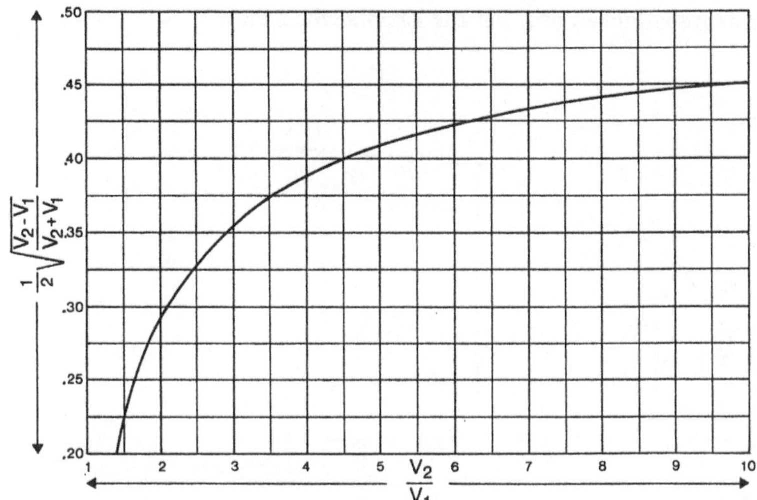

Abb. 4.16. Diagramm zur Erleichterung der Berechnung von h_1, ausgehend von X_B

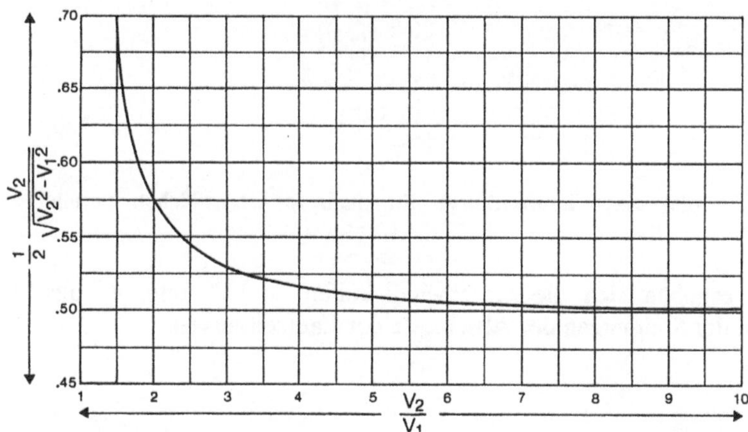

Abb. 4.17. Diagramm zur Erleichterung der Berechnung von h_1, ausgehend von t_i

Sehr häufig, wenn man einen Hammer als Energiequelle verwendet, ist die Laufzeitkurve nur auf den Abschnitt, der durch den Ursprung geht, begrenzt. In einem solchen Fall ist es trotzdem möglich, V_1 und einen Minimalwert von h_1 zu ermitteln. Hierfür genügt es, einen fiktiven Knickpunkt an das Ende der aufgezeichneten Laufzeitkurve anzubringen und für V_2 einen mit der geologischen Umgebung übereinstimmenden Wert zu wählen.

4.4.2 Mehrere Grenzflächen parallel zur Erdoberfläche mit $V_1 < V_2 < V_3$ ...

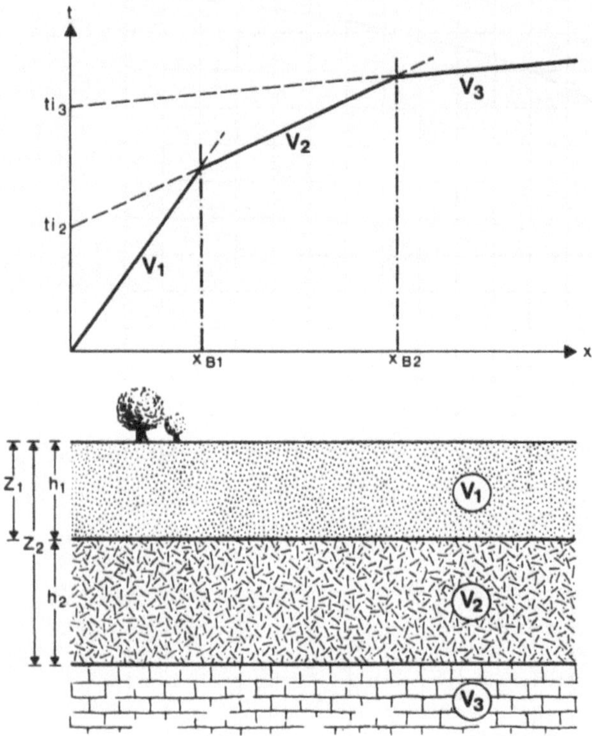

Abb. 4.18. Beispiel einer Laufzeitkurve für mehrere Grenzflächen parallel zur Erdoberfläche

Auch hier ergeben sich die Geschwindigkeiten V_1, V_2 und V_3 aus den Kehrwerten der Steigungen der Abschnitte der Laufzeitkurven.

$$V = \frac{1}{\dfrac{dt}{dx}}$$

(4.7)

Die Mächtigkeiten der aufeinanderfolgenden Schichten können mit Hilfe der Gleichung für die Laufzeiten und den Werten von t_i und X_B berechnet werden. Da diese Berechnung relativ umständlich ist, werden hier nur die Näherungsformeln angegeben, die 1973 von Mooney veröffentlicht wurden.

$$h_1 + h_2 = P \cdot h_1 + X_B \cdot \frac{1}{2} \sqrt{\frac{V_3 - V_2}{V_3 + V_2}}, \qquad \text{mit } P \simeq 0{,}8; \qquad (4.8)$$

$$h_1 + h_2 = t_{i3} \cdot V_2 \cdot \frac{1}{2} \left[\frac{V_3}{\sqrt{V_3^2 - V_2^2}} \right] - Q \cdot h_1, \qquad \text{mit } Q \simeq 2. \qquad (4.9)$$

Man kann bessere Abschätzungen erhalten, indem man für P und Q Werte verwendet, die sich aus den Diagrammen in Abb. 4.19 ablesen lassen.

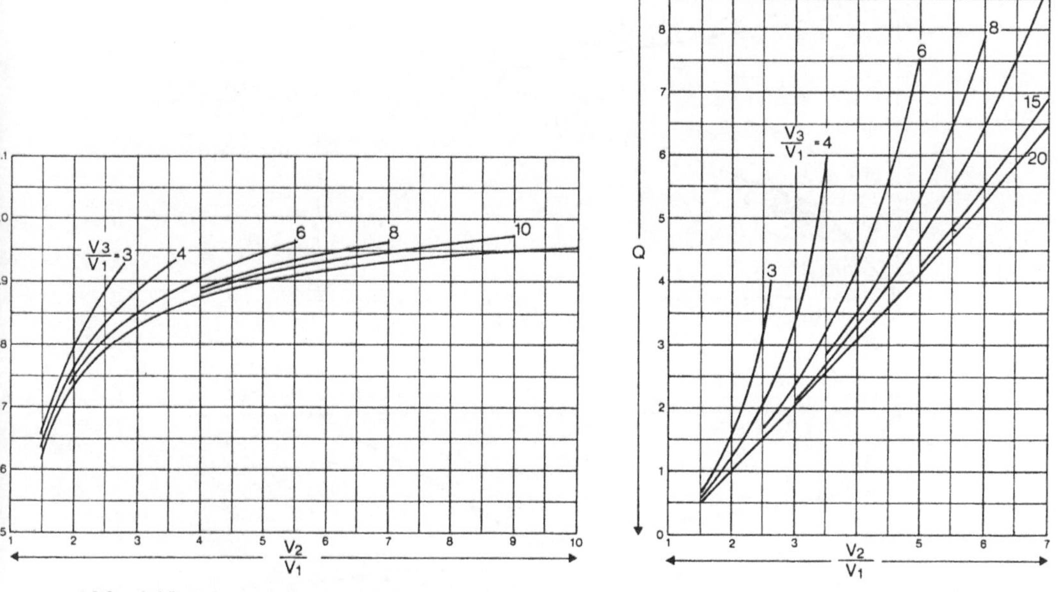

Abb. 4.19. Diagramme für das Ablesen der Faktoren P und Q (nach Mooney 1973)

Wenn die Anzahl der übereinanderliegenden Schichten größer als 2 ist, werden die Berechnungen sehr umständlich, und man benötigt kleine programmierbare Taschenrechner. Hierfür wurden verschiedene Programme veröffentlicht (Robert und Gex 1985, Campbell et al. 1981). Bei hydrogeologischen Untersuchungen bleibt die Untersuchungstiefe allerdings meist gering, und es ist selten der Fall, daß die Laufzeitkurven mehr als drei übereinanderliegende Schichten umfassen.

4.4.3 Eine oder mehrere geneigte Grenzschichten

Ist die Grenzschicht bezüglich der Erdoberfläche geneigt, so entspricht der zweite Abschnitt der Laufzeitkurve nicht mehr dem Kehrwert der Geschwindigkeit V_2, sondern dem Kehrwert einer scheinbaren Geschwindigkeit V_2. Andererseits unterscheiden sich die Achsenabschnitte der Knickpunkte X_B und die auf den Laufzeitkurven für den Hin- und Rückschuß beobachteten Interceptzeiten t_i voneinander.

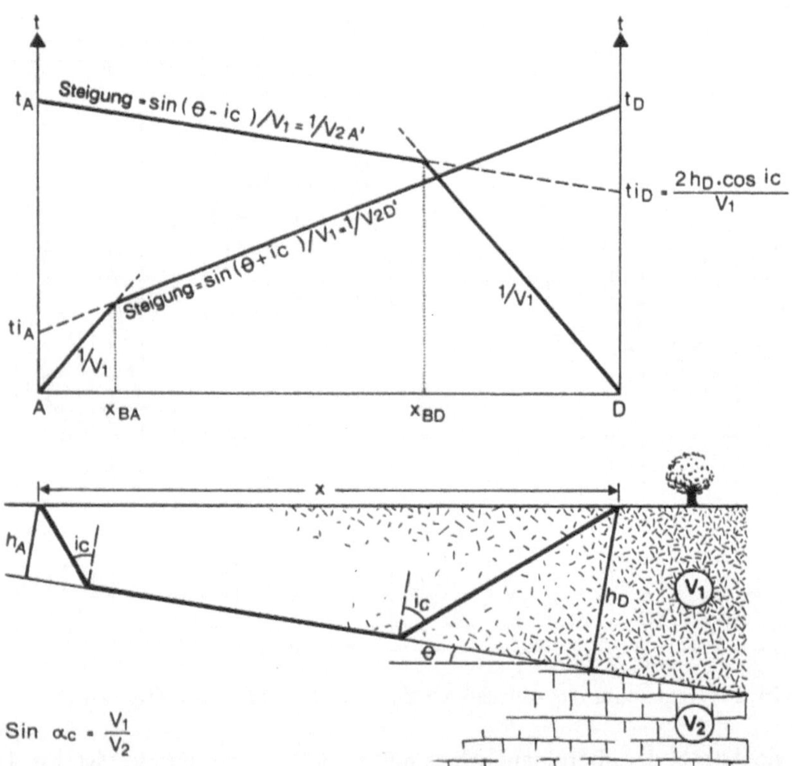

Abb. 4.20. Seismische Strahlen und Laufzeitkurve für den Fall einer geneigten Grenzschicht

Abbildung 4.20 zeigt insbesondere, daß jede Interpretation, die sich auf eine einzige Laufzeitkurve für den Hin- oder Rückschuß stützt, mit sehr großen Fehlern behaftet ist; um sich davon zu überzeugen, genügt es zu beobachten, wie sich jede scheinbare Geschwindigkeit V_2 verändert, wenn das Einfallen der Grenzschicht ab- oder zunimmt. Es sind somit unbedingt Laufzeitkurven für den Hin- und Rückschuß erforderlich. Darüber hinaus sieht man in Abbildung 4.20, daß die Gesamtzeiten t_A und t_D für die beiden Messungen denselben

Wert haben. Damit läßt sich eine gute Qualität der Aufzeichnungen überprüfen. Man muß hierbei anmerken, daß diese Gleichheit nicht immer beibehalten wird, wenn die Erschütterungsquellen auf beiden Seiten der Anordnung nicht sehr nah zum ersten Geophon angebracht wurden. Die Interpretation beruht auch hier auf der Untersuchung der Laufzeitkurven und auf den Gleichungen für die Laufzeiten.

$$t_A = \frac{2h_A \cdot \cos i_c}{V_1} + \frac{x}{V_1} \cdot \sin\left(i_c + \theta\right) \tag{4.10}$$

$$t_D = \frac{2h_D \cdot \cos i_c}{V_1} + \frac{x}{V_1} \cdot \sin\left(i_c - \theta\right) \tag{4.11}$$

wobei h der Abstand senkrecht zur Grenzschicht, i_c der kritische Winkel und θ die Neigung der Grenzschicht bezüglich der Erdoberfläche ist. Mit mehreren Verfahren, die auf diesen Gleichungen beruhen, können die Werte für die Ausbreitungsgeschwindigkeiten in den Schichten, für den Abstand der Grenzfläche und für deren Neigung bestimmt werden.

Insbesondere kann man

1. die Tiefe der Grenzschicht durch Anwendung der Formel für den Knickpunkt berechnen

$$h = \frac{X_B}{2} \cdot \sqrt{\frac{V_2 - V_1}{V_2 + V_1}} \tag{4.12}$$

wobei V_1 aus der Laufzeitkurve abgelesen werden kann;

V_2 wird gleichgesetzt $\quad \dfrac{V_{2A} + V_{2D}}{2}$ $\tag{4.13}$

X_B wird gleichgesetzt $\quad \dfrac{X_{BA} + X_{BD}}{2}$ $\tag{4.14}$

Dieses relativ ungenaue Verfahren ermöglicht eine näherungsweise Bestimmung der Teufe im Mittelpunkt der doppelten Anordnung.

2. den Abstand zwischen der Erdoberfläche und der Grenzschicht am Punkt A und D berechnen, indem man die Formel für den Knickpunkt sukzessive mit X_{BA} und X_{BD} verwendet. Hierbei wird V_1 wie im vorhergehenden Fall aus der Laufzeitkurve abgelesen. V_2 ist der harmonische Mittelwert von V_{2A} und V_{2D} mit cos θ multipliziert.

$$\overline{V}_2 = \frac{2V_{2A} \cdot 2V_{2D}}{V_{2A} + V_{2D}} \cdot \cos\theta \qquad (4.15)$$

wobei θ die Neigung der Grenzfläche bezüglich der Erdoberfläche ist.

$$\theta = \frac{1}{2} \cdot \left[\sin^{-1}\left(\frac{V_1}{V_{2D}}\right) - \sin^{-1}\left(\frac{V_1}{V_{2A}}\right) \right] \qquad (4.16)$$

Wir müssen daran erinnern, daß $\sin^{-1}(V_1/V_{2D})$, der arcus-sinus, der Winkel ist, dessen sinus den Wert V_1/V_{2D} hat.

3. die senkrechten Tiefen in Punkt A und D anhand der Interceptzeiten und

$$h_A = \frac{V_1 t_{iA}}{\cos\theta} \cdot \frac{1}{2}\left(\frac{V_2}{\sqrt{V_2^2 - V_1^2}}\right) \qquad (4.17)$$

$$h_D = \frac{V_1 t_{iD}}{\cos\theta} \cdot \frac{1}{2}\left(\frac{V_2}{\sqrt{V_2^2 - V_1^2}}\right) \qquad (4.18)$$

wobei V_2 mit Hilfe des harmonischen Mittelwertes und θ wie oben beschrieben (Methode 2) berechnet wird.

Der Fehler bei der Berechnung der Tiefen durch Weglassen von cos θ liegt unterhalb von 5 %, wenn θ 18° nicht übersteigt.

4. die Tiefe der Grenzfläche jeder Schicht unter mehreren Geophonen mit Hilfe der *delay time* berechnen. Für dieses Verfahren muß man über Paare von Laufzeitkurven für den Hin- und Rückschuß verfügen. Die Berechnung von h ist nur für Geophone möglich, die die von derselben Grenzschicht refraktierten Wellen in vergleichbarer Qualität für den Hin- und Rückschuß empfangen.

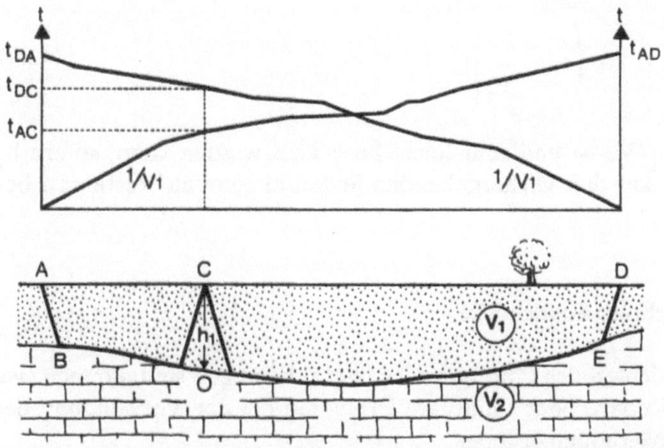

Abb. 4.21. Die Berechnung von h_1 unter Verwendung der *delay times*

Man kann zeigen, daß die für das vertikale Durchlaufen von OC mit der Geschwindigkeit V_1 erforderliche Zeit folgenden Wert hat:

$$t_{OC} = \frac{t_{AC} + t_{DC} - t_{AD}}{2} \tag{4.19}$$

wobei t_{AC}, t_{DC}, t_{AD} auf der Laufzeitkurve (s. Abb. 4.21) abgelesen werden. Ist der Unterschied zwischen den Geschwindigkeiten gering, so ist $V_1/V_2 > 1/3$.

$$h_1 = V_1 t_{OC} \cdot \cos\left(\sin^{-1}\frac{V_1}{V_2}\right) \tag{4.20}$$

Dasselbe Verfahren ermöglicht es, die Tiefe der zweiten Grenzschicht zu bestimmen, die sich zwischen der zweiten und der dritten Schicht befindet. Man kann schreiben:

$$t_{OC_{1,2}} = \frac{t_{AC} + t_{DC} - t_{AD}}{2} \tag{4.21}$$

= gesamte Zeit des senkrechten Verlaufs bis zur zweiten Grenzschicht

In diesem Fall werden t_{AC}, t_{DC}, t_{AD} auf dem dritten Abschnitt der Laufzeitkurven für den Hin- und Rückschuß abgelesen. Man kann schreiben:

$$h_2 = V_2 \left(t_{OC_{1,2}} - t_{OC_1}\right) \cdot \cos\left(\sin^{-1}\frac{V_1}{V_2}\right) \tag{4.22}$$

wobei t_{OC_1} gleich h_1/V_1 ist und sehr leicht berechnet werden kann, sofern h_1 mit Hilfe einer der auf den vorhergehenden Seiten erwähnten Verfahren bestimmt wurde.

4.4.4 Mehrere Schichten: Sonderfälle

Selbst wenn die Schichten des Untergrundes lateral homogen sind, können sich zahlreiche schwer lösbare oder unlösbare Probleme bei der Verwendung der oben dargestellten Methoden ergeben.

Die Profile der über *geneigten Schichten* durchgeführten Messungen haben nicht immer dieselbe Richtung wie das Einfallen; das aus den Laufzeitkurven ermittelte Einfallen der Grenzschicht ist lediglich ein scheinbares Einfallen. Um den Azimut und den Wert des wahren Einfallens zu ermitteln, ist es notwendig, ein zweites Profil über Hin- und Rückschuß aufzustellen, das senkrecht oder zumindest schräg zum ersten Profil verläuft. Man erhält somit auf jedem dieser Profile das scheinbare Einfallen der Grenzschicht. Aus diesen beiden Ergebnissen kann man die Richtung und den Wert des Einfallens der Grenzfläche ableiten.

Die graphische Lösung dieses Problems ist einfach:

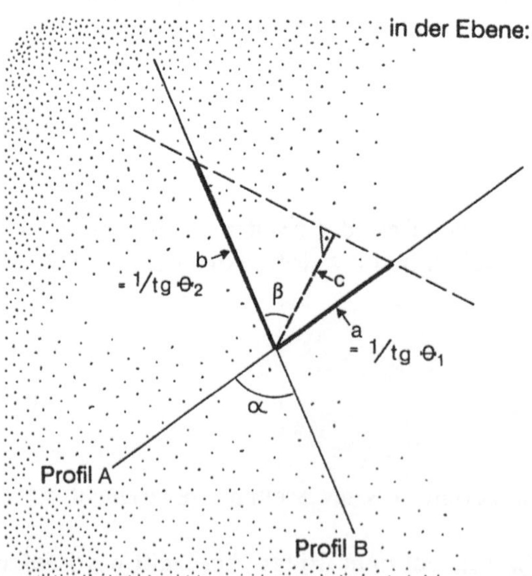

Abb. 4.22. Berechnung des Einfallens der Grenzfläche mit Hilfe des scheinbaren Einfallens

1. auf einer Ebene die Profile A und B unter Beibehaltung ihrer Ausrichtung auftragen;
2. von dem Schnittpunkt zwischen A und B ausgehend, A auf einen Abschnitt $a = 1/\mathrm{tg}\theta_1$ und B auf einen Abschnitt $b = 1/\mathrm{tg}\theta_2$ auftragen (beliebiger Maßstab);
3. die Gerade, die a und b verbindet, aufzeichnen: es handelt sich um eine horizontale Projektion;
4. die Senkrechte zu dieser Geraden aufzeichnen, die durch den Schnittpunkt der Profile A und B führt: dieser Abschnitt c ist in Richtung des wahren Einfallens ausgerichtet, seine Länge proportional zu $1/\mathrm{tg}\theta$.

$$c \cdot \mathrm{tg}\,\theta = a \cdot \mathrm{tg}\,\theta_1 = b \cdot \mathrm{tg}\,\theta_2 \qquad (4.23)$$

Nicht selten kann man in bestimmten Formationen, die zunehmend kompakter werden, Geschwindigkeiten beobachten, die mit der Tiefe *zunehmend größer werden*. In diesem Fall bildet die Laufzeitkurve eine Kurve ohne Knickpunkte; um sie zu interpretieren, muß sie durch eine bestimmte Anzahl gerader Abschnitte ersetzt werden.

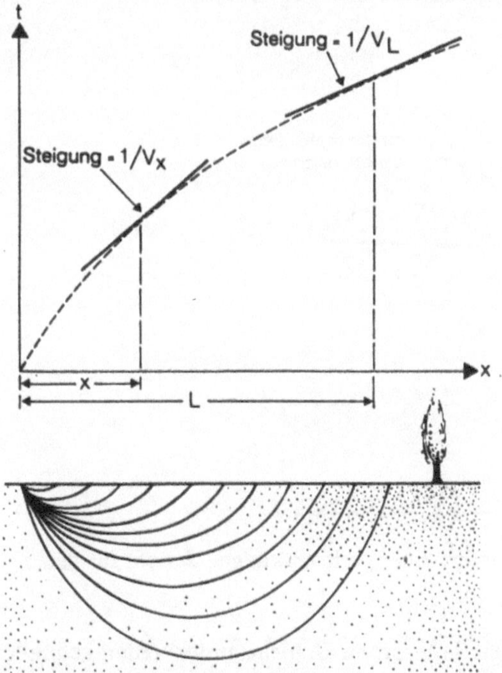

Abb. 4.23. Seismische Strahlen und Laufzeitkurven für Geschwindigkeiten, die mit zunehmender Tiefe ansteigen

Die auf den vorhergehenden Seiten beschriebenen Interpretationsmethoden setzten alle voraus, daß $V_1 < V_2 < V_3$ ... In der Natur kommt es gelegentlich vor, daß *V_2 kleiner ist als V_1*. Dies ist insbesondere der Fall, wenn Alterite von stark zementierten Lateriten überlagert werden.

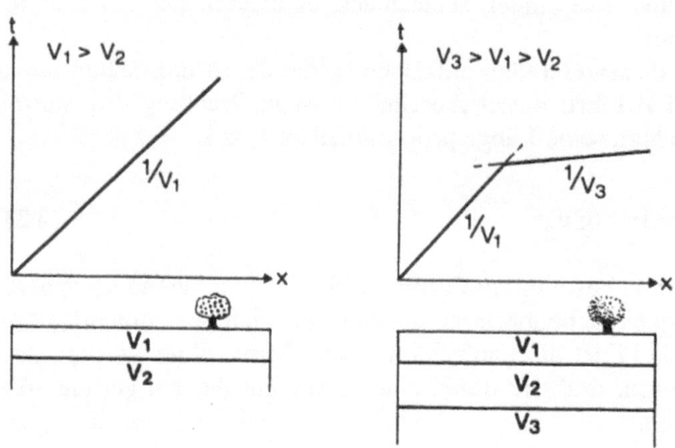

Abb. 4.24. Beispiele für Laufzeitkurven in zwei Fällen mit $V_2 < V_1$

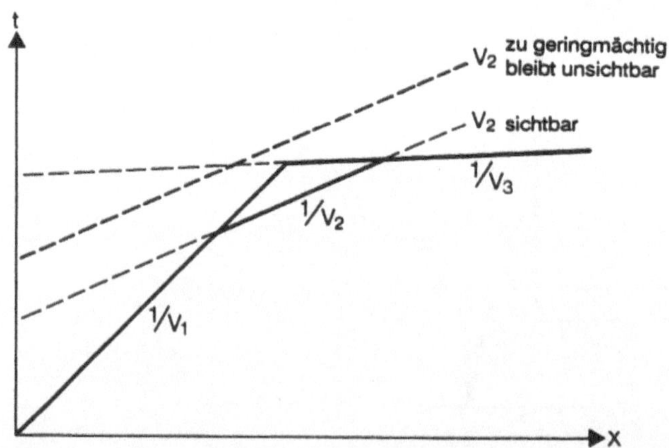

Abb. 4.25. Beispiel für das Verschwinden einer geringmächtigen Schicht für den Fall, daß $V_1 < V_2 < V_3$

Das Vorhandensein einer solchen langsamen Schicht unter einer schnellen Schicht hat bei der Interpretation das Verschwinden der ersten Grenzschicht sowie eine systematische Überschätzung des Abstandes zwischen Erdoberfläche und einer eventuellen zweiten Grenzschicht zur Folge. Selbst in günstigen

Fällen, in denen jede der Schichten durch lateral konstante Geschwindigkeiten sowie durch Geschwindigkeiten, die größer sind als die der darüberliegenden Schicht, gekennzeichnet sind, kann es vorkommen, daß eine *zwischenliegende Schicht nicht in der Laufzeitkurve erscheint.*

Beruht die Interpretation lediglich auf einer Laufzeitkurve, so ist sie mit großen Fehlern behaftet: V_2 erscheint nicht, und die der Grenzschicht zugeordnete Tiefe entspricht nicht dem tatsächlichen geologischen Sachverhalt. Kann man annehmen, daß eine Zwischenschicht vorhanden ist, so versucht man den Fehler zu reduzieren, indem man Vermutungen über h_2 und V_2 aufstellt.

In der Hydrogeologie trifft man oft auf den oben beschriebenen Sachverhalt. Oft treten geringmächtige Aquifere über einem undurchlässigen Substrat auf. Ein solcher geringmächtiger Aquifer, dessen Geschwindigkeit der der benachbarten Schichten sehr ähnlich ist, wird häufig nicht erkannt.

4.5 Anwendung der Refraktionsseismik bei der Untersuchung lateraler Variationen innerhalb von Aquiferen

Die Refraktionsseismik ist ebenso wie die Geoelektrik für die Untersuchung subhorizontal geschichteter Formationen besonders geeignet. Für die Hydrogeologie können bestimmte subvertikale Strukturen von großem Interesse sein: dies sind insbesondere Paläokanäle, Gesteinsgänge, Verwerfungen, Kluftzonen, die oft als Abflußkanal dienen.

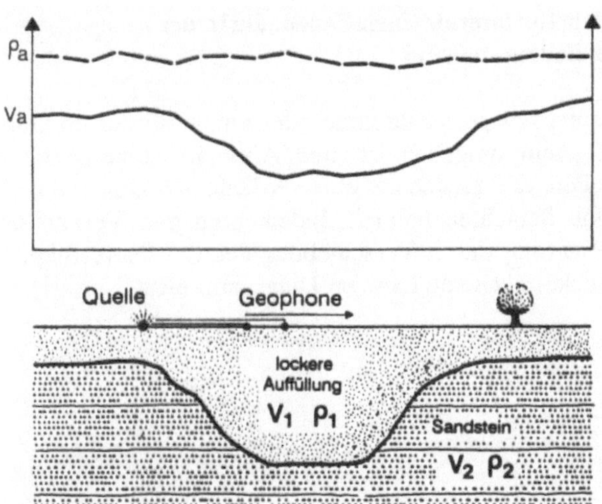

Abb. 4.26. Beispiel für ein seismisches Kartierungsverfahren

Die elektrischen Methoden lösen das Problem lateraler Variationen anhand von Profilen spezifischer Widerstände, insbesondere bei den Kartierungsverfahren. Es gibt keinen Hinderungsgrund, seismische Kartierungsverfahren zu verwenden, die eine Quelle und ein oder auch mehrere Geophone umfassen und unter konstantem Abstand entlang des gewünschten Profils verschoben werden.

Die Informationen, die diese seismischen Kartierungsverfahren liefern, umfassen nicht die Tiefe und die tatsächlichen Geschwindigkeiten, sondern lediglich scheinbare Geschwindigkeiten, die mit den scheinbaren spezifischen Widerständen aus den elektrischen Kartierungsverfahren vergleichbar sind. Die Werte der gemessenen Geschwindigkeiten haben keine eigenständige Bedeutung: es ist die Änderung dieser Werte, die es ermöglicht, eine geologische Struktur genauer zu untersuchen.

Abbildung 4.26 veranschaulicht die mit Hilfe von elektrischen Kartierungsverfahren und seismischen Kartierungsverfahren erhaltenen Ergebnisse über einem Paläokanal in muschelhaltigem Sandstein (ρ_2 = 190 Ωm, V_2 = 2600 m/s), der mit Ablagerungen (ρ_1 = 180 Ωm, V_1 = 1700 m/s) aufgefüllt ist.

Da die seismischen Kartierungsverfahren bei der Aufstellung zeitaufwendiger sind als elektrische Meßverfahren, lassen sie sich nur in Gebieten rechtfertigen, in denen die spezifischen Widerstände keine großen Unterschiede aufweisen.

Ist die zu untersuchende Struktur gut lokalisiert und nicht sehr ausgedehnt, so lassen sich seismische Kartierungsverfahren durch fächerförmige Sprengungen (s. Abb. 4.13) oder durch ein klassisches Profil mit Hin- und Rückschuß ersetzen.

4.5.1 Schematische Beispiele für laterale Variationen, die in der Hydrogeologie von großer Bedeutung sind

Abbildung 4.27 stellt schematisch eine Kluftzone oder einen alterierten Gang dar, der von frischem Gestein umgeben ist, und Abb. 4.28 eine vertikale Störung. Man kann feststellen, daß es sich um eine vertikale Struktur und nicht um eine Überlagerung von Schichten handelt, indem man den Verlauf der Wellen in umgekehrter Richtung durch Verschiebung der Quelle verfolgt. In diesem Fall ändert der Knickpunkt seine Lage im Diagramm nicht.

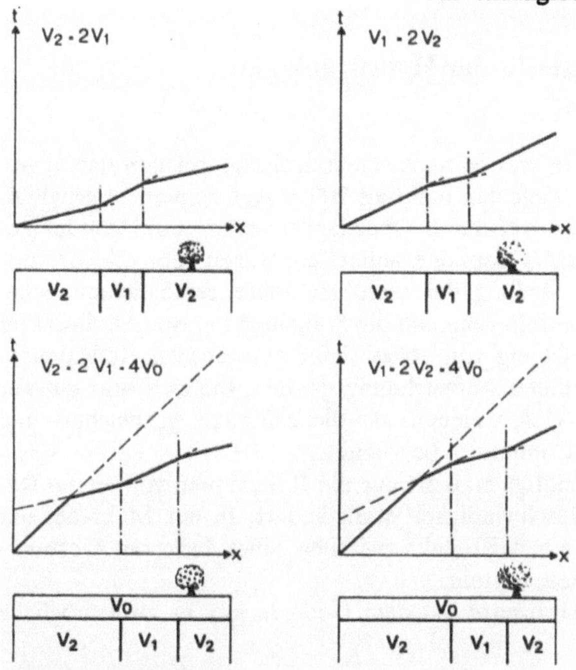

Abb. 4.27. Laufzeitkurven für verschiedene Fälle lateraler Variationen (Gesteinsgänge, Kluftzonen etc.)

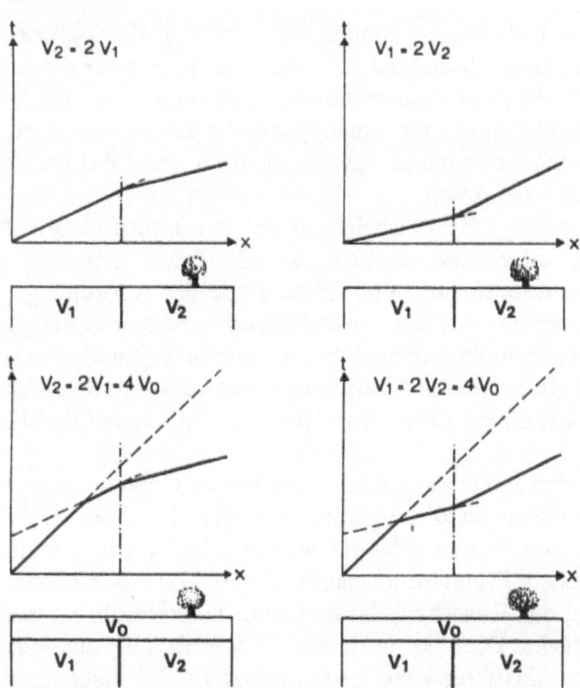

Abb. 4.28. Laufzeitkurven für verschiedene Fälle vertikaler Störungen

4.6 Die Reflexionsseismik in der Hydrogeologie

Vor ungefähr zwanzig Jahren war es noch sehr schwierig, mit den damaligen einfachen Mitteln aus einer Tiefe von mehr als 200 m Reflexionen zu erhalten. Die reflektierten Signale, die auf durch Oberflächenwellen, direkte oder refraktierte Wellen erschütterte Geophone auftreffen, waren sehr schwer voneinander zu unterscheiden. Anfang der sechziger Jahre ermöglichten neue, leichte Geräte, mit denen die Filterung und die Stapelung der Spuren direkt im Gelände erfolgt, die Aufzeichung von etwas tiefer gelegeneren Reflexionen. Neuerdings werden mit digitalen Aufzeichnungsgeräten, die sich sehr gut zur Untersuchung in geringen Tiefen eignen, sämtliche Signale gespeichert und anschließend mit Hilfe von Computern bearbeitet.

In der Hydrogeologie benötigt man oft nur die Reflexionen von einem Reflektor, an dem sich die Geschwindigkeit stark ändert. In der Mehrzahl der Fälle handelt es sich um einen Kontakt zwischen einer lockeren Gesteinsschicht und einem verfestigten Gestein.

Für die Erfassung der Meßwerte auf dem Gelände gibt es zwei mögliche Vorgehensweisen:

1. *die Methode des optimalen Fensters*,
2. *die Methode des optimalen Offsets*.

Bei der Aufzeichnung von Reflexionen benutzt die Methode des optimalen Fensters die relativ ruhige, lange Periodendauer, die unmittelbar der direkten Welle folgt (s. Abb. 4.29). Verfügt man nicht über Informationen über die seismischen Geschwindigkeiten sowie die Mächtigkeit der zu untersuchenden Schichten, so müssen versuchsweise einige Sprengungen durchgeführt werden, um das optimale Fenster zu bestimmen.

Die Methode des optimalen Offsets erleichtert bei der Interpretation die Berechnungen, erfordert allerdings ziemlich umständliche Arbeiten im Gelände. In der Tat müssen Sprengungen an jedem Ende der Anordnung (12 oder 24 Geophone) durchgeführt werden. Anschließend wird eine Sprengung in der Verlängerung der Anordnung durchgeführt, so daß das optimale Fenster mit den Geophonen im Mittelpunkt der Anordnung übereinstimmt. Schließlich muß an jedem Geophon bei einem Offset von Null eine Sprengung durchgeführt werden.

Bei jeder dieser Methoden sowie bei jedem betrachteten Gelände ist es erforderlich, die Erschütterungsquelle, die Eigenfrequenz der Geophone und das Filterfenster des verwendeten Geräts sehr gut auszuwählen. Im allgemeinen bemüht man sich, die hohen Frequenzen (mehr als 50 Hz) aufzuzeichnen. Durch diese Auswahl wird das Rauschen, das meist aus niedrigen Frequenzen besteht, sehr gut unterdrückt. Dies hat auch eine Vergrößerung des Auflösungsvermögens zur Folge, das umgekehrt proportional zur Wellenlänge der aufgezeichneten Wellen ist.

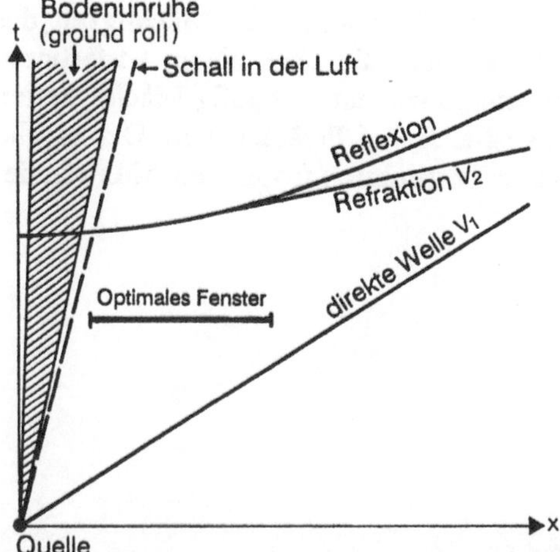

Abb. 4.29. Verschiedene Ereignisse, darunter die ersten Reflexionen, die im Laufe der Zeit von den Geophonen aufgezeichnet werden

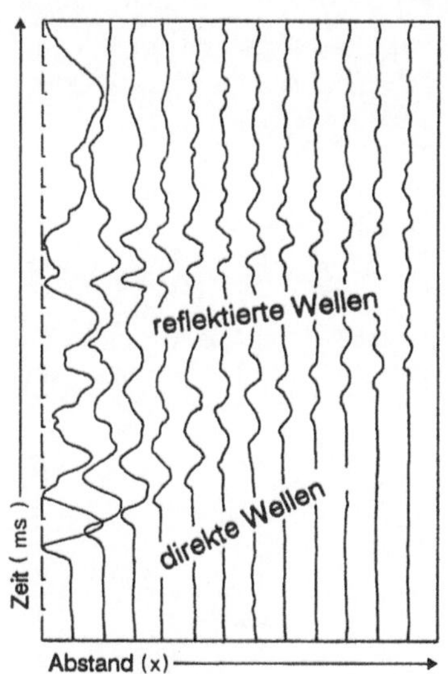

Abb. 4.30. Beispiele für die Reflexionen an einer Grenzschicht in geringer Tiefe

Die vereinfachte Reflexionsseismik besteht aus einer besonders ausgearbeiteten Weiterentwicklung der Refraktionsseismik. Sie wird für Tiefen von zehn bis zu einigen hundert Metern verwendet und kann auf sehr kleinen Flächen aufgebaut werden. Es sei daran erinnert, daß bei der Refraktionsseismik die Länge der auf der Oberfläche aufgebauten Anordnung im allgemeinen zwischen dem Drei- und dem Zehnfachen der erreichbaren Tiefe liegt.

In der Hydrogeologie ist es sehr oft von Bedeutung, die Mächtigkeit der lockeren und porösen Formationen zu kennen, die über einem verfestigten Untergrund liegen. Diese lockeren Formationen haben häufig Mächtigkeiten von mehr als 50, 100 oder 200 m. Dies ist z. B. bei Paläokanälen, Deltas, glazialen und periglazialen Schichten und bei bestimmten tropischen Alteriten der Fall.

5 Magnetik

5.1 Einführung

Die Magnetik spielt in der Hydrogeologie keine sehr große Rolle. Sie ist allerdings in Einzelfällen sehr hilfreich bei der Bestimmung der Lage von impermeablen kristallinen Sockeln unter Sedimenten oder Alteritschichten, die als Aquifere dienen können. Darüber hinaus erleichtert sie das Auffinden von Störungen und subvertikalen Gängen, die für Fluidzirkulationen von Bedeutung sind.

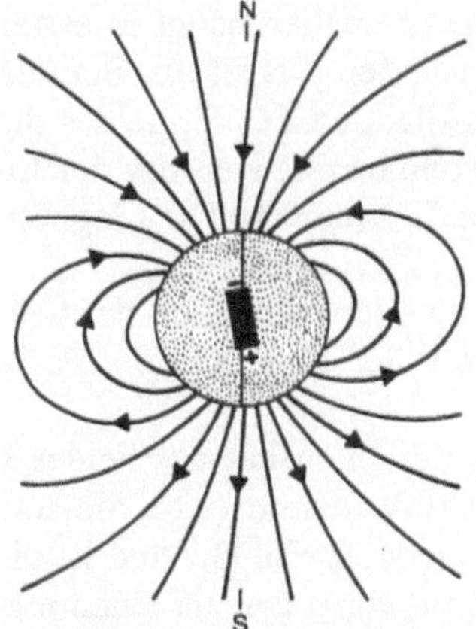

Abb. 5.1. Schematische Darstellung des Dipolfeldes der Erde

Das *Magnetfeld der Erde*, wie es in Abb. 5.1 schematisch dargestellt ist, kann an jedem Ort durch einen Vektor beschrieben werden: den *Gesamtvektor des Feldes* F oder eine seiner Komponenten, die Horizontalkomponente H oder die Vertikalkomponente Z (s. Abb. 5.2).

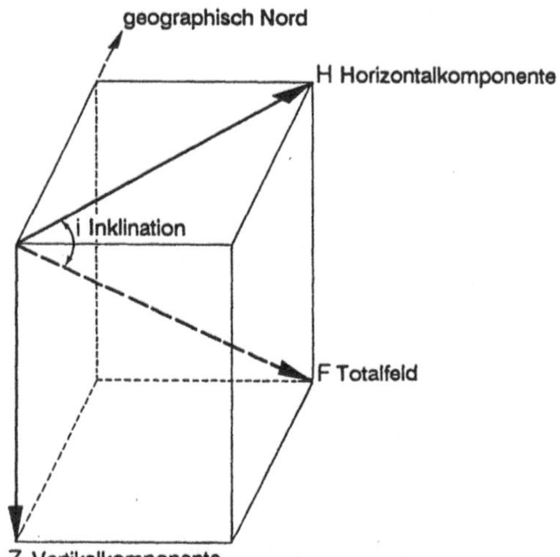

Abb. 5.2. Die Komponenten des Vektorfeldes an einem beliebigen Punkt der Erde

Magnetische Untersuchungen beruhen auf der Analyse *magnetischer Anomalien*. Dies sind lokale Verzerrungen des Magnetfeldes der Erde, bei denen sich die Ausrichtung und die Länge des Vektors, der das lokale Feld beschreibt, verändern.

Diese Anomalien werden durch das Vorhandensein magnetisierbarer Stoffe im Untergrund hervorgerufen. Der Verlauf dieser Anomalien hängt in erster Linie von der *Inklination* des Feldes in dem betrachteten Gebiet ab. Bei den *induzierten* Anomalien beeinflußt die derzeitige Inklination des Erdfeldes die Verzerrung. Die Eigenschaften der *remanenten* Anomalien hängen von der Inklination des Feldes während früherer geologischer Epochen ab. Die Magnetisierung ist gewissermaßen "eingefroren" worden.
Der Verlauf der Anomalien hängt somit zum Teil von der Inklination des heutigen oder früheren Feldes und darüber hinaus von der Lage, Größe, Form und Beschaffenheit der Störkörper ab.

In der Geophysik verwendet man zur Messung der Intensität des Feldes F (oder manchmal H) die Einheiten *Gamma* (γ) und *Nanotesla* (nT). Sie sind beide gleich groß und haben einen Wert von 10^{-5} Oersted. Ein Oersted ist die Einheit des Feldes an einem Punkt, auf den eine Kraft von 1 dyn auf einen magnetischen Einheitspol wirkt.

Die Intensität des Erdfeldes beträgt ungefähr 30 000 γ auf Höhe des Äquators und 60 000 γ an den Polen. Sie wird durch eine *Säkularvariation* beeinflußt, die sich aber nicht auf örtliche Untersuchungen auswirkt, sowie durch *tagesperiodische Variationen* (s. Abb. 5.4), die bei bestimmten Untersuchungen berücksichtigt werden müssen.

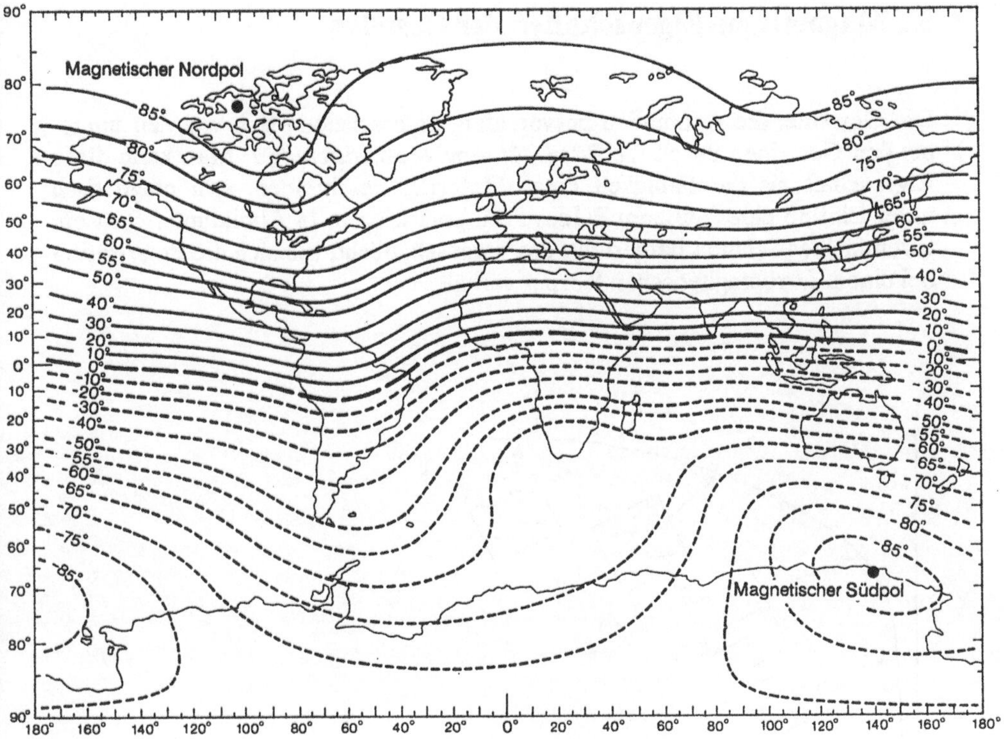

Abb. 5.3. Linien gleicher Inklination des Magnetfeldes der Erde

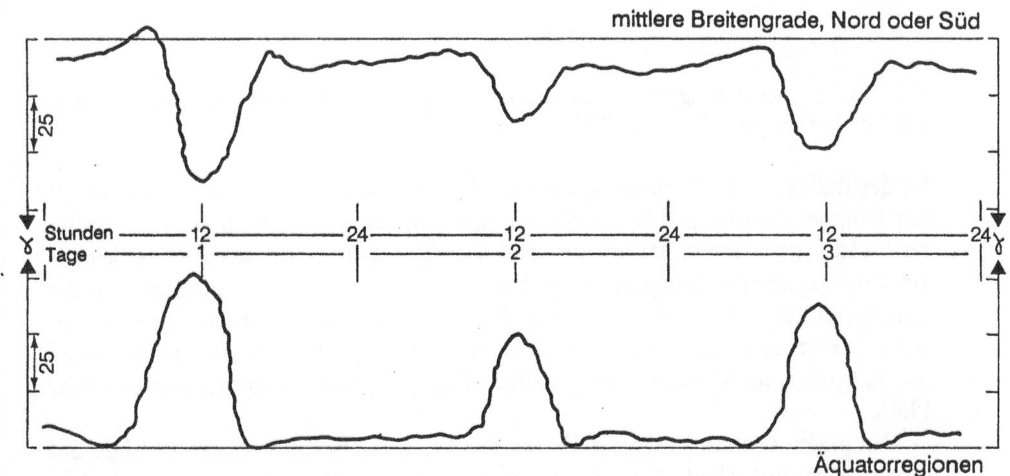

Abb. 5.4. Beispiele für die Aufzeichnung der tagesperiodischen Variationen

5.2 Magnetische Eigenschaften der Gesteine

Die Gesteine, die Anomalien hervorrufen, unterscheiden sich von den umgebenden Gesteinen durch die *Intensität ihrer Magnetisierung I*. Man kann diese Eigenschaft als die Fähigkeit eines Materials beschreiben, sich magnetisch unter Einfluß eines äußeren Feldes F zu polarisieren. In Abbildung 5.5 ist ein vereinfachtes Schema dargestellt, das veranschaulicht, wie sich die Polarisation bei einem ferromagnetischen Körper verhält.

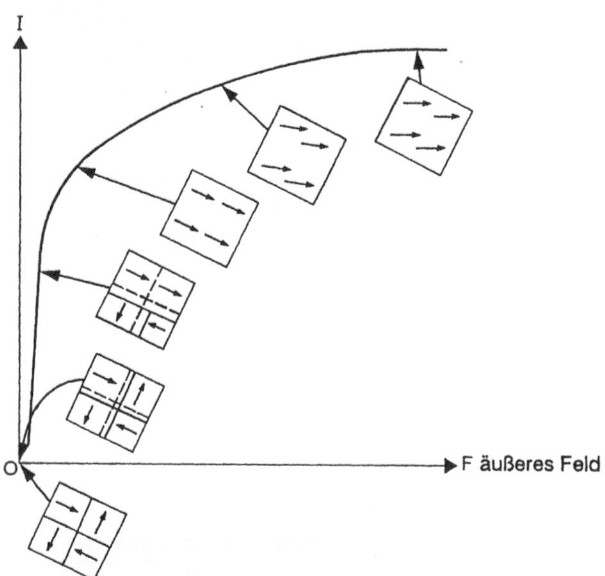

Abb. 5.5. Magnetisierung eines ferromagnetischen Materials unter dem Einfluß eines äußeren Feldes (nach Sharma 1986)

Ist das äußere Feld F schwach, wie z.B. das Erdmagnetfeld, so ist die Intensität der Magnetisierung I, d.h. die Magnetisierung pro Flächeneinheit, dem äußeren Feld proportional. Man kann schreiben $I = \kappa \cdot F$, wenn das Feld senkrecht zur Oberfläche des Körpers steht. Bei κ handelt es sich um die magnetische Suszeptibilität, einen sehr wichtigen Parameter für die Charakterisierung bestimmter Mineral- oder Gesteinsklassen. κ ist für para- und ferromagnetische Stoffe positiv, im Vakuum Null und für diamagnetische Stoffe negativ und sehr klein.

Die magnetischen Suszeptibilitäten der Gesteine beruhen in erster Linie auf deren Magnetitgehalt. Sie können innerhalb der gleichen petrographischen Klasse sehr stark variieren. Dennoch können einige Durchschnittswerte angegeben werden, die vor allem aufgrund ihrer relativen Größenordnung von Bedeutung sind. Diese Werte sind hier in $cgs \cdot 10^{-6}$ angegeben:

Tabelle 5.1. Magnetische Suszeptibilität verschiedener Gesteine

Gestein/Mineral	$\kappa(cgs10^{-6})$	I
Basische Gesteine	2600	7,5
Saure vulkanische Gesteine	680	2
Metamorphe Gesteine	350	1
Sedimente (seltene Ausnahme)	20	0
Magnetit	500000	4
Pyrrothin	125000	1
Ilmenit	125000	< 1
Quarz	0	0

Wie sich aus Tabelle 5.1 entnehmen läßt, unterscheiden sich bestimmte große Gesteinsklassen in ihren magnetischen Suszeptibilitäten sehr deutlich voneinander. Somit unterscheidet sich auch die Intensität ihrer Magnetisierung im Magnetfeld der Erde.

5.3 Deformation des Feldes um einen Störkörper

Die Minerale und die magnetischen Gesteine werden unter dem Einfluß des Erdmagnetfeldes polarisiert. Sie werden selbst zu Magneten und verändern das magnetische Feld um sie herum. Dieses Störfeld verursacht die Anomalien.

Abbildung 5.7 veranschaulicht die Anomalie, die der Störkörper aus Abbildung 5.6 auf der Erdoberfläche erzeugen könnte. Laut Definition spricht man von einer *positiven* Anomalie, wenn die Vektorsumme des (induzierenden) Erdmagnetfeldes und des (induzierten) Störfeldes größer ist als das ungestörte Feld. Man spricht von einer *negativen* Anomalie, wenn der resultierende Vektor kleiner ist als der Vektor, der an diesem Ort das ungestörte Feld beschreibt.

Die Magnitude der Anomalien oberhalb und unterhalb von Null, des eigentlichen lokalen Normalfeldes, kann sehr stark schwanken. Unter bestimmten Umständen kann die Magnitude bedeutender Anomalien einige γ oder auch einige tausend γ betragen (s. Abb. 5.8).

Sämtliche ferromagnetischen Gesteinsformationen, die sich im Erdfeld befinden, können als ein Dipol oder eine Ansammlung von Dipolen betrachtet werden.

Von der Erdoberfläche aus betrachtet können manche Dipole das Verhalten und die Eigenschaften von Monopolen oder auf einer Geraden angeordneten Monopolen annehmen. Die Untersuchung solcher Anomalien zeigt, ob es sich um Dipole oder um Pseudo-Monopole handelt.

In der Hydrogeologie beschränkt man sich im allgemeinen auf die Untersuchung besonders einfacher Anomalien. Durch Nichtberücksichtigung der remanenten Magnetisierung kann man für diese Fälle eine bestimmte Anzahl nützlicher Gesetze aufstellen.

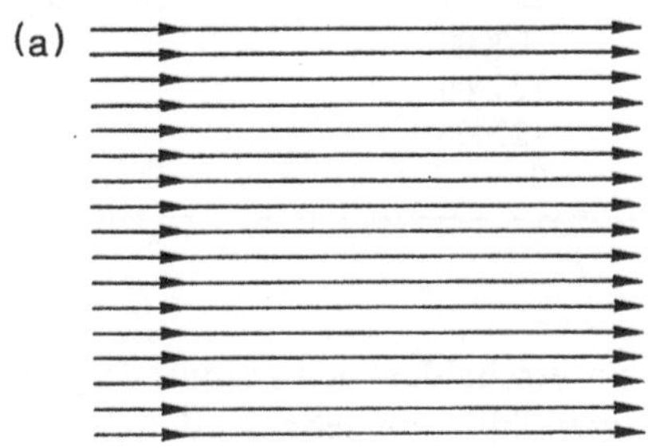

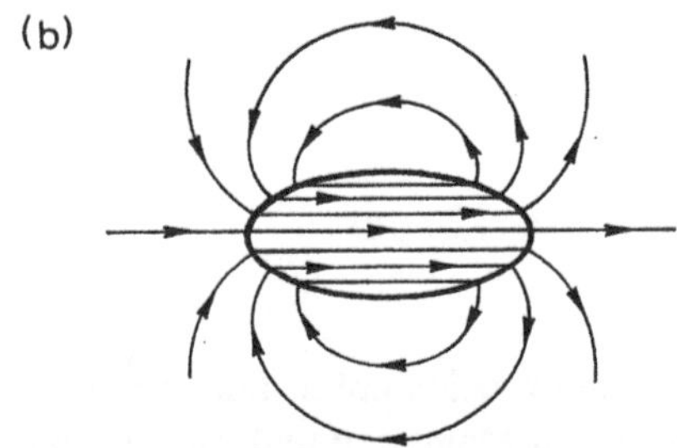

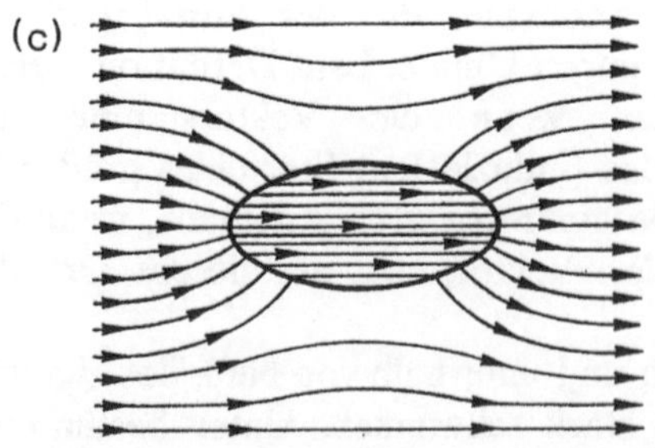

Abb. 5.6. a–c. Beeinflussung des Feldes durch einen ferromagnetischen Körper. a ungestörtes Feld. b Störung durch einen ferromagnetischen Körper. c Resultierende der Effekte von a und b

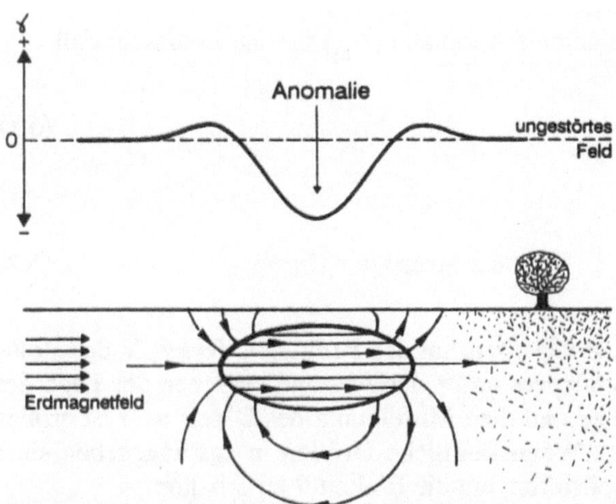

Abb. 5.7. Beispiel einer Anomalie im Erdmagnetfeld

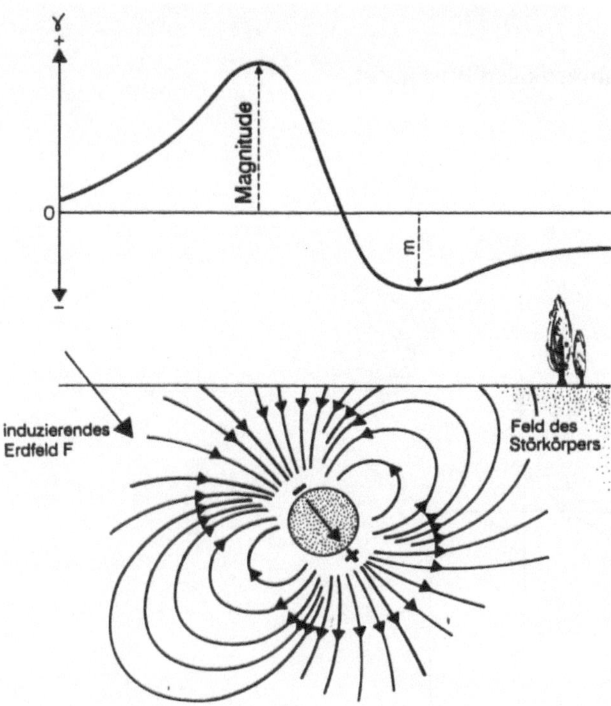

Abb. 5.8. Ferromagnetische Kugel, die einen Dipol im Erdmagnetfeld bildet

Im Fall eines Dipols. Die maximale Anomalie (A_m) beträgt in diesem Fall:

$$A_m = \frac{\kappa F V}{r^3} \tag{5.1}$$

und

$$\frac{2\kappa F V}{r^3} \qquad \text{in der Achse des Dipols} \tag{5.2}$$

wobei κ die Suszeptibilität, F die Intensität des Erdmagnetfeldes, V das Volumen des isometrischen Störkörpers und r der Abstand zwischen der Lage des Maximums an der Oberfläche und dem Mittelpunkt des Dipols ist. r ist größer als der Radius des Körpers. Wenn sämtliche Größen in cgs angegeben sind, muß man A_m mit 10^5 multiplizieren, um die Einheit γ zu erhalten.

Im Fall einer linienförmigen Anordnung der Dipole.

$$A_m = \frac{\kappa F t}{r^2} \tag{5.3}$$

wobei t die Breite des subvertikalen Prismas ist.

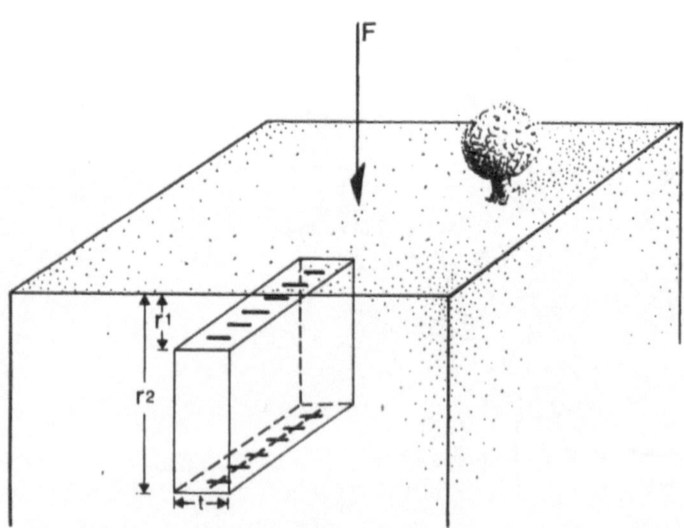

Abb. 5.9. Linienförmige Anordnung von Dipolen in einer endlichen ferromagnetischen Schicht

Im Fall eines Monopols.

$$A_m = \frac{\kappa FS}{r^2} \tag{5.4}$$

wobei S die Oberfläche des Körpers senkrecht zum Erdfeld ist.

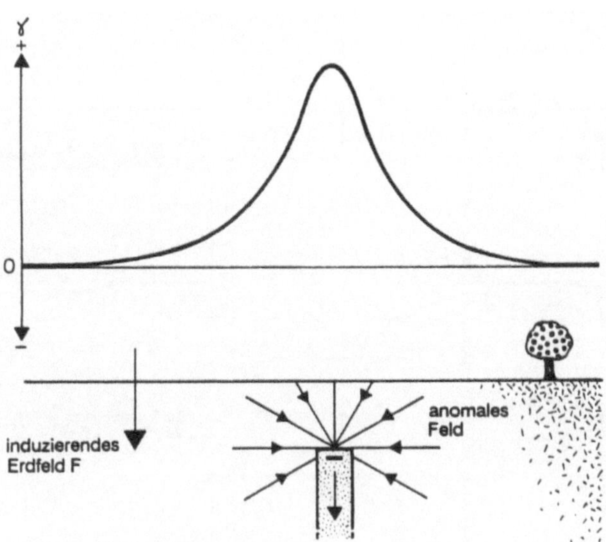

Abb. 5.10. Senkrechter Zylinder, der einen Pseudo-Monopol bildet

Für eine linienförmige Anordnung von Monopolen.

$$A_m = \frac{\kappa Ft}{r} \tag{5.5}$$

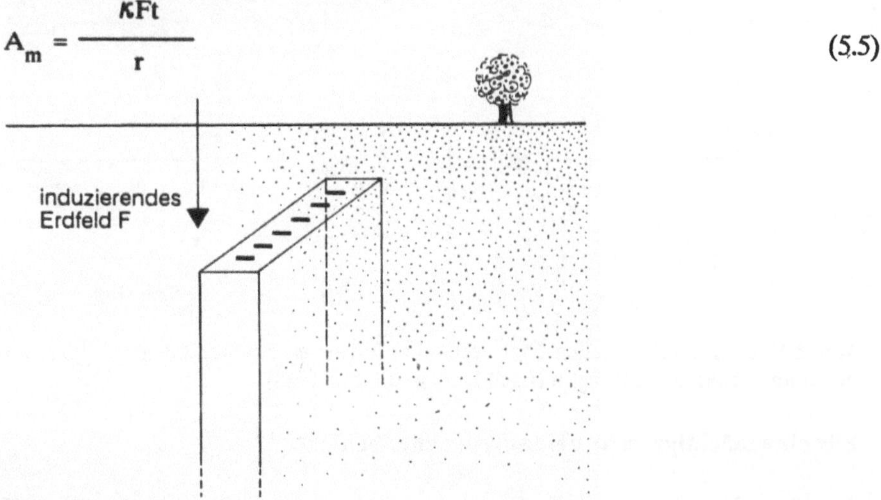

Abb. 5.11. "Unendliche" dünne Schicht, die eine linienförmige Anordnung von Monopolen bildet

Die Beispiele in den Abb. 5.12 und 5.13 geben einige theoretische Anomalien über Gängen und Störungen wieder.

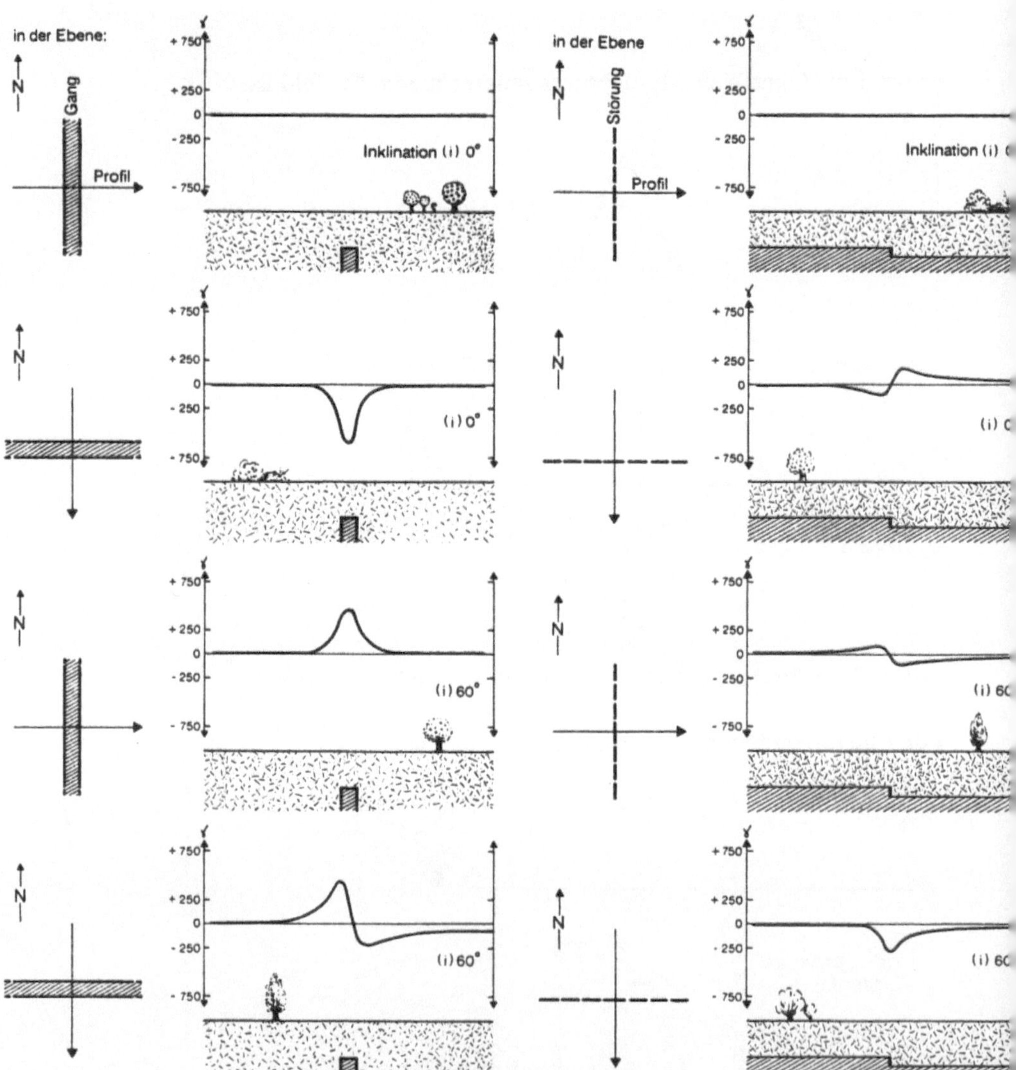

Abb. 5.12 a, b. (a) Anomalien über vertikalen ferromagnetischen Gängen. (b) Anomalien über vertikalen Störungen (nach Dobrin u. Savit 1988)

Für eine mächtige, sehr weit ausgedehnte Schicht.

$$A = 2 \cdot \pi \kappa F \tag{5.6}$$

Außer für diesen letzten Fall zeigt die genaue Betrachtung der obigen Formeln sowie der Verlauf der Feldlinien in der Umgebung der Dipole und Pseudo-Monopole, daß die Magnitude der Anomalie mit der Tiefe des Störkörpers abnimmt. Dagegen nimmt die andere Eigenschaft der Anomalien, d.h. ihre horizontale Ausdehnung, die Wellenlänge genannt wird, mit der Tiefe des Störkörpers zu. Diese Wellenlänge überschreitet sehr selten das Dreifache der Tiefe des Störkörpers. Im allgemeinen liegt sie zwischen dem einfachen Wert und dem Dreifachen dieser Tiefe.

Für die Hydrogeologie haben nicht alle Anomalien gleiche Bedeutung. Im allgemeinen konzentriert man sich auf die genaue Lagebestimmung von Verwerfungen bzw. subvertikalen Gängen, die als Wasserleiter dienen oder die Untersuchung der Oberfläche des Sockels unter porösen sedimentären Deckschichten erleichtern können.

5.4 Durchführung, Korrektur und Filterung der Messungen

5.4.1 Vorbereitung

Die Vorbereitungsphase ist für eine erfolgreiche Untersuchung ausschlaggebend. Um sie gewissenhaft durchzuführen, muß man ein klares Bild von den geologischen Gegebenheiten und von der Art der Anomalien, die damit verbunden sind, haben.

Wir haben gesehen, daß in der Hydrogeologie die Magnetik hauptsächlich dazu verwendet wird, geringmächtige subvertikale Strukturen ausfindig zu machen, die als Abflußkanal dienen können, oder auch seltener, um die Lage impermeabler Sockel unter porösen Schichten zu bestimmen (s. Abb. 5.12 und 5.13). Vor allem bei sehr alten kristallinen oder metamorphen Abfolgen dienen Störungen, Gänge und Adern der Wasserzirkulation.

Die Untersuchung von Luftaufnahmen und der lokalen geologischen Verhältnisse sowie die Kenntnis der Inklination des Erdmagnetfeldes geben ein ungefähres Bild über den Verlauf und die Größenordnungen der Anomalien, die an die gesuchten Strukturen gebunden sind. Dies ermöglicht auch eine genaue Planung der Messungen.

Damit die Anomalien möglichst gut lesbare "Signaturen" aufweisen, sollten die Profile im Idealfall einerseits senkrecht zu den Hohlräumen und Spalten und andererseits parallel zum magnetischen Meridian (N-S) verlaufen. Da beide Bedingungen nicht immer erfüllt werden können, muß man sich mit einem Kompromiß begnügen (s. Abb. 5.14).

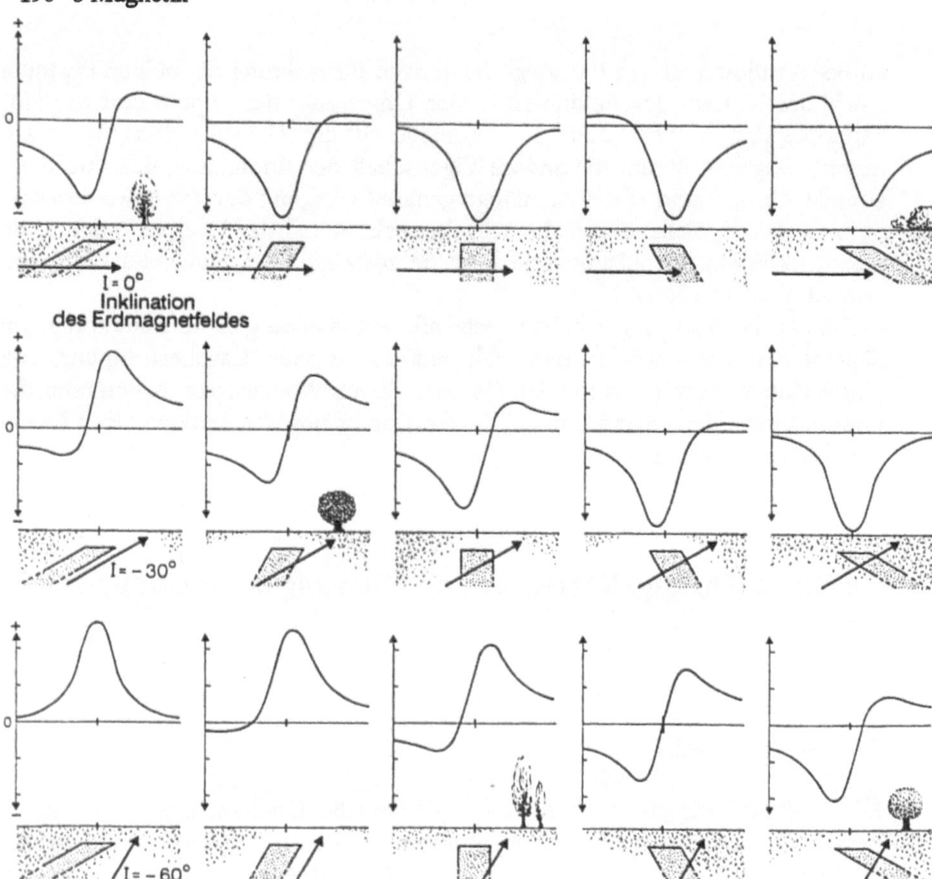

Abb. 5.13 a. Verlauf der Anomalien des Gesamtfeldes über ferromagnetischen Gängen (nach Parasnis 1986)

Jede Anomalie sollte unbedingt durch mehrere Messungen bestimmt werden. Man muß deshalb die Messung von Profilen in geringen Entfernungen voneinander durchführen, was sehr einfach ist, da sich die Messungen sehr schnell und einfach handhaben lassen.

Periodische Messungen am Ausgangspunkt, der willkürlich gewählt werden kann, ermöglichen es, die tagesperiodischen Variationen zu erfassen, sofern die gewünschte Genauigkeit dies erfordert. Diese tagesperiodische Variation bleibt auf großen Gebieten gleich: Man kann durch Verwendung einer Aufzeichnung, die an einer fest installierten Meßstation erstellt wurde, Korrekturen in einem Radius von bis zu 200 km durchführen.

Im Gegensatz zur Gravimetrie hat die Topographie hier wenig Einfluß auf die Messungen. Die Intensität des Feldes schwankt um weniger als 10 γ pro km mit der Breite und um ungefähr 25 γ pro km mit der Höhe. Für alle Untersuchungen auf relativ kleinen Gebieten - wie dies in der Hydrogeologie im allgemeinen der Fall ist - können alle diese Variationen sowie Variationen aufgrund der Inklination i als linear und vernachlässigbar betrachtet werden.

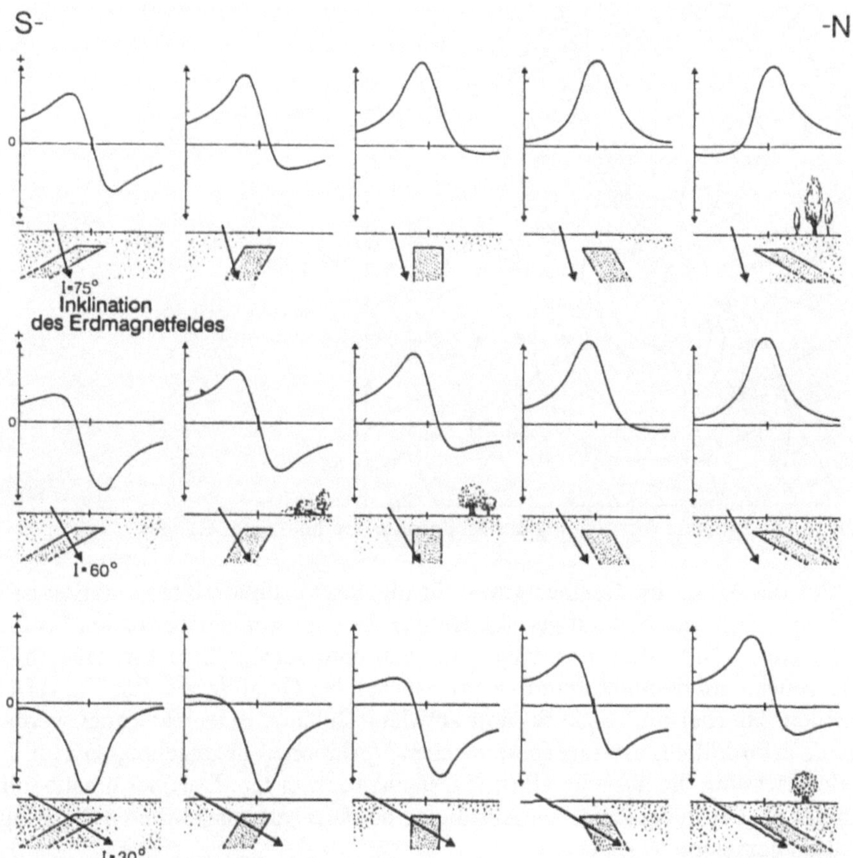

Abb. 5.13 b. Verlauf der Anomalien des magnetischen Totalfeldes über ferromagnetischen Gängen (nach Parasnis 1986)

5.4.2 Durchführung der Messungen

Bei jeder Untersuchung werden in der Vorbereitungsphase die gewünschte Genauigkeit, der Abstand der Stationen sowie die Ausrichtung der Profile festgelegt. Dann lassen sich die Messungen einfach und schnell durchführen. Die gängigen Magnetometer haben eine Genauigkeit von ungefähr 1 γ und können innerhalb weniger Sekunden die Intensität des Gesamtfeldes (Protonenmagnetometer) oder die Vertikalkomponente des Feldes (*Fluxgate*) messen.

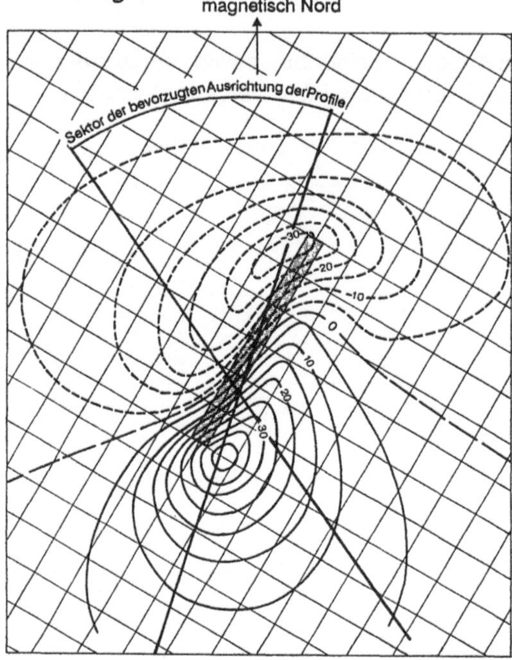

Abb. 5.14. Optimale Ausrichtung der Meßprofile oberhalb eines Ganges

Für die Arbeit im Gelände sowie für die anschließende Interpretation ist es hilfreich, die Stationen auf geradlinigen, mehr oder weniger parallelen Profilen anzuordnen. In bestimmten Fällen, je nach untersuchter Struktur, müssen die Messungen auf dem gesamten zu untersuchenden Gelände gleichmäßig verteilt werden. Hierbei muß jede Station auf dem Gelände gekennzeichnet werden. Ist es erforderlich, die tagesperiodischen Variationen abzuziehen, so muß bei jeder Messung die aktuelle Uhrzeit festgehalten werden. Darüber hinaus sollte immer wieder in periodischen Abständen an einer gut ausgewählten Ausgangsstation gemessen werden.

Enthält die oberste Erdschicht zahlreiche magnetische Heterogenitäten - dies ist z.B. in bestimmten Lateriten der Fall - so kann es nützlich sein, an jeder Meßstation vier oder fünf Meßpunkte in Form eines kleinen Polygons anzubringen. Mit dieser Vorgehensweise lassen sich die Ergebnisse gut überprüfen und gegebenenfalls fehlerhafte Meßwerte ausschließen.

Ist das Hintergrundrauschen zu stark, so kann versucht werden, es zu dämpfen, indem der Gradient gemessen wird. Die meisten Protonenmagnetometer enthalten einen empfindlichen Meßkopf, der in verschiedenen Höhen verwendet werden kann (z.B. 30 oder 300 cm über dem Erdboden). Die somit bestimmten Anomalien, die in der höheren und der tieferen Stellung gemessen wurden, sind um so unterschiedlicher, je näher sich die anomalieerzeugenden Körper an der Oberfläche befinden. Diese Messung des Gradienten ermöglicht es, bei Bedarf einen bestimmten Teil der Anomalien oberflächennahen Ursprungs abzuziehen.

5.4.3 Korrektur und Filterung der Meßergebnisse

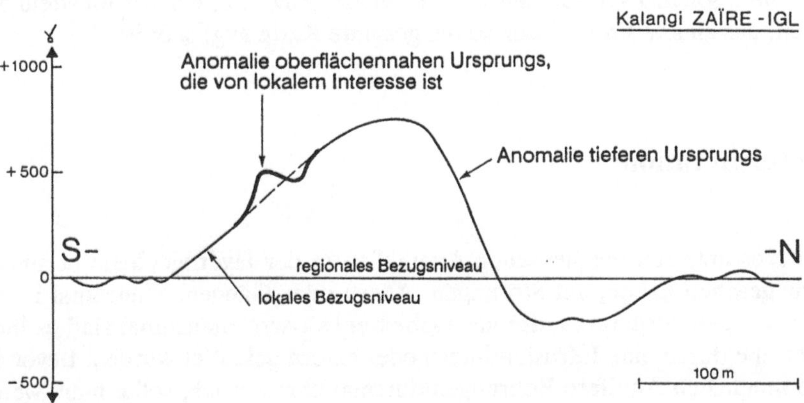

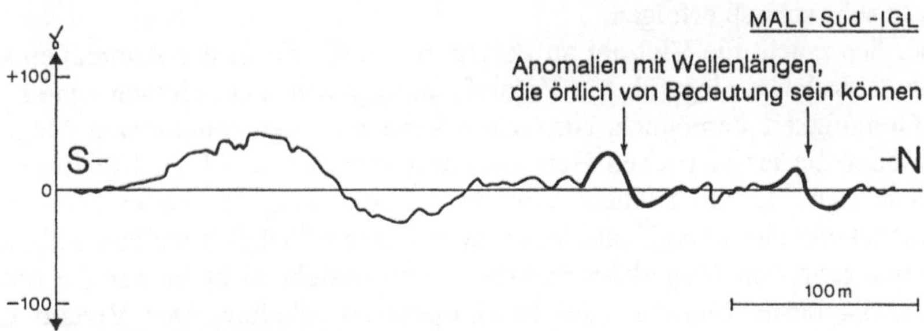

Abb. 5.15. Optische Filterung "verwendbarer" Anomalien (IGL: Geophysikalisches Institut, Universität Lausanne)

Bei magnetischen Untersuchungen im Rahmen der Hydrogeologie ist die einzige Korrektur, die immer durchgeführt werden muß, die der tagesperiodischen Variation. Diese Korrektur erfolgt durch Subtraktion der an einer festen Station aufgezeichneten oder durch periodische Messungen an einem Ausgangspunkt (s. Abb. 5.4) gemessenen tagesperiodischen Variationen von den im Gelände gemessenen Werten.

Die Filterverfahren für Karten und Profile sind im allgemeinen die gleichen, wie sie in der Gravimetrie angewendet werden (s. Abschn. 3.5.3). Hierbei sei allerdings angemerkt, daß Form und Größe der magnetischen Anomalien viel stärker variieren können, als diejenigen, die in der Gravimetrie beobachtet werden. Die "Signatur" der Störkörper ist in der Magnetik sehr charakteristisch.

Deshalb behält der Geophysiker bei der Untersuchung ganz bestimmter Strukturen - wie z.B. in der Hydrogeologie - gewöhnlich nur eine genau definierte Art von Anomalie bei. Er sucht bzw. legt den Schwerpunkt nur auf die Anomalien, die den in der Vorbereitungsphase bestimmten Modellen entsprechen. Unter solchen Umständen kann es überflüssig sein, ein Regionalfeld zu erfassen, das an alle Profile oder an die gesamte Karte angepaßt ist.

5.5 Interpretation

Die interessantesten magnetischen Anomalien in der Hydrogeologie beruhen, wie wir gesehen haben, auf Störungen, Adern oder Gängen. Manchmal ist es der Kern dieser Strukturen, der das Gebiet entwässert, manchmal sind es ihre Ränder, die durch eine Intrusion intern oder extern geklüftet wurden. Bevor in solche möglichen Aquifere Bohrungen durchgeführt werden, sollte man, wenn möglich, deren Grenzen lokalisieren und deren Tiefen gut kennen.

Obwohl es sehr gut ausgearbeitete Programme gibt, bleibt die Interpretation in der Hydrogeologie semiquantitativ und muß in den meisten Fällen im Gelände sehr schnell erfolgen.

Überdies macht die Vielzahl an Faktoren, die die Form der Anomalien sowie die zahlreichen eingeführten Vereinfachungen sehr beeinflussen, eine sehr hohe Genauigkeit unmöglich. Nur selten kann man den remanenten Magnetismus oder die magnetischen Heterogenitäten des untersuchten Körpers mitberücksichtigen. Darüber hinaus kann die Aufzeichnung der Anomalien durch Unterdrückung eines Regionalfeldes immer etwas willkürlich bleiben. Arbeitet man über sehr weit ausgedehnten Profilen, so besteht nicht immer die Möglichkeit, die beste "Signatur" des Störkörpers zu erhalten. Der Verlauf der Anomalie verändert sich, wenn das Einfallen oder die Streichrichtung des Ganges, die Inklination des Feldes, der Azimut oder die Lage der Profile sich ändern. Abbildung 5.16 zeigt einige deutliche Beispiele für diese Variationen. Für die *Abschätzung der Tiefe* reicht oft eine Genauigkeit von 10 bis ungefähr 50 % aus.

Es wurde bereits angedeutet, daß bei tieferliegender Ursache der Störung der Gradient der Anomalien abnimmt und darüber hinaus die "Wellenlänge" der Anomalien in der Größenordnung der ein- bis dreifachen Tiefe des Störkörpers liegt. Durch bestimmte empirische Regeln lassen sich die ersten Abschätzungen präzisieren und die Wellenlänge der Anomalie einer Tiefe des Störkörpers zuordnen. Sie sind nur bei großer Tiefe gültig, d.h. dem Vier- oder Fünffachen der wirksamen Ausdehnung des betrachteten Dipols oder Monopols.

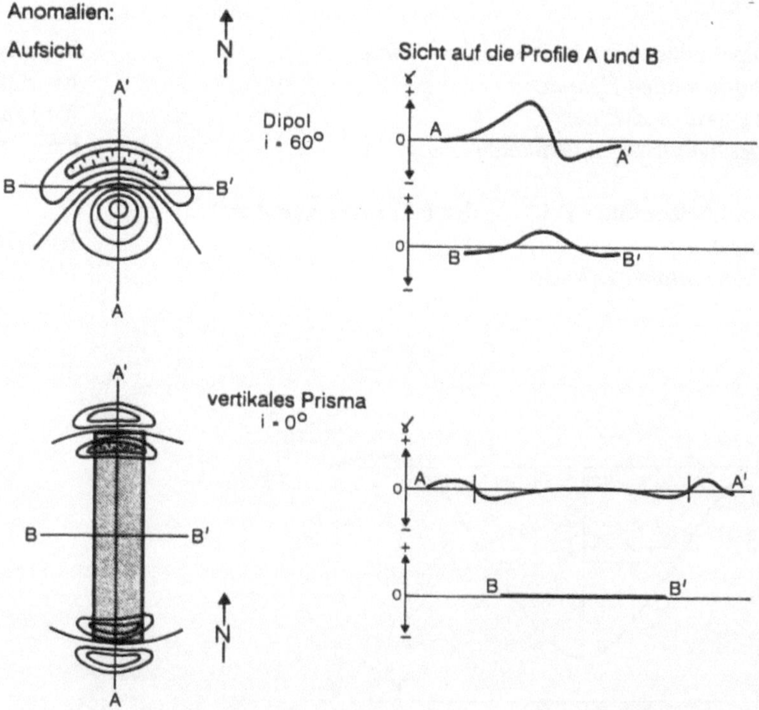

Abb. 5.16. Verschiedene Typen magnetischer "Signaturen" (nach Breiner 1973)

Unter einem vertikalen induzierenden Feld (in der Nähe der Pole).

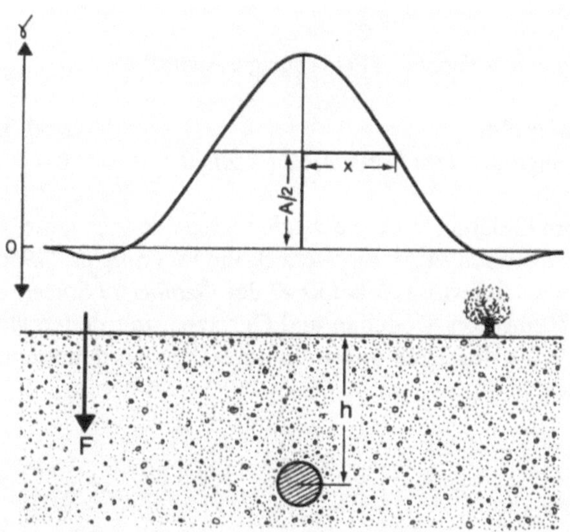

Abb. 5.17. Von einer ferromagnetischen Kugel erzeugte Anomalie in einem vertikalen Feld

Für eine *Kugel* oder einen *isometrischen Körper*   h =   2x.
Für einen *horizontalen Zylinder*   h =   2x.
Für einen *vertikalen Zylinder*   h = 1,3x.
Für einen *geringmächtigen vertikalen Gang*   h =   x.

Unter einem horizontalen Feld (in der Nähe des Äquators).
Für eine *Kugel*   h = 2,5x.
Für einen *horizontalen Zylinder*   h =   2x.

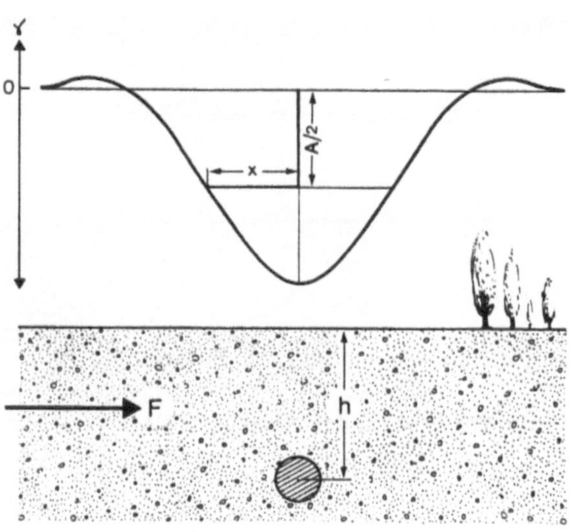

Abb. 5.18. Von einer Kugel in einem horizontalen Feld erzeugte Anomalie

Für einen *horizontalen Zylinder* N-S   h = 1,3x.
Für die E-W-Kante einer *geringmächtigen horizontalen Schicht*   h =   x.

Es gibt Methoden, die sich im Gelände leicht anwenden lassen, jedoch genauer gehandhabt werden müssen als oben erwähnt, wie z.B. die von *Smellie* (1956) vorgeschlagene. Darüber hinaus liefert das *Memoir 47* der *Geological Society of America* (1951) eine ganze Reihe von Modellen und Gesetzen, mit denen sich sehr rasch gute Näherungen für die Tiefe sowie die lateralen Ausdehnungen der Störkörper machen lassen.

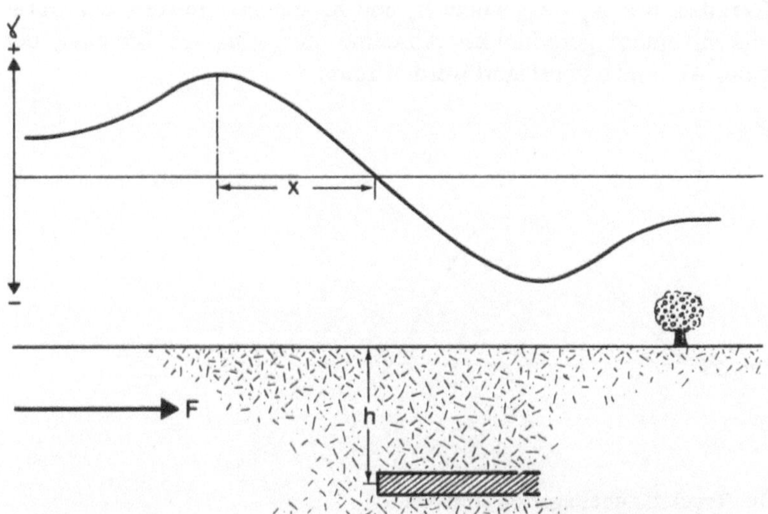

Abb. 5.19. Anomalie an der Kante (E-W) einer geringmächtigen horizontalen Schicht

Unter einem geneigten induzierenden Feld (allgemeiner Fall).

Petersches Gesetz h = 0,63 $(X_a - X_b)$ $\qquad\qquad\qquad\qquad\qquad\qquad$ (5.7)

Um X_a und X_b zu erhalten, wird an der Krümmung der Anomalie die Tangente maximaler Steigung aufgezeichnet. Anschließend zeichnet man die beiden Tangenten ein, deren Steigung halb so groß ist wie die der Tangente maximaler Steigung. Diese Tangentenpunkte definieren X_a und X_b.

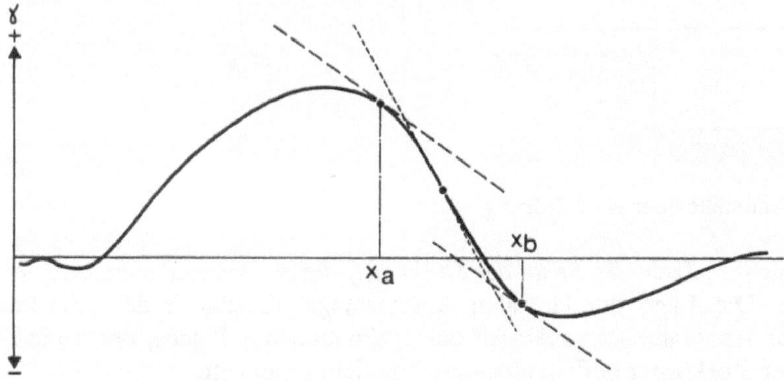

Abb. 5.20. Petersches Gesetz

Regel der Geraden. $h = X_a - X_b$, wobei X_a und X_b die Extremwerte der Geraden sind, die in einem geradlinigen Abschnitt der stärksten Steigung der Krümmung der Anomalie überlagert werden kann.

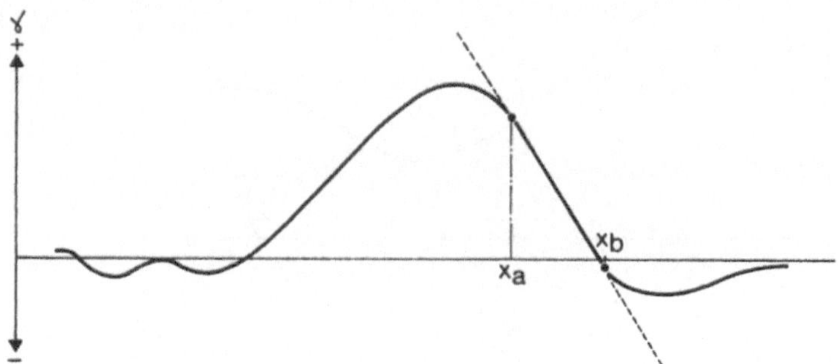

Abb. 5.21. Die Regel der überlagerten Geraden

Fall einer Störung. $h = X/2$.

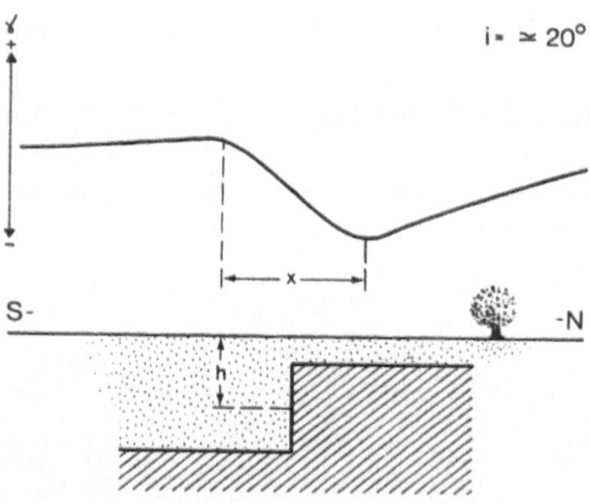

Abb. 5.22. Anomalie über einer Störung

Es ist nicht einfach, die *Breite der Strukturen, die die Anomalie erzeugen, abzuschätzen.* Die Lage der lateralen Abgrenzungen bezüglich der einzelnen Punkte der Anomalie schwankt mit der Inklination des Feldes, der Tiefe, in der sich der Störkörper befindet, dessen räumlicher Lage etc.

Für die in geringer Tiefe liegenden Körper kann sehr häufig deren Begrenzung bestimmt werden, die sich unterhalb des Wendepunktes der Anomalienkurve zwischen dem Maximum und dem Minimum befindet. Leider lassen sich mit dieser Regel keine absoluten Aussagen treffen. Hier können allerdings die von Vacquier durch die *Geological Society of America* (Memoir 47, 1951) veröffentlichten Modelle von großem Nutzen sein.

Man kann sehr leicht den Verlauf subvertikaler Störungen beschreiben: Er liegt immer in halbem Abstand zwischen dem Maximum und dem Minimum der Anomalie (s. Abb. 5.22) oder in der Mitte des geneigten Abschnitts.

5.6 Anwendungsbeispiele

In Abb. 5.23 sind einige Ergebnisse aus Demabougou/Mali dargestellt, die von Burgeap veröffentlicht wurden (CIEH 1984). Um diese lateralen Begrenzungen besser zu bestimmen, wurde das magnetische Profil durch ein Profil des spezifischen Widerstandes ergänzt.

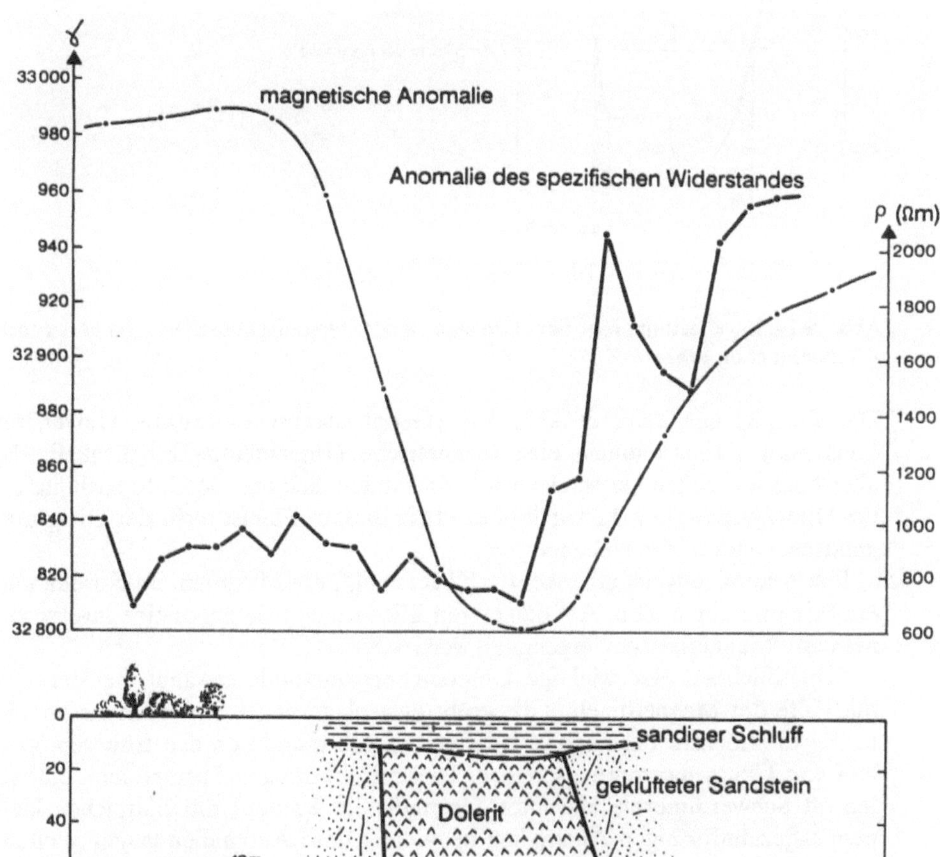

Abb. 5.23. Wassersuche an den Grenzen eines ferromagnetischen Ganges (CIEH 1984)

In diesem Fall werden erfolgreiche Bohrungen immer außerhalb des Ganges durchgeführt, da das umgebende Gestein aus porösem Sandstein besteht. Andere von Burgeap veröffentlichte Beispiele zeigen, daß man innerhalb der Grenzen des Ganges bohren muß, wenn das umgebende Gestein impermeabel und mehr oder weniger plastisch ist (Pelite).

Alousseini et al. (1987) stellen in einer empirischen Regel, die das Anbringen von Bohrungen (s. Abb. 5.24) erleichtert, den Zusammenhang zwischen den günstigen Gebieten, die den Störkörper umfassen, und der charakteristischen Krümmung der Anomalie dar.

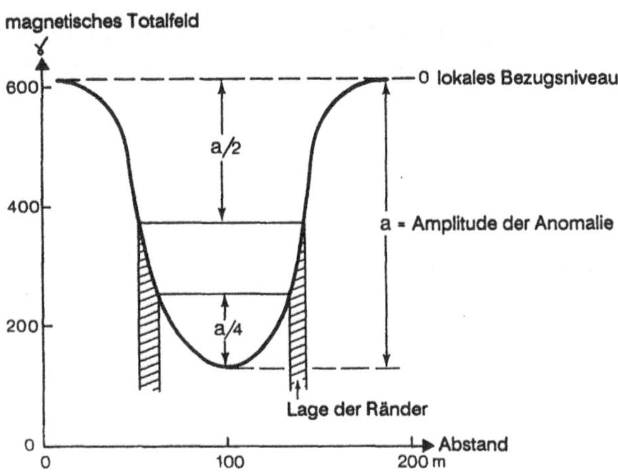

Abb. 5.24. Lagebestimmung der Grenzen eines ferromagnetischen Ganges (nach Alousseini et al. 1987)

Das Beispiel aus Zaire in Abb. 5.25 (Geophysikalisches Institut, Universität Lausanne) veranschaulicht eine magnetische Untersuchungsmöglichkeit, die allerdings nur selten verwendet wird. Es handelt sich um die Untersuchung eines Quarzganges, der stark geklüftet ist. In diesem Fall ist nicht der Gang magnetisch, sondern das Nebengestein.

Die Anomalie weist umgekehrte Extrema auf, ein Maximum im Norden und ein Minimum im Süden. Auf den ersten Blick scheint sie durch eine inverse remanente Magnetisierung erzeugt zu werden.

Schließlich sei eine wichtige Untersuchungsmethode erwähnt, bei der sich mit Hilfe des Magnetometers die gröbsten Ablagerungen auffinden lassen, die häufig die höchste Permeabilität aufweisen. Sie markieren den früheren Verlauf von Überschwemmungsebenen. Diese grobkörnigen Formationen enthalten oft Schwerminerale, darunter Magnetit. Sie werden von zahlreichen kleinen, sägezahnförmigen Anomalien begleitet. Diese Anomalien langer Wellenlängen und schwacher Magnitude sind nur in magnetisch sehr ruhigen Gegenden vom Hintergrundrauschen zu unterscheiden, so wie z.B. bei einem sedimentären Untergrund.

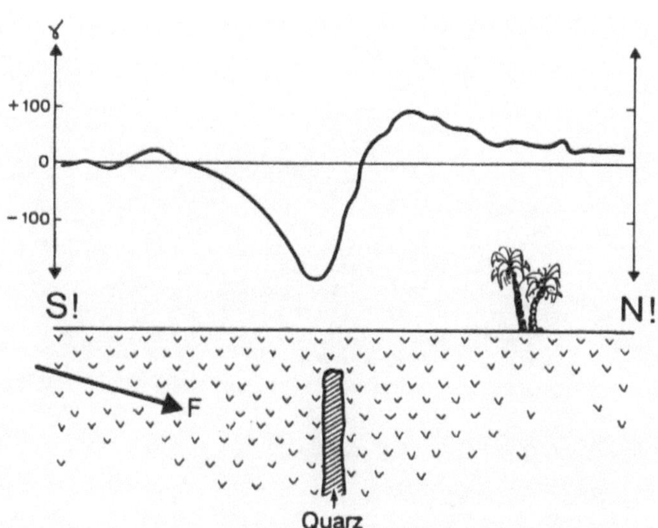

Abb. 5.25. Anomalie über einem Quarzgang in einer magnetischen Umgebung

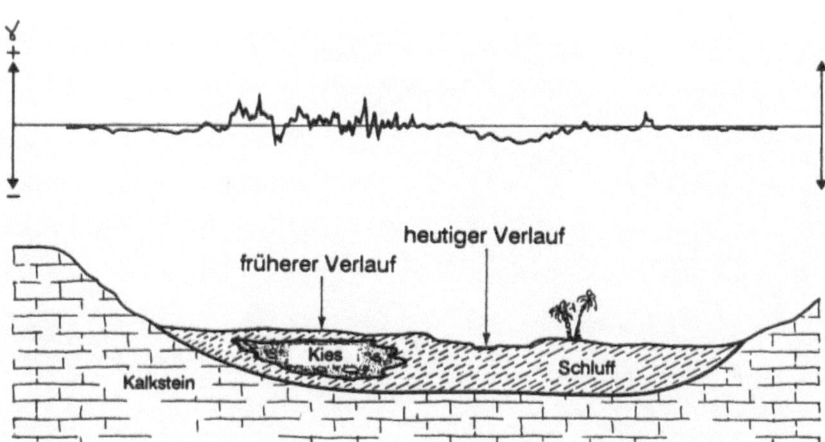

Abb. 5.26. Standortbestimmung eines ehemaligen Kanals aufgrund vorhandenen Magnetits

6 Bohrlochmessungen in der Hydrogeologie

6.1 Einführung

In der letzten Phase der Wassersuche werden mit Hilfe von Bohrungen und Pumpversuchen die durch geologische und geophysikalische Untersuchungen bestimmten Aquifere, die nutzbare Trinkwasserreservoire bilden können, überprüft. Die Überprüfung der Sondierungen und der Pumpversuche dient der Ermittlung der Verwendungsmöglichkeiten dieser Reservoire. Sie ermöglicht insbesondere folgende Information über:

- Lage und Volumen des Reservoirs sowie Lage und Art der impermeablen Formationen, die es begrenzen;
- Art des Reservoirs: frei, begrenzt, geschichtet etc.;
- Menge des nutzbaren Wassers, das es enthält; dies führt zu einer Abschätzung der effektiven Porosität sowie des Sättigungsgrades des Reservoirs;
- die Möglichkeit einer Wiederauffüllung, d.h. insbesondere dessen Permeabilität und dessen nahe und ferne Verbindungen mit der Erdoberfläche;
- die Trinkbarkeit des im Reservoir enthaltenen Wassers;
- schließlich müssen aufgrund der Sondierungsergebnisse eine oder mehrere Bohrungen an den günstigsten Orten angebracht werden können.

Die Untersuchung einer großen Anzahl von Bohrkernen, sorgfältig durchgeführte Pumpversuche und einige Wasseranalysen ermöglichen eine Präzisierung dieser Parameter. Die Durchführung und die Überprüfung zahlreicher Sondierungen ist sehr langwierig und kostspielig. Der Einsatz von Bohrlochmessungen kann dies beschleunigen, ohne dabei die traditionellen Untersuchungsmethoden zu ersetzen, wobei die Kosten herabgesetzt und manchmal die Ergebnisse verbessert werden. In der Praxis wird der Ausdruck Bohrlochmessung oder der englische Ausdruck *logs* oder *logging* verwendet, der sich auch auf Bohrkernmessungen beziehen kann.

Die klassischen Bohrlochmessungen haben die Aufgabe, durch geophysikalische Messungen, die in Bohrungen, an Bohrkernen sowie dem Formationswasser durchgeführt werden, die Art der erbohrten Schichten zu bestimmen. Sie ermöglichen im allgemeinen die Lokalisation von tonhaltigen, porösen oder von Klüften durchzogenen Schichten und eine Abschätzung der Porosität der Gesteine sowie der chemischen Qualität des Wassers.

Leider stößt man bei den klassischen Bohrlochmessungen auf zahlreiche Hürden, und dies vor allem in Gebieten, in denen die Entfernungen zwischen den einzelnen Bohrungen sehr groß sind und meist nur schlechte Kommunikationsmöglichkeiten vorhanden sind. In der Sahelzone z.B. müßte man über mehrere vollständige Ausrüstungen sowie über mehrere Fachleute verfügen, um nur einen kleinen Teil der erforderlichen Bedingungen zu erfüllen; die Kosten hierfür wären untragbar hoch.

Wirtschaftlich gesehen rechtfertigen nur die hydrogeologischen Untersuchungen, die zahlreiche miteinander verbindbare Sondierungen oder tiefe Sondierungen (mehr als 100 m) umfassen, die Verwendung des gesamten Instrumentariums der Bohrlochmessungen.

Sehr häufig verfolgen die Wasseruntersuchungen sehr begrenzte Ziele; es handelt sich z.B. darum, Dörfer mit einigen hundert Einwohnern mit Wasser zu versorgen. Sicherlich sind in einem solchen Fall die technischen und finanziellen Möglichkeiten sehr begrenzt; die wenigen Bohrungen sind dann im allgemeinen nicht sehr tief. Es wäre hier nicht angebracht, die gesamten zur Verfügung stehenden Untersuchungsmethoden der Bohrlochmessungen anzuwenden. Würde man dagegen auf alle Möglichkeiten der Bohrlochmessungen verzichten, so wäre dies sicherlich ein Hindernis.

Im Idealfall müßte man bei umfassenden Untersuchungen im Rahmen tiefer Bohrungen sicherlich einerseits über die vollständigen Bohrlochmeßverfahren verfügen und andererseits über leichte und einfache Ausrüstungen, die es jedem Geophysiker, Hydrologen oder mit der Bohrung Befaßten erlauben, schnell eine kleine Anzahl hilfreicher Messungen durchzuführen. Man müßte somit neben den klassischen Bohrlochmeßmethoden einfach zu handhabende Verfahren entwickeln, die sich auf Baustellen anwenden lassen, wo nur eine begrenzte Anzahl an Fachleuten sowie an technischem Gerät zur Verfügung stehen. Wir werden in diesem Kapitel sehen, daß man sehr leicht solche Verfahren entwickeln kann. Selbstverständlich liefern diese längst nicht so viele Informationen wie die klassischen Bohrlochmessungen.

6.2 Anwendung der klassischen Bohrlochmessungen in der Hydrogeologie

Von D. Chapellier, Professor an der Universität von Lausanne, ist 1987 ein Werk über die Anwendung von Bohrlochmessungen in der Hydrogeologie erschienen. Die Hydrogeologen, die eine Untersuchung unter Verwendung der gesamten Aufzeichnungsgeräte durchführen, können auf dieses Werk verwiesen werden, das sich mit der Aufstellung, den Messungen und der qualitativen sowie quantitativen Interpretation befaßt.

Tabelle 6.1. Anwendungsbereich verschiedener Bohrlochmeßverfahren (aus Chapellier 1987)

Lithologie, stratigraphische Korrelationen zwischen Aquiferen und umgebenden Gesteinen	Caliper (Durchmesser), elektrische Messungen, Gammastrahlung, Schall, Dichte, Neutron: nicht verrohrte Bohrung; nukleare Messungen: verrohrte oder nicht verrohrte Bohrung
Primäre intergranulare Porosität	Neutron, Dichte, Schall: bei nicht verrohrter Bohrung; Neutron, Dichte: verrohrte Bohrung
Sekundäre Porosität, Klüfte	Schall, Caliper, sehr kleine elektrische Meßgeräte bei nicht verrohrtem Bohrloch
Tongehalt, Impermeabilität	Eigenpotential und Gammastrahlung: nicht verrohrte Bohrung Gammastrahlung: verrohrte Bohrung
Permeabilität	keine direkte Messungen; kann aus der Messung der Porosität und des spezifischen Widerstandes ermittelt werden
Richtung, Geschwindigkeit, Bewegung von Fluiden	Temperatur und spezifischer Widerstand der Fluide (Spülung), Flow-Meter: bei nicht verrohrter Bohrung
Physikalische und chemische Eigenschaften des Formationswassers	Eigenpotential, spezifischer Widerstand und Temperatur der Spülung bei nicht verrohrter Bohrung
Wahl des zu untersuchenden Gebietes	Alle Meßverfahren, die Auskunft über Lithologie, Eigenschaften des wasserführenden Gebietes, Korrelationen, Mächtigkeit des Aquifers etc. geben

6.3 Vereinfachte Bohrlochmessungen in der hydrogeologischen Forschung

Für die vereinfachten, schnellen Bohrlochmessungen sind lediglich sehr einfache Geräte sowie ein wenig Geschick notwendig. Ohne den Anspruch, die klassischen Bohrlochmessungen zu ersetzen, können sie überall verwendet werden, wo eine qualitative Information über die Bohrlochwand erforderlich ist. Sie erleichtern Korrelationen zwischen den Sondierungen und die richtige Lage von Einbauten.

6.4 Erforderliche Meßgeräte

Für schnelle, vereinfachte Bohrlochmessungen sind nur elektrische Messungen der Potentialdifferenz ΔV sowie des Stromes I erfoderlich. Hierfür benötigt man:

- ein Widerstandsmeßgerät, wie es für elektrische Messungen von ΔV und I verwendet wird;
- zwei Taschenmultimeter, von denen eines digital sein und einen hohen Eingangswiderstand besitzen sollte;
- ein kleines batteriebetriebenes Registriergerät zur Messung von ΔV sowie ein Multimeter für die Messung von I.

Darüber hinaus ist eine Stromquelle, z.B. eine 12-Volt-Batterie oder auch eine Trockenbatterie, erforderlich. Man muß über ein elektrisch isoliertes Kabel (das für elektrische Untersuchungen verwendete Kabel ist hierfür sehr gut geeignet) verfügen. Die in das Bohrloch herabgelassenen Sonden sind sehr einfach aufgebaut und können je nach Bedarf zusammengestellt werden. Wir werden später hierauf zurückkommen.

6.5 Arten möglicher Messungen

Nur die *elektrischen Bohrlochmessungen* lassen sich bei den hier vorgeschlagenen Vereinfachungen anwenden. Diese Art der Untersuchung kann nur in Bohrungen durchgeführt werden, die Wasser (oder Spülung) enthalten. Eine metallische Verrohrung verhindert jegliche elektrische Messung. Dies gilt auch für eine Verrohrung aus Kunststoff, die nicht perforiert ist. Dagegen haben die von D. Chapellier durchgeführten Versuche gezeigt, daß es bei perforierten Kunststoffrohren möglich ist, elektrische Bohrlochmessungen durchzuführen.

6.5.1 Die Eigenpotentialmethode

Auftretende Phänomene. In sedimentären, lockeren oder verfestigten Abfolgen wechseln sich Schichten ab, die sich in ihrer mineralogischen Zusammensetzung sowie ihrer Porosität und Permeabilität unterscheiden. Zu diesen lithologischen Unterschieden kommen noch Variationen in der Art des Formationswassers vor: poröse und impermeable Sockel, die z.B. aus Ton bestehen, enthalten im allgemeinen ein stärker ionisiertes und folglich leitfähigeres Wasser als die permeablen Schichten. Andererseits unterscheidet sich die Spülung im allgemeinen sehr deutlich von dem Formationswasser; sie dringt in Schichten mit hoher Permeabilität ein.

Die Unterschiede im Ionengehalt des Wassers sowie vorhandener Ton dienen oft als semipermeable Membran und sind die Ursache für elektrische Ströme und meßbare Potentialdifferenzen; dies sind die Diffusionspotentiale sowie Membranpotentiale. Abbildung 6.1 stellt schematisch diesen Sachverhalt dar.

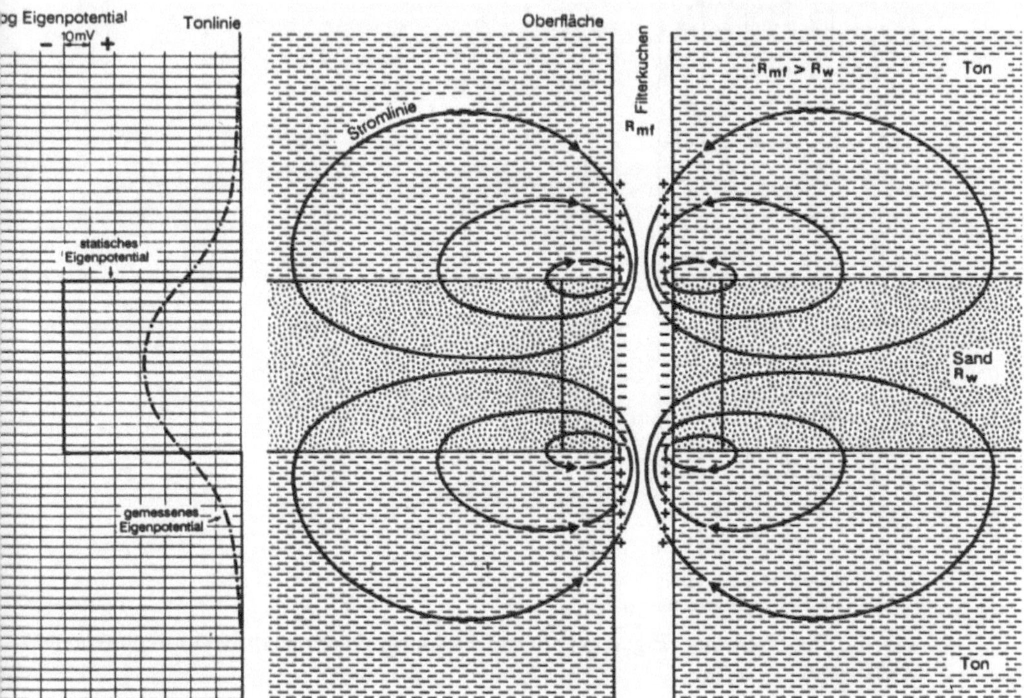

Abb. 6.1. Eigenpotential an der Grenzschicht Sand-Ton (nach Chapellier 1987)

Das Vorhandensein von Schwefelverbindungen (im allgemeinen Pyrit) oder von hoch entwickelter Kohle (Anthrazit) oder Graphit verursacht ebenfalls starke Eigenpotentiale.

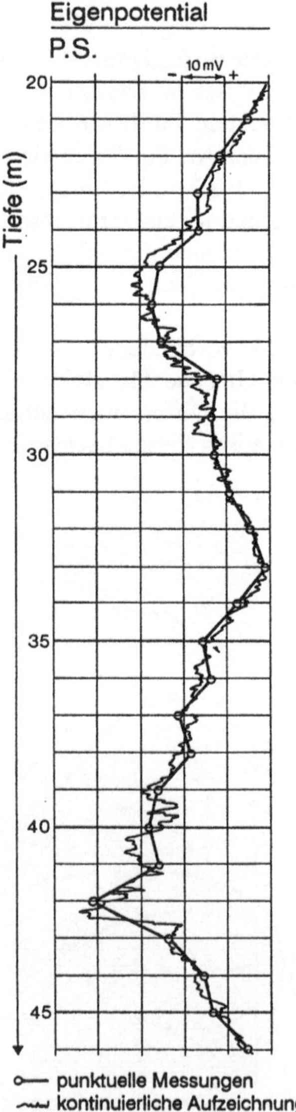

Abb. 6.2. Beispiel einer Eigenpotentialaufzeichnung, kontinuierliche und punktuelle Messungen

Durchführung der Messungen. Die Messung der Eigenpotentiale in den Bohrungen kann mit Hilfe zweier Elektroden aus Blei geschehen; die eine wird in der Bohrung verschoben, die andere an der Erdoberfläche oder in einem mit Wasser oder Ablagerungen gefüllten Loch fest angebracht. Die elektrochemische Umgebung (Hydratation, Temperatur) dieser Referenzelektrode muß unbedingt stabil bleiben.

Die Herstellung solcher Elektroden aus Blei in Form von Kugeln oder Zylindern ist sehr einfach; man erhöht ihren Wirkungsgrad, indem der Durchmesser etwas kleiner als der der Bohrung gewählt wird.

Bei den klassischen Bohrlochmessungen erfolgt die Potentialmessung mit Hilfe eines kontinuierlich aufzeichnenden Voltmeters. Bei den vereinfachten Bohrlochmessungen kommt man meist mit punktuellen Messungen aus, die mit Hilfe eines Widerstandsmeßgerätes oder eines Taschenmultimeters mit ausreichender Genauigkeit erfolgen können. Die Genauigkeit sollte ungefähr 3 mV betragen. Der Abstand zwischen den einzelnen Meßpunkten sollte abhängig von der Lithologie gewählt werden.

Informationsgehalt der vereinfachten Eigenpotentialmessungen. Die Eigenpotentialmessungen ermöglichen es, zwischen permeablen und tonigen Schichten zu unterscheiden. Sind die letzteren ausreichend mächtig und homogen, so liegen die Meßwerte auf der Tonlinie (s. Abb. 6.1). Bei Vorhandensein permeabler Schichten, hauptsächlich Sandstein und Sand, wird das Potential bezüglich der Basislinie (Tonlinie) negativ, wenn die Spülung einen höheren Widerstand R_{mf} hat als das Formationswasser R_w. Ist $R_{mf} < R_w$, so kehren sich die Verhältnisse um; die Potentiale gleichen sich beinahe oder vollständig aus, wenn $R_{mf} = R_w$.

Die Lokalisierung permeabler und impermeabler Schichten erleichtert selbstverständlich das Anbringen von Einsätzen in der Bohrung und ermöglicht es, die Ausdehnung des Reservoirs abzuschätzen. Darüber hinaus können mit der Eigenpotentialmethode stratigraphische Korrelationen über mehrere, nicht weit voneinander entfernt liegende Bohrungen vorgenommen werden.

6.5.2 Die Monoelektrodensonde

Auftretende Phänomene. Verbindet man zwei Elektroden mit einer Stromquelle, wobei die eine an der Erdoberfläche und die andere in der Spülung oder im Bohrlochtiefsten angebracht wird, so entsteht ein geschlossener Stromkreis.

Zwischen den Elektroden A und B fließt ein Strom entsprechend dem Ohmschen Gesetz: $U = R \cdot I$. Durch die Messung von U und I, oder auch einfacher durch Messung von I bei konstantem U, erhält man einen Wert von R, den Widerstand des Stromkreises.

Man kann annehmen, daß zu ungefähr 90 % dieser Widerstand die nähere Umgebung von A und B in einer Kugel, deren Radius ungefähr 20mal größer ist als der der Elektroden, repräsentiert.

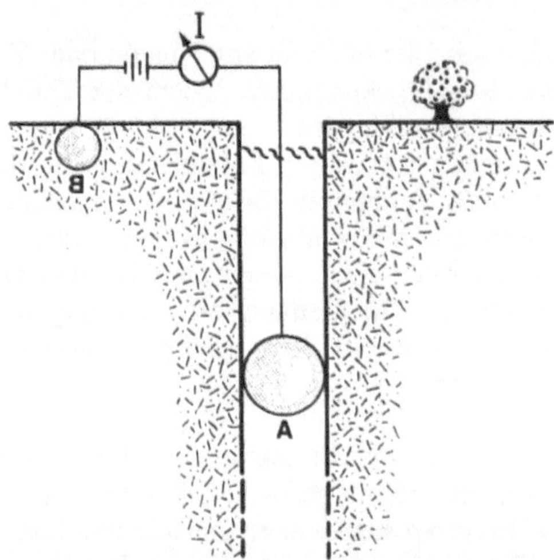

Abb. 6.3. Schematische Darstellung der Monoelektrodenanordnung

Bei Bohrlochmessungen beruht somit der Großteil der beobachteten Variationen auf Änderungen des spezifischen Widerstandes der Spülung, auf Veränderungen des Bohrlochdurchmessers und auf Änderungen des spezifischen Widerstandes der Gesteine.

Durchführung der Messungen. Bei den klassischen Bohrlochmessungen werden I und U kontinuierlich aufgezeichnet. Bei den vereinfachten Bohrlochmessungen begnügt man sich mit punktuellen Messungen, bei denen der Abstand zwischen den einzelnen Meßpunkten an die örtlichen lithologischen Gegebenheiten angepaßt sein muß.

Darüber hinaus zeigt die Monoelektrodenanordnung eine sehr gute vertikale Auflösung, und diese Anordnung reagiert selbst bei sehr geringmächtigen Schichten empfindlich. Diese Besonderheit zwingt dazu, die Meßpunkte möglichst eng aneinanderzulegen. Verwendet man als Stromquelle eine Autobatterie, so verfügt man über eine ungefähr konstante (einige sporadische Überprüfungen sind ausreichend) Ausgangsspannung U; die Messung von I kann mit Hilfe eines der bereits erwähnten Geräte erfolgen (Multimeter, Widerstandsmeßgerät). Die Elektroden und die für die Messung des Eigenpotentials verwendeten Kabel können auch hierfür verwendet werden. Abbildung 6.4 zeigt ein einfaches und effektives Elektrodenmodell.

Diese Art von Sonden kann sowohl für die Eigenpotentialmessungen verwendet werden, wobei das mit einem Kupferring verbundene Kabel abgeklemmt wird, als auch als Monoelektrode, wobei das Blei als Gewicht dient und der Kupferring angeschlossen wird.

Informationsgehalt der Monoelektrodenmessungen. Die mit Hilfe der Monoelektrode durchgeführten Messungen ermöglichen eine Unterscheidung von Schichten aufgrund ihrer scheinbaren spezifischen Widerstände, die in erster Linie von ihren Porositäten abhängig sind. In Abfolgen von klastischen Sedimenten haben Sand und Sandstein einen höheren spezifischen Widerstand als die Formationen mit einem hohen Tongehalt. Sandstein und Sand bilden häufig sehr gute Aquifere, ihre Porositäten liegen unterhalb derer von silt- und tonhaltigem Schluff, wohingegen ihre Permeabilitäten deutlich höher sind. Dies erklärt, warum die mit Hilfe einer Monoelektrode durchgeführten Messungen des scheinbaren spezifischen Widerstands unter Zuhilfenahme weiterer Informationen die Wahl des Ortes für Einsätze in der Bohrung erleichtert.

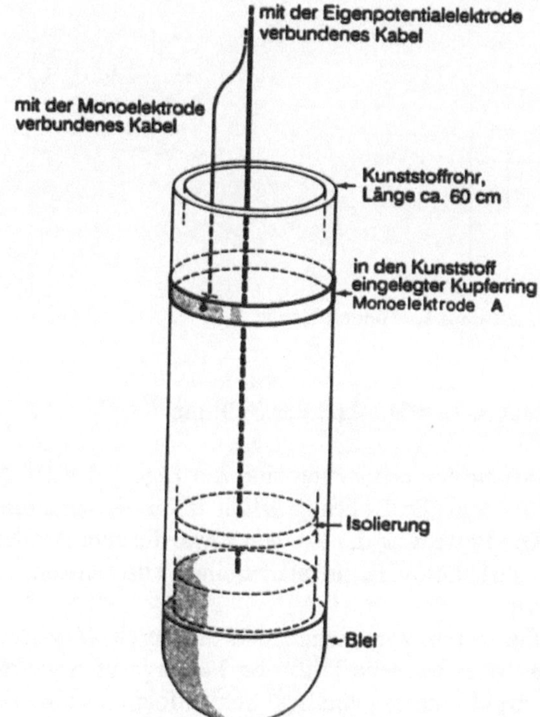

Abb. 6.4. Sonde, die für Eigenpotentialmessungen sowie für Monoelektrodenmessungen verwendet werden kann

Darüber hinaus können mit kontinuierlichen oder eng aufeinanderfolgenden punktuellen Messungen Schichtgrenzen bestimmt werden; diese befinden sich an den Wendepunkten der mit Hilfe der Monoelektrode aufgestellten Meßkurven. Schließlich können mit der Monoelektrodenmessung Korrelationen zwischen nahegelegenen Bohrungen vorgenommen werden.

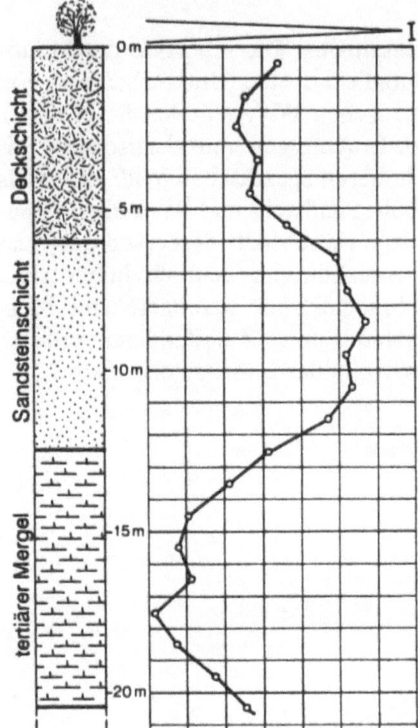

Abb. 6.5. Punktuelle Messung des Stromes I. Monoelektrode

6.5.3 Die Messung der elektrischen Leitfähigkeit der Spülung

Zum Zeitpunkt der Durchführung einer Bohrung sind die Eigenschaften der
Spülung oder des Wassers, mit dem die Bohrung erfüllt ist, in der gesamten
Bohrung ungefähr konstant. Die Bewegung der Sonden sowie die zum Auftrieb
des Bohrkleins erforderliche Zirkulation ist im allgemeinen ausreichend, um
diese Homogenität abzusichern.

Nach einigen Stunden Ruhe treten Variationen auf, die durch Wassereinbrüche aus der Bohrlochwand oder ionische Diffusion hervorgerufen werden
können. Die Spülung kann sowohl eine regelmäßige Schichtfolge - wobei sich
das Salzwasser im Bohrlochtiefsten befindet - als auch auf lateralen Ereignis-
sen beruhende unregelmäßige Variationen aufweisen, die hier eine Erhöhung
des Salzgehaltes und somit der elektrischen Leitfähigkeit oder auch eine Er-
niedrigung dieser beiden Parameter zur Folge haben können (Abb. 6.8).

Es ist sehr wichtig, in einer Bohrung die Verteilung von Wasser mit verschiedenen spezifischen Widerständen zu kennen. Starke Variationen von einem zum anderen Punkt weisen auf sehr hohe Permeabilitäten hin; darüber
hinaus muß man wissen, ob das Wasser in der Schicht aufgrund des
Salzgehaltes nutzbar ist. Im allgemeinen nimmt man an, daß für Trinkwasser
der spezifische Widerstand mehr als 4 Ωm betragen muß.

Durchführung der Messungen. Ist kein Meßgerät vorhanden, das speziell für diesen Zweck gebaut ist, so besteht das einfachste Mittel zur Bestimmung des scheinbaren spezifischen Widerstands in der Spülung darin, den Stromfluß zwischen den Elektoden A und B bei konstanter Ausgangsspannung zu messen. Um einen zu starken Einfluß durch die Bohrlochwand oder die Verrohrung zu vermeiden, müssen die Elektroden im Inneren eines isolierten Zylinders angebracht werden.

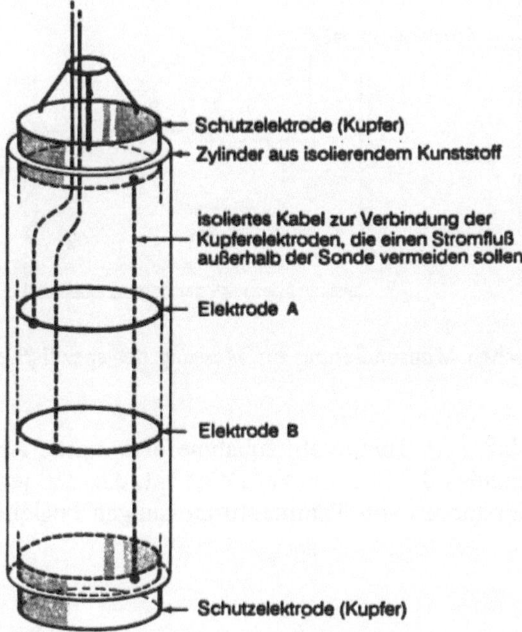

Abb. 6.6. Sonde für die Messung des spezifischen Widerstandes der Spülung in Bohrlöchern

Kabel, Stromquelle und Meßgeräte sind mit denjenigen für die Monoelektrode identisch.

Um absolute Werte für den spezifischen Widerstand zu erhalten, sollte man die Sonde vorher eichen, indem möglichst viele Messungen an einer Reihe von Proben mit bekanntem spezifischem Widerstand durchgeführt werden. Dies kann mit Hilfe eines handelsüblichen Leitfähigkeitsmeßgerätes erfolgen oder indem eine elektrische Minisonde an der Oberfläche des Behälters angebracht wird, die das Probewasser enthält.

Für eine solche Minisondierung bestehen die Elektroden MN und AB aus Messingschrauben, die auf einer isolierenden Platte auf der Wasseroberfläche angebracht werden. Die Messungen werden mit Hilfe eines im Gelände verwendeten Widerstandsmeßgeräts durchgeführt; die Stromquelle besteht aus einer Batterie; der Geometriefaktor K beträgt:

$$K = \frac{AM \cdot AN}{MN} \cdot 3,14 \qquad (6.1)$$

Der spezifische Widerstand beträgt hierbei $\rho = K \cdot \Delta V/I$ $\qquad$ (6.2)

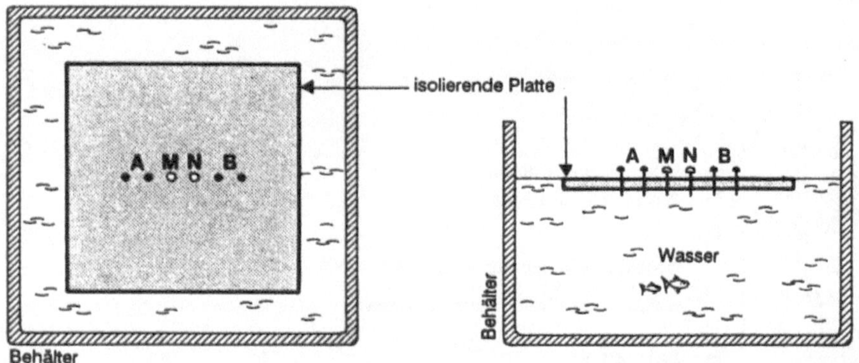

Abb. 6.7. Anordnung einer elektrischen Minisondierung zur Messung des spezifischen Widerstandes einer Wasserprobe

Man muß hierbei anmerken, daß eine Temperaturzunahme eine starke Abnahme des spezifischen Widerstandes des Wassers zur Folge hat, d.h. daß jede Messung des spezifischen Widerstandes von Temperaturmessungen begleitet werden muß.

6.5.4 Potential- und Lateralsonden

Auftretende Phänomene. Wie wir gesehen haben, besitzen Gesteine, abgesehen von einigen Ausnahmen, spezifische Widerstände, die mit ihrer Porosität und der Art der Porenfüllung stark variieren. Dieser Zusammenhang wird experimentell durch die Gleichung von Archie ausgedrückt:

$$\rho_r = \frac{a \cdot \rho_w \cdot \phi^{-m}}{\text{Sättigung}^2} \qquad (6.3)$$

wobei ρ_r der spezifische Widerstand des Gesteins, ρ_w der spezifische Widerstand der Porenflüssigkeit, ϕ die Porosität, $a = 1$ und $m = 2$ ist.

Die mit Hilfe dieser Gleichung erhaltenen Ergebnisse sind im allgemeinen sehr gut, außer bei Vorhandensein von Ton.

Es wäre somit von Interesse, den tatsächlichen spezifischen Widerstand der in einer Bohrung durchteuften Gesteine zu messen. In günstigen Fällen könnte man daraus Werte für die Porosität ableiten.

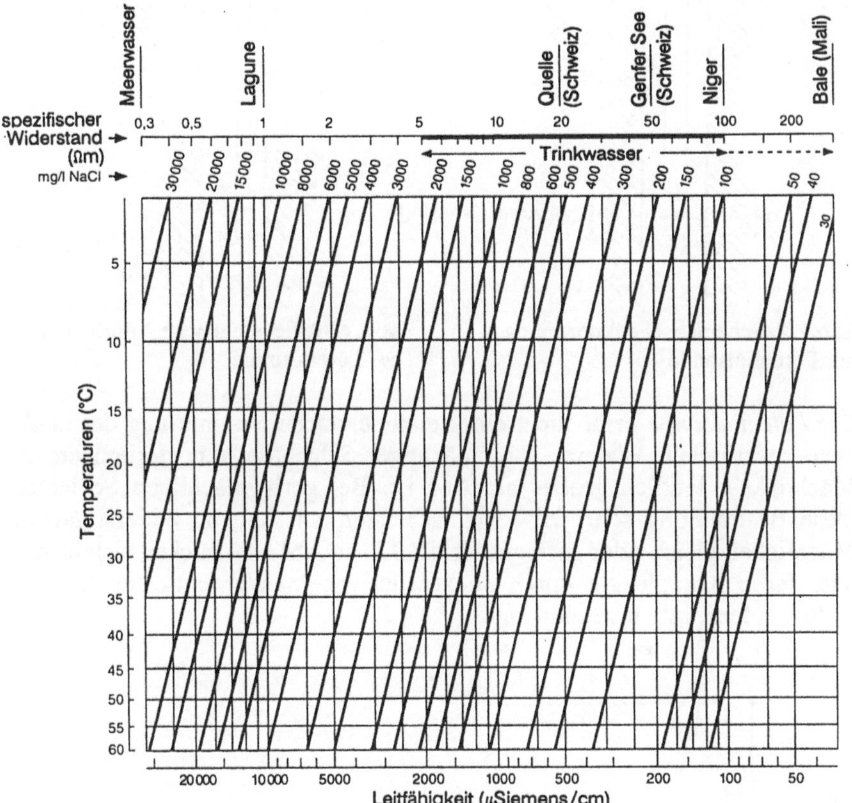

Abb. 6.8. Spezifische Widerstände von NaCl-Lösungen in Abhängigkeit von der Konzentration und der Temperatur

In ihrer klassischen Form ermöglichen Bohrlochmessungen mit kontinuierlicher Aufzeichnung ein solches Ergebnis. Dafür müssen in der Bohrung Messungen mit verschiedenen Anordnungen durchgeführt werden, die lediglich Varianten des bei Oberflächenuntersuchungen verwendeten Kartierungsverfahrens sind (s. Abschn. 1.6). Die häufigsten Anordnungen sind die "Potentialsonde" und die "Lateralsonde", die in den Abb. 6.9 und 6.10 dargestellt sind.

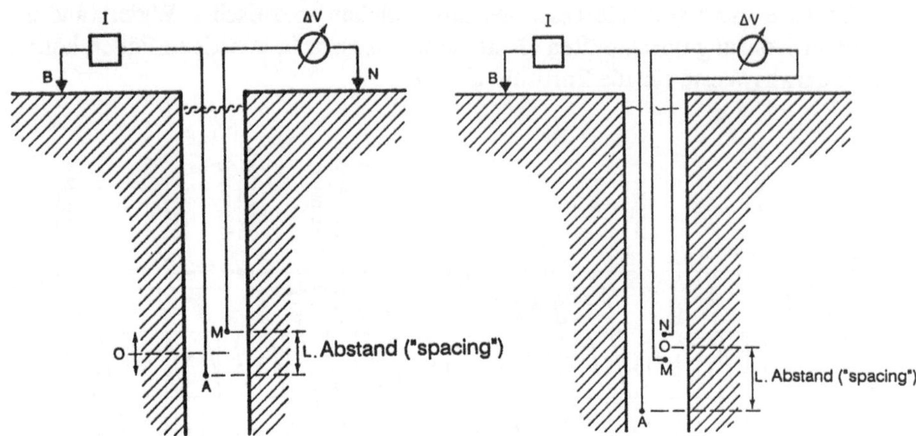

Abb. 6.9. Schematische Anordnung der Potentialsonde

Abb. 6.10. Schematische Anordnung der Lateralsonde

Die *Potentialsonde* ermöglicht eine relativ einfache Bestimmung des tatsächlichen spezifischen Widerstandes mächtiger Schichten, d.h. derjenigen, deren Mächtigkeit deutlich größer als AM ist. Bei geringmächtigen Schichten ist diese Bestimmung sehr schwierig. Schichten mit hohem Widerstand, deren Mächtigkeit gleich oder geringer als die Länge AM ist, drücken sich in Kurven aus, deren Komplexität durch punktuelle, voneinander entfernte Messungen nicht wiedergegeben werden kann.

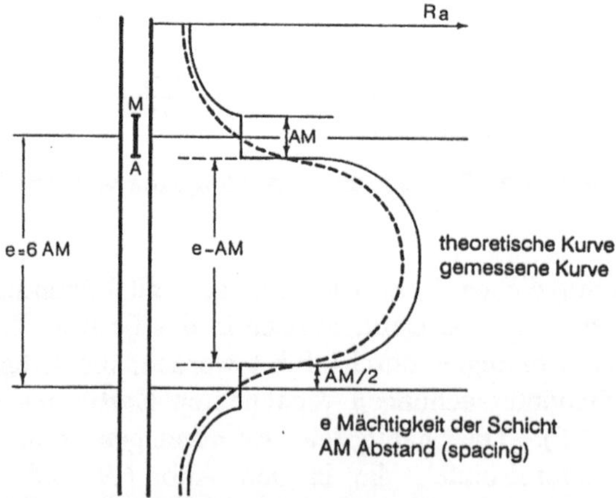

Abb. 6.11. Auswirkung einer mächtigen Schicht mit hohem Widerstand auf die Potentialsonde (nach Chapellier 1987)

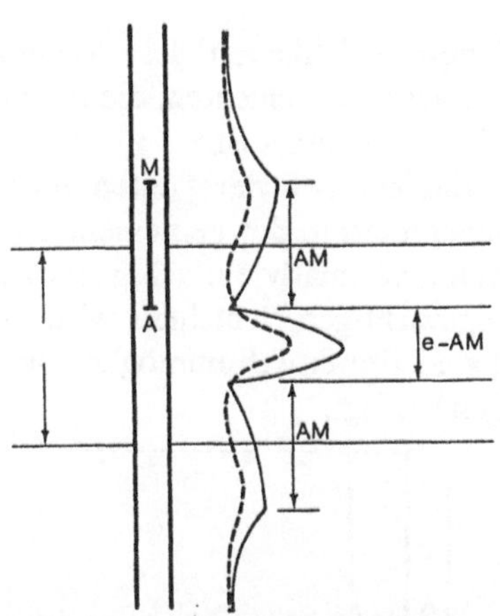
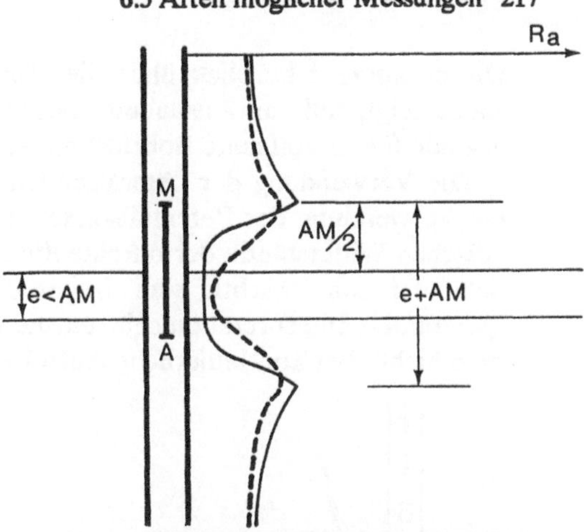

Abb. 6.12. Auswirkung einer Schicht mittlerer Mächtigkeit mit hohem Widerstand auf die Potentialsonde

Abb. 6.13. Auswirkung einer geringmächtigen Schicht mit hohem Widerstand auf die Potentialsonde

In sämtlichen Fällen wird der gemessene spezifische Widerstand durch den spezifischen Widerstand des Filterkuchens, des intakten Gesteins und des durch die Spülung infiltrierten Gesteins beeinflußt. Um diese Einflüsse voneinander zu trennen sowie die Größe der effektiven Porosität abzuschätzen, müssen mehrere Meßreihen mit unterschiedlich langen Sonden durchgeführt werden, was auf eine Änderung des Untersuchungsradius hinausläuft, bis dieser ungefähr 2 AM beträgt.

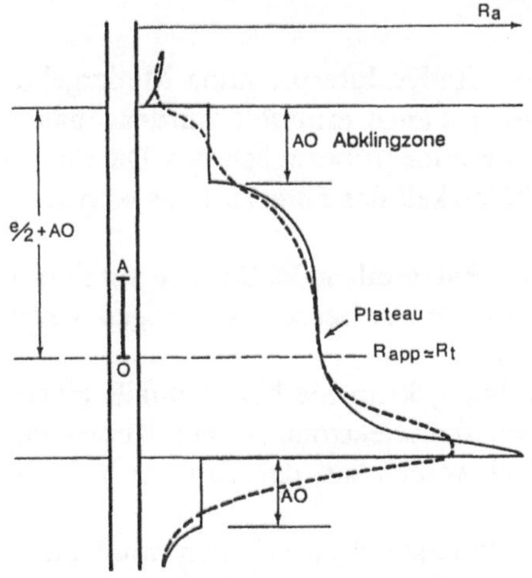

Abb. 6.14. Auswirkung einer mächtigen Schicht mit hohem Widerstand auf die Lateralsonde

Dieser kurze Überblick über die Anwendungsmöglichkeiten der Potentialsonde zeigt, daß, mit Ausnahme einiger Fälle mächtiger Schichten, die Potentialsonde für vereinfachte Bohrlochmessungen kaum geeignet ist.

Die Verwendung der Lateralsonden wirft ähnliche Schwierigkeiten auf wie die Verwendung der Potentialsonden. Die Interpretation der gemessenen spezifischen Widerstände der durchteuften Gesteine ist relativ einfach, sofern die Schichten sehr mächtig sind. Bei sehr geringmächtigen Schichten wird eine quantitative Interpretation sehr umständlich; sie ist praktisch unmöglich, wenn man nicht über kontinuierliche Aufzeichnungen verfügt.

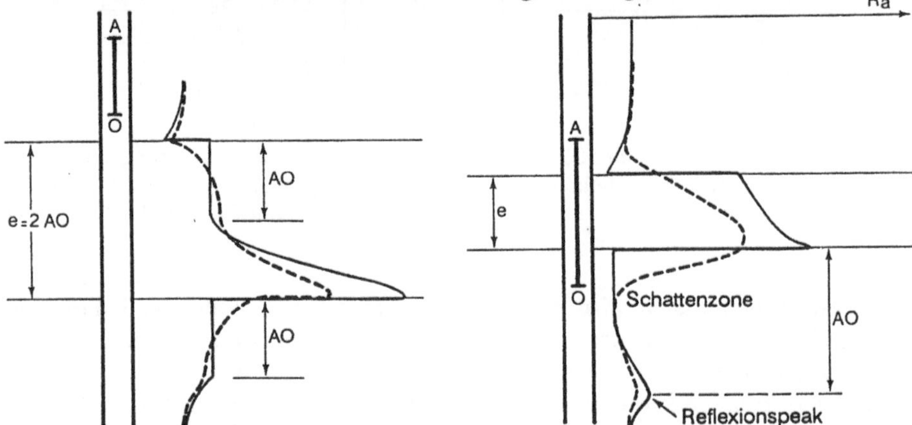

Abb. 6.15. Auswirkung einer Schicht mittlerer Mächtigkeit mit hohem Widerstand auf die Lateralsonde

Abb. 6.16. Auswirkung einer geringmächtigen Schicht mit hohem Widerstand auf die Lateralsonde

Andererseits benötigt man für die quantitative Interpretation Meßergebnisse, die mit Hilfe von Sonden verschiedener Länge ermittelt wurden; man muß darüber hinaus über vollständige Informationen bezüglich des Durchmessers der Bohrung und der elektrischen Leitfähigkeit des Filterkuchens verfügen.

Durchführung der Messungen mit der Potentialsonde. Bei den vereinfachten Bohrlochmessungen wird die Potentialsonde nur bei sehr mächtigen Schichten erfolgreich verwendet.

Die in Abb. 6.4 dargestellte Anordnung kann hierbei ebenfalls eingesetzt werden. Das Bleigewicht wird als Emissionselektrode A, der Kupferring als Meßelektrode M verwendet; B und N werden auf der Erdoberfläche angebracht.

Um den scheinbaren spezifischen Widerstand zu erhalten, muß die Gleichung

$$\rho_a = K \cdot \frac{\Delta V}{I} \tag{6.4}$$

gelöst werden, die in diesem Fall lautet:

$$\rho_a = 4\pi \cdot \frac{AM \cdot AN}{MN} \cdot \frac{\Delta V}{I} \tag{6.5}$$

B und N werden als unendlich weit entfernt betrachtet, wenn OB > 7 AM (s. Abb. 6.9) ist.

An jedem Punkt müssen die Potentialdifferenz (ΔV) zwischen M und N und der Strom (I) gemessen werden, der von A nach B fließt.

Die Meßgeräte, die Stromquelle sowie die Kabel entsprechen denen, die bei der Messung mit Hilfe der Monoelektrode verwendet werden.

Informationsgehalt der Messung mit der Potentialsonde. Sind die von der Bohrung durchteuften Schichten sehr mächtig, so lassen sich durch punktuelle Messungen des spezifischen Widerstandes, die mit Hilfe von Potentialsonden verschiedener Längen durchgeführt werden, ungefähre Werte der Porosität sowie der effektiven Porosität erhalten. Die kürzesten Sonden liefern Meßwerte für den spezifischen Widerstand der Invasionszone (von der Spülung infiltriertes Gestein). Hierfür gilt die Formel von Archie:

$$\rho_r = \frac{a \cdot \rho_w \cdot \phi^{-m}}{\text{Sättigung}^2} \tag{6.6}$$

Der einzige unbekannte Term ist die Porosität (ϕ). Den Größen m und a können ungefähre Werte zugeordnet werden; innerhalb der Schicht ist die Sättigung gleich 1, und ρ_r ist gleich dem spezifischen Widerstand der Spülung.

Darüber hinaus kann bei den mit Hilfe der Potentialsonde durchgeführten Messungen die obere und untere Grenze einer Schicht erkannt werden.

Durchführung der Messungen mit der Lateralsonde. Für die Untersuchung sedimentärer Abfolgen mächtiger Schichten kann es sehr hilfreich sein, eine Lateralsonde entsprechend der in Abbildung 6.17 abgebildeten zu konstruieren. Die punktuellen Messungen müssen Werte für ΔV liefern, die zwischen M und N liegen, sowie Werte für I zwischen A und B. Der scheinbare spezifische Widerstand beträgt:

$$\rho_a = 4\pi \frac{AM \cdot AN}{MN} \cdot \frac{\Delta V}{I} \tag{6.7}$$

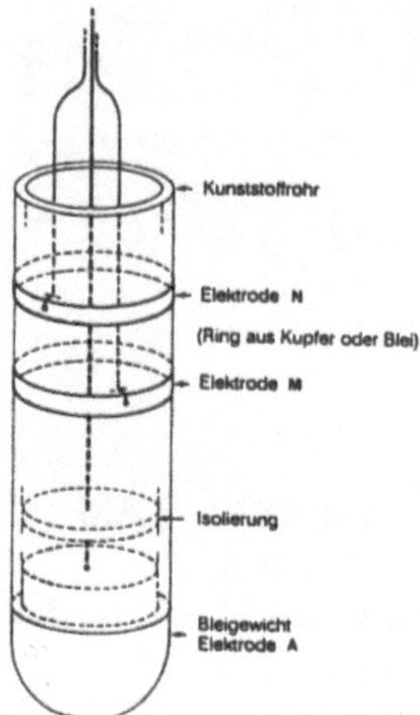

Abb. 6.17. Potential- und/oder Lateralsonde

Informationsgehalt der Messungen mit der Lateralsonde. In günstigen Fällen kann die Lateralsonde wie auch die Potentialsonde für vereinfachte Untersuchungen verwendet werden und ungefähre Werte für die spezifischen Widerstände und somit für die Porosität der durchteuften Gesteine liefern.

Wird die Lateralsonde so angebracht, daß A unterhalb von M und N liegt, lassen sich sehr gut die Unterkanten von Schichten erkennen; um die Oberkante dieser Schichten hervorzuheben, muß die Sonde so konstruiert werden, daß A oberhalb von M und N liegt.

6.6 Schlußfolgerungen

In Bohrungen lassen sich leicht vereinfachte Bohrlochmessungen durchführen; diese Messungen werden Punkt für Punkt und nicht kontinuierlich durchgeführt und erfordern nur sehr einfache Geräte. Die Informationen, die sie liefern, bleiben vereinfachend, können aber für mehrere Zwecke verwendet werden. Insbesondere ermöglichen sie,

- salzhaltige von süßwasserhaltigen Schichten zu unterscheiden (spezifischer Widerstand des Wassers + Temperatur);
- Wassereinbrüche von der Bohrlochwand zu lokalisieren (spezifischer Widerstand des Wassers + Temperatur);
- impermeable tonhaltige Schichten zu lokalisieren (Eigenpotential + Monoelektrode);

- sandige oder sandsteinartige Schichten in detritischen Schichtfolgen zu lokalisieren (Eigenpotential + Monoelektrode);
- die Wahl der zu perforierenden Horizonte zu erleichtern (Eigenpotential + Monoelektrode + Potential- und Lateralsonden);
- Korrelationen zwischen Bohrungen zu erleichtern (Eigenpotential + Monoelektrode).

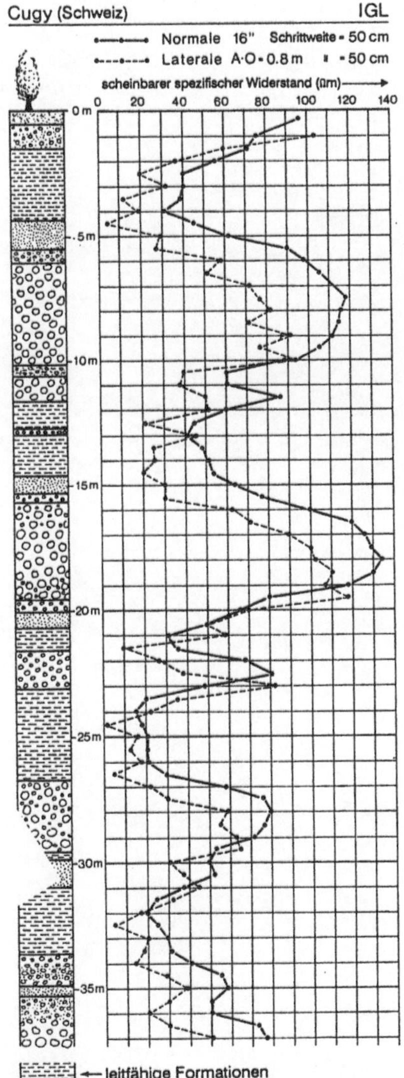

Abb. 6.18. Punktuelle Messungen mit der Normal- und der Lateralsonde (nach Carletti u. Chapellier 1989 (unveröffentlicht))

Literatur

Accerboni E (1970) Sur la corrélation entre porosité et facteur de formation dans les sédiments non consolidés. Geophys Prospect 18: 505-515

Alousseini M, Diabate D, Mariko A, Vigouroux P, Zamolo G (1987) Hydraulique villageoise en zone doléritique. Eléments de décision pour l'implantation de forages. Hydrogéologie 2: 79-85

Archie GE (1942) The Electrical Resistivity Log as an Aid in Determining Some Reservoir Characteristics. J Petrol Technol 5

Astier JL (1971) Géophysique appliquée à l'hydrogéologie. Masson, Paris

Barker RD, Worthington PF, (1973) Some Hydrogeophysical Properties of the Bunter Sandstone of North-West England. Geoexploration 11: 151-170

Bhattacharya PK, Patra HP (1968) Direct Current Geoelectrical Sounding. Elsevier, Amsterdam

Breiner S (1973) Applications Manual for Portable Magnetometers. Geometrics Instruments. Sunnyvale, California

Cagniard L (1952) La prospection géophysique des eaux souterraines. Congrès sur l'hydrogéologie des zones arides. UNESCO, Ankara

Cagniard L (1953) Principe de la méthode magnéto-tellurique, nouvelle méthode de prospection géophysique. Ann Géophys 9: 95-125

Cambefort H (1955) Mesure de la porosité des roches par des méthodes électriques. Revue de l'Institut français du pétrole 10/10: 1205-1208

Campbell DL, Ballantyne EJ Jr, Mentemeier SH, Wiggins R (1981) Manual of Geophysical Hand-Calculator Programs (HP and TI volumes). Society of Exploration Geophysicists (SEG), Houston

Carletti L (1989) Exemples d'applications des diagraphies expéditives. Inst Géophys Univ Lausanne, unveröffentlicht

Chapellier D (1980) De l'importance des cartes de résistivité. Eclogae geol Helv 74/3: 651-660

Chapellier D (1987) Diagraphies appliquées à l'hydrogéologie. Lavoisier, Paris

Chapellier D, Meyer de Stadelhofen C (1979) Mesures de résistivités sur filons. Bull Inst géophys Univ Lausanne 1

CIEH (1984) Utilisation des méthodes géophysiques pour la recherche d'eau dans les aquifères discontinus. Paris

Dobrin MB (1952) Introduction to geophysical prospecting. McGraw-Hill, New York

Dobrin MB, Savit CH (1988) Introduction to geophysical prospecting. McGraw-Hill, New York

Dupis A (1971) Premières applications de la magnéto-tellurique à la prospection pétrolière, géologique ou minière de diverses régions métropolitaines. Ann Geofis 29: 145-286

Fraser DC (1969) Contouring of VLF-EM Data. Geophysics 34: 958-967

Gardner GHF, Gardner LW, Gregory AR (1974) Formation Velocity and Density. The Diagnostic Basics for Stratigraphic Traps. Geophysics 39: 770-780

Gilliand P A (1970) Etude géo-électrique du Klettgau. Mater Géol Suisse géophys 12

Grant FS, West GT (1965) Interpretation Theory in Applied Geophysics. McGraw-Hill, New York

Greenhouse LF, Harris RD (1983) Migration of Contaminants in Groundwater at Landfill: A Case Study. Hydrol 63: 177-197

Hammer S (1945) Estimating Ore Masses in Gravity Prospecting. Geophys 10/1: 50-62

Hummel JN (1929a) Der scheinbare spezifische Widerstand. Z Geophys 5: 89-104

Hummel JN (1929b) Der scheinbare spezifische Widerstand bei vier Plan-paralleln Schichten. Z Geophys 5: 228-238

Jackson DB, O'Donnell JE (1980) Reconaissance Electrical Surveys in the Coso Range, California. J Geophys Res 85, B5: 2502-2516

Jung K (1927) Diagramme zur Bestimmung der Terrainwirkung für Pendel und Drehwaage und zur Bestimmung der Wirkung zweidimensionaler Massenanordnungen. Z Geophys 3/5: 201-212

Keller GV, Frischknecht FC (1982) Electrical Methods in Geophysical Prospecting. Pergamon Press, Oxford

Kuentz G (1966) Principles of Direct Current Resistivity Prospecting. Gebrüder Bornträger, Berlin

Long CL, Kaufmann HE (1980) Reconnaissance Geophysics of a Known Geothermal Resource Area, Weiser, Idaho and Vale, Oregon. Geophysics 45/2: 312-322

Mares S (1984) Introduction to Applied Geophysics. D. Reidel, Dordrecht

Mathiez JD, Huot G (1966) Prospection géophysique et recherches d'eaux souterraines. Exemples d'application en Afrique occidentale (CIEH). Bull BRGM. Section 3,3 1968, 113-127

Mc Neil JD (1990) Advances in Electromagnetic Methods for Groundwater Studies. Congrès Université de Lausanne, August 1990

Militzer H, Rösler R, Lösch W (1979) Theoretical and Experimental Investigations for Cavity Research with Geoelectrical Resistivity Methods. Geophys Prospect 27: 640-652

Milsom J (1989) Field Geophysics. Halsted Press, New York

Mooney HM (1973) Handbook of Engineering Seismology. Bison Instruments Inc, Minneapolis

Nettleton LL (1976) Gravity and Magnetism in Oil Prospecting. McGraw-Hill, New York

Palacky GJ, Ritsema IL, De Jong SJ (1981) Electromagnetic Prospecting for Groundwater in Precambrian Terrains in the Republic of Upper Volta. Geophys Prospect 29: 932-955

Parasnis DS (1986) Principles of Applied Geophysics. Chapman and Hall, London

Robert A, Gex P (1985) Interprétation géophysique rapide. Logiciel BASIC pour microordinateur. Bull Inst Geophys Univ Lausanne 6

Robert A, Meyer de Stadelhofen C (1983) L'interprétation graphique des sondages électriques. Bull Inst Geophys Univ Lausanne 4

Saydam S (1981) Very Low-frequency Electromagnetic Interpretation Using Tilt Angle and Ellipticity Measurements. Geophysics 46/11: 1594-1605

Sharma PV (1986) Geophysical Methods in Geology. Elsevier, New York

Smellie DW (1956) Elementary Approximation in Aeromagnetic Interpretation. Geophysics 21/4: 1021-1040

Smith RA (1959) Some Depth Formulae for Local Magnetic and Gravity Anomalies. Geophys Prospect 7: 55-63

Strangway DG (1983) Audiofrequency Magnetotelluric (AMT) Sounding. In: Fitch AA (ed) Developments in Geophysical Exploration Method vol 5. Applied Science Publishers, London, pp 107-159

Telford WM, Geldart LP, Sheriff RE, Keys DA (1976) Applied Geophysics. Cambridge University Press, London

Vacquier V, Steenland R, Henderson S (1951) Interpretation of aeromagnetic maps. Geol Soc Am, Memoir 47

Allgemeinwerke

Bender F (1985) Angewandte Geowissenschaften, Band II. Enke, Stuttgart

Berckhemer H (1990) Grundlagen der Geophysik. Wiss Buchges, Darmstadt

Hölting B (1989) Hydrogeologie. Enke, Stuttgart

Massily de G (1986) Quantitative Hydrogeology. Academic Press Inc, London

Militzer H, Weber F (1984) Angewandte Geophysik, Band I und II. Springer, Wien

Thompson R, Oldfiled F (1986) Environmental Magnetism. Allen & Unwin, London

Vogelsang D (1991) Geophysik an Altlasten. Springer, Berlin

Sachverzeichnis